Monika Muranyi

L'effet Gaia

L'extraordinaire système de collaboration entre Gaia et l'humanité

Ariane

Titre original anglais :
The Gaia Effect
The remarkable system of collaboration between Gaia and humanity
By : Monika Muranyi

Version française :
L'effet Gaia
L'extraordinaire système de collaboration entre Gaïa et l'humanité
Par Monika Muranyi

1217, av. Bernard O., bureau 101, Outremont, Qc,
Canada H2V 1V7
Téléphone : 514 276-2949, télécopieur : 514 276-4121
Courrier électronique : info@editions-ariane.com
Site Internet : www.editions-ariane.com

Traduction : Louis Royer
Révision : Martine Vallée
Révision linguistique : Monique Riendeau
Graphisme et mise en page : Carl Lemyre
Illustration de la page couverture : Carl Lemyre

Première impression : août 2013
ISBN : 978-2-89626-130-7

Dépôt légal :
Bibliothèque nationale du Québec
Bibliothèque nationale du Canada
Bibliothèque nationale de Paris

Diffusion
Québec : Flammarion Québec – 514 277-8807
www.flammarion.qc.ca
France et Belgique : D.G. Diffusion – 05.61.000.999
www.dgdiffusion.com
Suisse : Servidis/Transat – 22.960.95.25
www.servidis.ch
Gouvernement du Québec – Programme de crédit d'impôt
Pour l'édition de livres – Gestion SODEC

Imprimé en France par l'Imprimerie France Quercy 46090 Mercuès en septembre 2013

Dédicace

Ce livre en l'honneur de Gaia et de nos ancêtres
est dédié à tous les travailleurs de lumière de la planète Terre.

Table des matières

Remerciements vii
Avant-propos de Lee Carroll ix
Préface de l'auteur 1

Chapitre 1 : L'histoire de la Terre 9
La Lémurie 26
Les indigènes 40

Chapitre 2 : La science du futur 51
Le magnétisme avancé 56
Les lois manquantes de la physique 67

Chapitre 3 : Les grilles énergétiques de la Terre 85
La grille magnétique 87
La grille de Gaia 91
La caverne de la Création 93
Les mystérieuses fonctions de la caverne 95
L'Akash contenu dans notre ADN 97
La grille cristalline 102
Les baleines et les dauphins 127
Les lignes telluriques de Gaia 130
Un résumé des grilles 141

Chapitre 4 : La kundalini de la Terre 143
L'Aigle et le Condor 192
Le réveil du Puma 197
Un résumé du mouvement de la kundalini 200

Chapitre 5 : Gaia dans l'univers 209
L'énergie gamma et Gaia 216
Le magnétisme du système solaire 218
Le système solaire et l'astrologie 222
Les Pléiadiens 238
Les territoires ascensionnés de Gaia 256

Chapitre 6 : Les mystères non résolus de Gaia font-ils partie d'un système ? 261
Les fantômes : de l'information multidimensionnelle ou des âmes piégées ? 263
Les animaux 273
L'extinction des espèces 279
En guise de conclusion 289

À propos de l'auteure 292

Remerciements

Je veux d'abord remercier Lee Carroll pour tous les messages de Kryeon qu'il a livrés à l'humanité depuis plus de vingt-trois ans. Les canalisateurs spirituels sont nombreux dans le monde, mais ce sont les messages de Kryeon transmis par Lee Carroll qui éveillent en moi le plus de résonances. Tous les propos de Kryeon sont d'une si grande rectitude spirituelle! Autant je veux ressentir l'amour divin, autant j'ai soif de connaître le fonctionnement de l'univers. Par l'intermédiaire de Lee Carroll, Kryeon me procure toute l'information spirituelle dont j'ai besoin au quotidien. Autrement, à quoi servirait cette information si l'on ne l'appliquait pas concrètement? Lee, merci de m'avoir encouragée à écrire ce livre et de m'y avoir aidée. Merci aussi de m'avoir permis d'y inclure des messages de Kryeon et de m'avoir fourni les réponses aux questions qui lui ont été posées dans le cadre de cet ouvrage.

Pour écrire ce livre, j'ai eu le bonheur de bénéficier de l'expérience et du savoir de nombreuses personnes. J'aimerais exprimer ma plus profonde gratitude à Michelle Karen, qui m'a fait profiter de ses immenses connaissances astrologiques; à Laurie Reyon, qui m'a raconté son histoire et fait bénéficier de ses dons de communicatrice interespèces; à Jorge Bianchi, qui m'a inspirée à penser hors des sentiers battus et qui m'a transmis ce qu'il savait au sujet du sauvetage de trente-trois mineurs chiliens; à Kahuna Kalei'iliahi, qui m'a fait profiter de ses connaissances sur les Anciens; à Intai Aguirre Farias, qui m'a fourni de l'information sur *Raices de la Terria*; à Bethi Black, qui m'a fait part de sa grande connaissance du système Human Design ; à Peggy Phoenix Dubro, qui a créé de nouveaux outils énergétiques qui ont contribué à accélérer mon évolution, et à Janusz Grabowski, qui m'a fourni de précieuses informations sur la physique quantique. Merci à tous pour le travail que vous accomplissez. Un merci supplémentaire à Bethi pour avoir aussi révisé tout mon manuscrit !

J'aimerais remercier Ariane, mon éditeur francophone de Montréal (Québec), au Canada, qui me permet de faire connaître ma vision en vue d'aider les autres à trouver leur vérité spirituelle.

Un immense merci à toutes les personnes qui m'ont soutenue en cours de route. Pendant que je rédigeais cet ouvrage, des travailleurs de lumière de toutes les parties du monde m'ont encouragée en disant qu'ils avaient hâte de le lire ! J'en ai été profondément touchée et cela m'a vraiment stimulée.

Enfin, j'aimerais vous remercier, chers lecteurs et chères lectrices, d'avoir choisi ce livre. Il est évident que vous recherchez un savoir spirituel pour nourrir votre âme. Votre présence sur la planète est plus importante que vous ne le croyez. J'aime ce que vous faites et nous élevons tous ensemble la vibration de la Terre !

Monika

Avant-propos de Lee Carroll

Nous sommes tous restés immobiles un moment dans notre émerveillement. L'air était étrangement calme sur ce sommet des Andes, mais bientôt la brise glacée du mont Aconcagua tourna lentement dans notre direction. Nous contemplions en silence le spectacle majestueux s'offrant à nos yeux. Nous nous trouvions sur la plus haute montagne des Andes et nous avions l'impression d'en toucher presque le pic neigeux et surréel miroitant dans la lumière du soleil. La brise froide nous effleura doucement, tel un message sacré à l'intention de notre petit groupe.

Je me suis assis sur un rocher et, après une courte pause, j'ai amorcé ma canalisation : « Salutations, très chers. Je suis Kryeon, du Service magnétique. »

Le message livré ce jour-là par Kryeon se trouve dans ce livre, ainsi que plusieurs autres qui n'avaient jamais été publiés jusqu'ici. Un grand nombre ont été canalisés dans certains des lieux les plus sacrés de la planète. Leur commun dénominateur : Monika Muranyi y était présente.

Monika a travaillé dans la nature toute sa vie comme agente de la faune pour le gouvernement australien. Quand elle s'est éveillée à la spiritualité et à l'ésotérisme, elle a cherché passionnément à en apprendre davantage au sujet de Gaia, la conscience de notre planète. La lumière s'est faite en elle lorsqu'elle a découvert les livres de Kryeon. Elle a alors décidé de faire ce qu'elle n'avait jamais fait : écrire un livre. Un ouvrage qui serait une compilation de tous les messages de Kryeon concernant Gaia, et même davantage. Elle désirait obtenir pour certaines questions des réponses qui révéleraient le magnifique fonctionnement de l'énergie de Gaia, avec laquelle elle était déjà étroitement en contact.

Qu'est-ce que la grille cristalline et comment fut-elle installée ici ? Quelle est l'histoire de notre création et quand Gaia a-t-elle pris conscience de l'existence de l'humanité ? Que pense l'Esprit au sujet de l'extinction des espèces ? Que sont les portails, les nœuds, les vortex et la « Terre ascensionnée » ? Il s'agissait là de nombreuses questions essentielles. Ce livre comporte des douzaines de questions posées à Kryeon ainsi que leurs réponses, jamais divulguées à ce jour. J'ai pris un grand plaisir à y travailler car ces questions n'avaient jamais été posées.

Notre planète subit à l'heure actuelle un changement majeur. Selon les prophéties indigènes concernant l'année 2012, c'est en Amérique du Sud que ce changement est le plus fortement ressenti. Monika a donc quitté l'Australie et déménagé au Chili pour un an, après avoir appris l'espagnol suffisamment pour y vivre. C'est dans ce pays qu'elle a rédigé ce livre que vous avez maintenant entre les mains. Elle voulait se trouver au cœur de l'énergie du changement de GAIA.

Elle a écouté des centaines d'enregistrements de canalisations de Kryeon dont la plupart n'avaient jamais été transcrits. Elle a lu chaque livre de Kryeon pouvant lui fournir de l'information sur Gaia et assisté à la plupart des événements de Kryeon en Amérique du Sud. La fin de son travail a coïncidé avec la tournée de Kryeon sur la kundalini à la fin de 2012. Lors de cette tournée qui dura dix-neuf jours, notre groupe s'est retrouvé dans des lieux énergétiques sacrés tels le mont Aconcagua, le Machu Picchu et l'île du Soleil sur le lac Titicaca.

Depuis vingt-trois ans de canalisations de Kryeon, il n'existait aucune compilation des messages de ce dernier sur un sujet précis. Malgré la publication de quinze ouvrages traduits en vingt-trois langues, je n'ai jamais fait moi-même une telle compilation sur un seul sujet.

Vous avez maintenant entre les mains le genre de livre que je n'ai jamais pu faire.

Merci à Monika pour cette information très complète sur notre belle planète.

Lee Carroll

Préface

Quand j'étais enfant, j'aimais beaucoup la nature. Même si nous vivions en banlieue de Canberra, en Australie, dans une maison dotée d'une simple petite cour arrière, plusieurs animaux de compagnie ont fait partie de ma vie, dont des canards, des oies, des cobayes, un lapin, une tortue, des chats et des chiens. J'aimais tellement les chiens que je rentrais souvent à la maison avec un chien errant, au grand désarroi de ma mère. Ces chiens ne restaient pas très longtemps chez nous, mais nous les gardions quand même assez longtemps pour leur trouver un autre foyer. J'aimais aussi les chevaux et tous les autres animaux de ferme. Quel enfant ne désire pas avoir un poney? J'ai pu réaliser ce fantasme lorsque je fus une jeune adulte. Entre mes années d'études universitaires, j'ai vécu des expériences incroyables en trayant les vaches, en rassemblant le bétail, en allant à cheval et en profitant de tous les autres aspects de la vie rurale.

Je suis allée à l'université pour entreprendre un baccalauréat en sciences appliquées avec une majeure en techniques de conservation. Comme cette université se trouvait à Lismore, en Nouvelle-Galles du Sud, nous faisions nos randonnées sur le terrain dans des forêts pluviales spectaculaires ou sur de magnifiques plages côtières environnantes. La conservation de la faune était mon sujet favori, ce qui a grandement influencé ma décision de faire une thèse de spécialisation. Le but de celle-ci était d'enquêter sur la dynamique populationnelle d'un rongeur originaire d'Australie. Toutes les trois semaines, j'allais piéger des rats des champs (*Rattus tunneyi*) pour les libérer ensuite. Cette variété est beaucoup plus amicale que le rat de brousse et je crois vraiment que certains qui furent capturés plus d'une fois se souvenaient de moi.

Après avoir obtenu mon diplôme de baccalauréat spécialisé, j'ai occupé plusieurs emplois dans le domaine environnemental avant de retourner dans ma ville natale, Canberra, où j'ai fini par devenir agente au Service des parcs et de la protection de la faune. C'était plus qu'un simple emploi, comme vous le dira quiconque ayant travaillé dans ce domaine. Mon travail me passionnait et mes expériences antérieures m'étaient utiles. J'ai eu également l'occasion de travailler comme agente du ministère de la Protection de la faune de Nouvelle-Zélande ainsi que du Service des parcs de Victoria, en Australie.

Plusieurs des programmes dans le cadre desquels j'ai travaillé visaient à sauver des espèces menacées d'extinction. Partout dans le monde, des agences gouvernementales, des groupes bénévoles et des organismes de l'industrie privée tentent de sauver ces espèces menacées. Une conscience accrue de l'importance d'exploiter de manière durable les plantes et les animaux sauvages existe aussi. Je me suis souvent demandé pourquoi le déséquilibre est si grand entre les humains et l'écosystème naturel.

Jointe au travail dans le domaine environnemental, la passion de la nature fait prendre conscience des nombreux problèmes écologiques auxquels notre planète fait face aujourd'hui à cause des actes des humains : la pollution, la déforestation, les pratiques agricoles non durables, l'extinction des espèces et, le pire de tous, la surpopulation !

J'étais absolument convaincue que les humains étaient à l'origine de tous les maux dont souffre notre planète et que si nous ne faisions pas attention, nous allions la détruire, et nous avec elle. Imaginez ma surprise quand j'ai découvert que je ne pouvais pas être plus loin de la vérité.

Je connais maintenant beaucoup mieux notre planète, Gaia, que par mes études universitaires et mes années de travail sur le terrain. Pour en percer les mystères, il faut toutefois traverser un voile. Que veux-je dire par là ? Qu'est-ce que ça évoque pour vous ? Et comment traverse-t-on ce voile ? La réponse à toutes ces questions diffère sans doute selon les individus. D'après moi, on y arrive quand on abandonne la logique tridimensionnelle du cerveau. Je dis bien « tridimensionnelle ». Nous avons toujours besoin de l'intelligence spirituelle. Nous permettons ensuite à toutes nos autres facultés de s'activer. Nous ouvrons notre cœur. Nous ressentons les émotions. Nous écoutons notre intuition et nos pensées les plus secrètes. Nous laissons notre propre « connaissance » nous parler. Je ne saurais le décrire mieux, mais il se peut que cela ne veuille rien dire pour vous si vous ne pouvez pas abandonner la pensée et la logique tridimensionnelles. J'imagine qu'il vous revient de vouloir en savoir davantage et d'avoir l'intention pure de découvrir votre divinité intérieure.

Chacun et chacune a son propre processus d'éveil et sa propre perception de l'autre côté du voile. Je suppose qu'à cause de mon entêtement, de ma pensée extrêmement rationnelle et de mon esprit scientifique, j'avais besoin de quelque chose de spectaculaire pour attirer mon attention. Quand mon couple s'est brisé, j'ai subi un traumatisme incroyable qui m'a terrassée. Du jour au lendemain, mon monde s'effondrait et je me retrouvais seule, abandonnée et sans amour. Je me suis alors rendu compte que je ne savais rien ni ne comprenais rien. C'était une nuit obscure. C'est seulement à ce moment-là que je me suis ouverte à recevoir de l'aide de l'univers.

Ma nuit a commencé à s'éclaircir lorsque j'ai fait trois séances sous la direction d'un travailleur de lumière très doué. En fait, preuve ultime de ma résistance et de mon entêtement, ma raison me fit presque interrompre cette expérience. J'avais consenti à une première séance uniquement parce que mon collègue et ami Rod me répétait sans cesse, gentiment et affectueusement, que je devais voir son épouse, Lynda, pour obtenir une guérison spirituelle. Chaque fois qu'il me voyait, il me disait doucement : « Tu devrais consulter Lynda. » De toute évidence, il voyait ma détresse et mon désarroi. Un jour, après qu'il m'eut réitéré son conseil, je finis par lui répondre : « D'accord, je vais la consulter et en finir avec ça, pour que tu cesses de me dire d'aller la voir ! » Je me disais intérieurement : « Après tout, il ne se passera rien. » Ma situation ne pouvait être pire et je n'avais donc rien à perdre.

Le jour de la séance, je me suis donc dit : « Allons-y et finissons-en ! » Toutefois, en franchissant la porte, j'ai senti toute ma réalité basculer. Avant même de m'en rendre compte, j'ai éclaté en sanglots. Qu'est-ce qui avait déclenché cette crise ? En regardant Lynda dans les yeux, je voyais en elle tellement d'amour et de compassion ! Je rencontrais là quelqu'un qui possédait un vaste savoir spirituel et une seconde vue. Ce jour-là, avant de partir, je me suis inscrite pour quelques autres séances qui m'ont ouvert la porte à l'apprentissage ésotérique. J'étais prête à ce que l'esprit entre dans ma vie pour me faire découvrir davantage de choses.

En continuant à m'abandonner et à oublier mes idées antérieures sur la vie et sur Dieu, je suis devenue de plus en plus consciente des vérités spirituelles. J'ai découvert que la spiritualité coexistait avec la science alors que je les avais toujours crues séparées. Finalement, je ne faisais pas qu'apprendre la sagesse et le savoir, je me les rappelais. J'avais découvert l'existence d'une étincelle divine en moi. La divinité habite chaque être humain. Nous sommes tous des fragments de Dieu, ce dont témoigne notre ADN.

Et si je n'avais pas découvert cette vérité spirituelle ? Eh bien, je regarderais toujours la planète Terre à travers mon vieux filtre tridimensionnel, ne voyant et n'observant que des parties de l'ensemble. Je n'aurais pas pu comprendre l'ingénieux système existant entre Gaia et l'humanité. Je serais restée engluée dans un monde dont je ne comprenais que des parties sans jamais percevoir mon propre rôle dans la création de la vie que je désirais.

Ce livre s'adresse essentiellement aux gens qui poursuivent un cheminement spirituel. Que ce cheminement ne fasse que commencer ou que vous l'ayez entrepris depuis des décennies, il y a ici quelque chose pour vous. L'information présentée dans ces pages est une étude ésotérique de Gaia, notre planète Terre, et des liens complexes unissant l'humanité à l'univers.

Cet ouvrage s'inspire des messages de Kryeon canalisés par Lee Carroll. On peut décrire Kryeon comme une entité angélique bienveillante livrant à l'humanité des messages de paix et d'encouragement. Lee Carroll est le canalisateur originel de Kryeon, dont il transmet les messages depuis plus de vingt-trois ans. Il est l'auteur de douze tomes de Kryeon et le coauteur des *Enfants indigo* et de *Célébration des enfants indigo* [Éditions Ariane], et des *Enfants indigo dix ans après : l'adaptation à la vie adulte*, des livres traduits en plus de vingt-quatre langues.

Si vous êtes un lecteur assidu des ouvrages de Kryeon écrits par Lee Carroll, vous êtes déjà familiarisé avec une partie de l'information présentée ici. Ce que ce livre a de particulier, toutefois, c'est qu'il offre sous une forme concise une synthèse de toute l'information liée à Gaia, afin de révéler les vérités essentielles relatives à l'humanité et à la planète Terre. De plus, Kryeon a fourni des réponses substantielles à plus de quarante questions sur les sujets traités dans ce livre. Les canalisations citées ici sont disponibles en fichiers audio sur le site Internet de Lee Carroll : www.kryon.com.

Si vous êtes un nouveau lecteur de Kryeon ou si vous n'en avez jamais entendu parler, mais que vous avez l'esprit et le cœur ouverts, préparez-vous à lire des choses incroyables. Ce livre couvre de très nombreux sujets. Le titre de chaque chapitre indique le type d'information qui y est présenté. Même si ce livre a été conçu pour être lu en entier, du début à la fin, certains lecteurs préféreront peut-être ne consulter que les chapitres qui les intéressent.

Cet ouvrage constitue un mélange d'information scientifique et ésotérique (spirituelle). Ce choix est intentionnel et délibéré puisque les choses sont ainsi. Plus nous nous débarrasserons rapidement de l'idée que Dieu et la science sont séparés, plus nous ferons de découvertes et nous serons illuminés. On ne peut concevoir la science supérieure sans l'illumination. Le simple fait d'avoir choisi de lire ce livre indique que vous êtes déjà sur la voie de l'illumination et donc de la conscience scientifique supérieure. L'univers retentit de joie à l'idée que vous lirez ces pages où vous entendrez des messages provenant de l'autre côté du voile.

Mais peut-être êtes-vous un lecteur sceptique ayant choisi ce livre par simple curiosité. Ou peut-être vous a-t-il été offert par un ami qui a insisté pour que vous le lisiez. Ou peut-être encore êtes-vous un physicien ou un astronome nullement intéressé par l'information ésotérique et ne recherchant que des faits concrets pouvant faciliter sa prochaine percée scientifique. J'aimerais vous poser une question : comment décrivez-vous l'amour ? Vous servez-vous de la science pour l'expliquer ou bien autre chose entre-t-il en ligne de compte ? Pourquoi n'oublieriez-vous pas vos croyances pendant quelques instants pour lire quelques canalisations de Kryeon ? Il vaudrait peut-être même la peine que vous écoutiez l'une des nombreuses canalisations disponibles gratuitement en fichiers audio sur le site Internet de Lee Carroll. Qu'avez-vous à perdre ? Les mots ne sont que des mots, n'est-ce pas ? Et s'ils étaient plus que cela ?

Je m'explique. Comment réagiriez-vous si un inconnu croisé dans la rue vous disait en vous regardant dans les yeux : « Je vous aime » ? Ressentiriez-vous quelque chose ou bien ne serait-ce là pour vous que des mots ? Comparez cet être à quelqu'un avec qui vous avez déjà développé des liens, à qui vous faites entièrement confiance et qui ouvre votre cœur. Que ressentez-vous quand cette personne vous dit en vous regardant dans les yeux : « Je t'aime » ? Est-ce différent de ce que l'inconnu vous fait éprouver ? Les mots ne sont que des mots, n'est-ce pas ?

Le véritable objectif à l'origine de ce livre qui couvre tellement de sujets est de vous fournir de l'information susceptible d'éveiller la sagesse et le savoir existant déjà en vous ; de vous faire savoir qu'il existe un Dieu aimant, un Univers bienveillant, et que nous appartenons tous à un système merveilleux.

Vous vous demandez peut-être si ce livre porte sur Gaia ou bien sur l'humanité, sur l'Univers ou sur Dieu. Quand vous réaliserez que toutes ces réalités sont intimement liées comme dans un mélange d'énergies et qu'elles sont enchevêtrées, vous découvrirez que vous ne pouvez ni les séparer ni les compartimenter en diverses catégories. Cher lecteur et chère lectrice, j'espère sincèrement que vous pourrez synthétiser toute cette information et comprendre que ce message s'adresse à vous personnellement. Vous êtes un magnifique fragment de Dieu et TOUT ce que vous faites affecte Gaia ainsi que l'humanité.

Comme le dit si bien Kryeon : « Heureux l'être humain qui prend sa vie spirituelle au sérieux. Elle n'est pas une excroissance de votre être physique. C'est plutôt votre être physique qui est une excroissance de votre être spirituel. »

Amour et bénédiction.

Monika Muranyi

Chapitre un

L'histoire de la Terre

Si l'on prend la peine de faire un peu de recherche sur la genèse et l'histoire de cette planète, on trouve de l'information provenant de diverses sources scientifiques et expliquant les choses surtout en des termes géologiques et biologiques. En fait, on peut trouver un bon résumé sur le site Internet de la BBC : *Nature – Prehistoric Life.*

> La Terre date de plus de 4,5 milliards d'années, sa plus ancienne matière étant des cristaux de zircon âgés de 4,3 milliards d'années. Au début, la planète était en proie à une intense activité géologique et elle était constamment bombardée par des météorites. Elle s'est ensuite refroidie et sa surface s'est solidifiée en une croûte solide formant les premiers rochers. Il n'y avait pas encore de continents, mais seulement un grand océan parsemé de petites îles. L'érosion, la sédimentation et l'activité volcanique, possiblement combinées à d'autres impacts météoritiques, ont fini par créer de petits proto-continents qui ont grossi jusqu'à atteindre leur taille actuelle il y a 2,5 milliards d'années. Depuis, ces continents se sont heurtés plusieurs fois et se sont déchirés, de sorte que la mappemonde est aujourd'hui très différente de ce qu'elle était anciennement.
>
> La vie terrestre a commencé il y a environ 3,8 milliards d'années, par des organismes monocellulaires comme les bactéries, appelés procaryotes. La vie pluricellulaire est apparue plus d'un

> milliard d'années plus tard et c'est seulement au cours des 570 derniers millions d'années que les formes de vie qui nous sont familières ont commencé à se développer, d'abord les arthropodes, suivis des poissons il y a 530 millions d'années (MA), puis les plantes terrestres (475 MA) et les forêts (385 MA). Les mammifères sont apparus il n'y a que 200 MA et notre espèce, l'Homo sapiens, il y a 200 000 ans seulement. Les humains ne font donc partie que de 0,004 % de l'histoire de la Terre.
>
> Source : http://www.bbc.co.uk/nature/history_of_the_earth

Le résumé qui précède constitue un compte rendu raisonnable de l'observation scientifique. Cependant, il n'explique aucunement pourquoi l'humanité est ainsi apparue à la dernière minute sur la planète. Sur des milliards d'années d'évolution planétaire, les humains ne comptent que pour 0,004 %! Comment expliquer cela? Pour le comprendre, il faut aller au-delà de l'observation scientifique et de nos préjugés tridimensionnels. L'histoire de la Terre ne peut se comprendre qu'en conjonction avec celle de l'humanité car la conscience terrestre, Gaia, est liée à l'humanité.

Pendant des milliards d'années, le développement de la vie terrestre constituait la préparation de Gaia à l'apparition de l'humanité, une humanité définie par la divinité et non par l'évolution. Il y a eu au moins quatre tentatives de naissance de la vie sur la planète et la dernière n'a réussi que grâce à l'existence de la photosynthèse. L'humanité est apparue tardivement pour deux raisons. Premièrement, il fallait d'abord que le système solaire se stabilise, que tous les astéroïdes et toutes les comètes aient trouvé leur orbite et ne puissent plus frapper la Terre. Deuxièmement, il fallait aussi attendre que les Pléiadiens soient prêts à nous ensemencer de leur divinité.

La Terre est donc très vieille, mais l'humanité ne l'est pas. La connaissance a pénétré chez les humains lorsque la planète fut touchée par dessein sacré, ce que Kryeon décrit ainsi :

Par dessein sacré, cette planète fut visitée sur un mode quantique par des créatures éclairées qui n'étaient pas des anges. Il est difficile de décrire ce qui s'est passé, mais cela s'est réellement passé. Sachez que la vie abonde dans l'Univers, dont vos leçons font partie. Il existe des créatures biologiques sur des planètes comme la vôtre, qui ont une atmosphère comme la vôtre, mais où il n'y a pas de guerres. Ces créatures vivent à l'état quantique et savent toutes pourquoi elles sont là. Elles forment des sociétés deux fois plus vieilles que la Terre. Un tel groupe qui existait alors et qui existe toujours, à des années-lumière de votre planète, a quand même pu y venir facilement et planter les germes du sacré dans votre ADN. Ils avaient la permission de le faire, avec l'accord de tous les êtres angéliques de l'Univers. Ce ne fut pas un accident ni une affaire de conquête. Ce fut une œuvre d'amour. [...]

Il est difficile de décrire en termes tridimensionnels ce qu'ils ont donné à cette planète. Utilisant les attributs de leur état quantique, ils ont fait don à l'humanité de deux couches d'ADN supplémentaires. Ils ne l'ont fait qu'à l'une des vingt-six sortes d'humains qui existaient alors car elle était la seule qui fût prête à recevoir ce cadeau.

(Canalisation de Kryeon intitulée « L'histoire de l'humanité », donnée en Méditerranée occidentale lors de la huitième croisière annuelle de Kryeon, en août/septembre 2007.)

Selon Kryeon, l'être humain divin fut créé par dessein sacré, et les parents de l'humanité sont les Pléiadiens venus de la constellation des Sept Sœurs. Au cours des ans, Kryeon a livré de l'information sur le moment où cet ensemencement de la planète a eu lieu, mais les dates semblaient parfois contradictoires. Lors d'une récente canalisation, toutefois, sur un bateau de croisière ancré dans un port hawaiien, il a clarifié les choses.

Salutations, très chers. Je suis Kryeon, du Service magnétique. Mon partenaire n'a aucune raison d'être anxieux avant une canalisation comme celle-ci. Il s'est déjà assis dans ce fauteuil des centaines de fois pour utiliser le portail par lequel son Soi supérieur livre un message clair qui lui est très familier. Et pourtant il est anxieux, comme il l'est chaque fois qu'il se retrouve à l'ombre de la montagne lémurienne [Hawaii]. Il reconnaît cette énergie, sans toutefois reconnaître ce qui est caché dans son Akash.

L'énergie présente ici est donc mûre pour l'information que je désire vous apporter, et mon partenaire n'est nerveux que parce qu'il est chez lui en ce lieu d'où proviennent ses plus lointains souvenirs akashiques. Pour que l'auditeur et le lecteur comprennent, nous expliquerons où nous nous trouvons. Premièrement, nous sommes sur l'eau. Cependant, dans cette situation particulière [le bateau est amarré], nous ne nous déplaçons pas. Les canalisations précédentes qui ont eu lieu sur ce bateau ont été plus faciles pour mon partenaire parce que lui et son auditoire se déplaçaient [le bateau voguait]. Rien du tout ne les rattachait à la terre [le bateau n'était pas lié au continent]. Or, ici et maintenant, même si vous êtes à l'ancre et que vous flottez, il est dichotomique que vous soyez ainsi rattachés à la terre dans la présence « statique » [immobile] de la grille cristalline. Cette combinaison crée une énergie unique car l'eau est réflectrice et l'énergie l'est donc également.

Il s'agit aujourd'hui d'une énergie reflétant le passé, reflétant l'histoire, vous reflétant ainsi que le rôle que vous avez peut-être joué en cet endroit où vous vous trouvez littéralement « à l'ombre des montagnes lémuriennes ». Si je pouvais vous ramener en arrière dans le temps, vous ne verriez pas de port ici. Comme nous l'avons indiqué précédemment, les sommets de ces montagnes étaient beaucoup plus élevés que maintenant. Une anomalie géologique que vous appelez un point chaud [l'attribut de la chaîne de montagnes hawaiienne] a créé un renflement dans la croûte terrestre, faisant s'élever cette montagne suffisamment pour que les sommets que vous appelez aujourd'hui l'archipel d'Hawaii soient toujours recouverts de neige et de glace. Il s'est même formé des glaciers ici, en Lémurie [jusqu'à neuf mille mètres de hauteur], et c'est au sommet de ces montagnes que l'on accomplissait le travail sacré. La température était loin d'être tropicale comme elle l'est maintenant. À l'époque, il faisait FROID!*

* Il est crédible que ce point chaud de la chaîne de montagnes hawaïenne ait été très élevé à une certaine époque. On a découvert récemment qu'un autre point chaud nommé Yellowstone sur le continent américain possédait un « renflement » dans son histoire géologique. Les montagnes se seraient élevées suffisamment pour que des glaciers se forment. Kryeon associe depuis plus de quinze ans cette montagne hawaïenne à la Lémurie.

Mon partenaire obtient donc maintenant de l'information personnelle qu'il ne connaissait pas. C'est peut-être la raison de son appréhension. Il n'aime pas le froid, même à ce jour. Il a choisi de vivre dans ces régions, littéralement en des centaines d'existences, afin de ne plus jamais se retrouver en situation de subir des hivers rigoureux. Il connaît ses existences qui lui ont été révélées par des lecteurs [ceux qui lisent dans les vies antérieures], il sait où il a vécu et ce qu'il a fait, et il connaît même sa prochaine existence ! Dans aucune de ses vies, il n'y avait d'hiver, à cause de ce qui s'est passé ici même [en Lémurie]. Mon partenaire assis dans ce fauteuil, ce Lémurien que vous regardez en ce moment, était alors un messager. En Lémurie, le métier de messager consistait à monter constamment sur ces sommets pour y porter des messages car c'était le seul moyen de communication. Il avait donc toujours froid. Aujourd'hui, il y a des endroits sur ces îles où il n'est jamais allé, précisément pour cette raison. Les chemins lui rappellent trop de mauvais souvenirs conservés dans son Akash depuis l'époque lémurienne. Vous savez donc maintenant pourquoi il aime tant les pays chauds.

L'époque de la Lémurie

La nouvelle énergie vous révélera plusieurs choses au sujet de la Terre, de la Lémurie et de ce qui s'est passé ici. Chaque année, la communication sur la grille cristalline semble s'éclaircir, ce qui permet de vous livrer une information plus succincte afin que vous compreniez mieux le plan qui fut réalisé sur cette planète et que vous connaissiez bien le moment où il fut implanté.

Ce plan sacré était déjà en place ailleurs depuis longtemps. Il s'agit d'un plan galactique qui a changé d'énergie et dont l'énergie nouvelle vous incluait. Quelque chose a donc commencé ici même qui fut différent de tout ce qui a eu lieu ailleurs sur cette planète. Ce plan sacré fut réalisé partout sur le globe en même temps, mais c'est ici qu'il fut d'abord établi et qu'il a mûri au point de créer une civilisation qui ne pouvait naître ailleurs. Celle-ci fut donc confinée à cette montagne que les humains ne pouvaient pas quitter. Des milliers d'années se sont écoulées tandis que cette montagne était poussée hors de l'eau avec la civilisation qui vivait à son sommet, ce qui a contribué à créer ce que nous appellerons « les semences animiques de la Caverne de la Création ».

Plusieurs vieilles âmes lémuriennes qui s'éveillent présentement sur cette planète ont fait un séjour [vécu une existence] sur cette montagne, et celles qui sont assises dans cette salle aujourd'hui sont du nombre. Vous [le groupe assis devant Lee] le ressentirez à un certain niveau. De nombreux secrets restent encore à révéler concernant cette planète, y compris la conscience de Gaia. Je viens de révéler à mon partenaire ce que nous allons faire et il est encore plus anxieux. Dès que nous plongeons dans l'histoire, que nous donnons des dates précises et que nous évoquons des concepts qui lui sont inconnus, il devient nerveux. Il veut que l'information qui lui est révélée soit exacte et précise. Je lui dis donc ceci : « Il suffit que tu sois clair. Les mots te viendront parfaitement et logiquement, car il en a toujours été ainsi. L'énergie multidimensionnelle nommée Kryeon se mélange à celle de ta pensée pour créer un entretien tridimensionnel structuré. Tu possèdes le don de traduire avec exactitude le message de l'Esprit. »

Les dates

Je désire vous révéler de nouveau à quel moment cette planète fut ensemencée, et honorer vos parents spirituels, que vous appelez les Pléiadiens. Je sais que mon information précédente à ce sujet manquait de précision et je serai donc plus précis aujourd'hui afin de dissiper la confusion créée par des messages antérieurs. De plus, je vous révélerai un fait dont nous n'avons jamais parlé et qui explique une chose qui se passe sur la planète, mais sur quoi personne ne nous a jamais interrogés. C'est l'une de mes spécialités que d'aborder des sujets auxquels personne ne pense, à cause du préjugé tridimensionnel voulant que « les choses soient comme elles sont ». Nous avons dit récemment que l'ensemencement d'une conscience supérieure avait eu lieu il y a environ 200 000 ansNous vous avons également livré de l'information sur ce qui s'est produit il y a 100 000 ans (en réalité, plus de 90 000 ans). Ces données peuvent sembler contradictoires si vous croyez qu'il s'agit du même sujet, mais ce n'est pas le cas. Commençons donc lentement. La question qui n'est jamais posée est celle-ci :

« Pourquoi n'y a-t-il qu'une sorte d'humain sur la planète alors qu'il y a des douzaines d'espèces de mammifères? Quel changement survenu dans l'évolution humaine en est la cause? »

L'intervention pléiadienne

Lorsque les Pléiadiens sont venus sur la Terre pour la première fois, il y a approximativement 200 000 ans, l'humanité y formait un groupe comme toutes les autres espèces en évolution. Le mammifère humain possédait une variété de formes. Comme chez les autres mammifères d'aujourd'hui, la variété assurait la survie. Il y avait 26 types d'humains, mais il n'en restait plus que 17 (résultat du processus évolutif normal) quand les Pléiadiens sont arrivés ici. Pour ensemencer la planète, ils devaient modifier l'ADN humain pour y introduire le complément spirituel qui leur était propre. Il fallait que l'humanité finisse par ne comporter qu'un seul type d'humain, celui qui existe aujourd'hui, et que cette espèce possède aussi « l'ADN du cosmos ». Ce type d'humain diffère de tous les autres mammifères terrestres, que vous l'ayez remarqué ou non. C'est ce que vous êtes aujourd'hui.

Vous êtes donc le produit d'une évolution unique. En vous donnant une partie de leur ADN, les Pléiadiens ont créé un humain de 23 chromosomes, tandis que les mammifères classiques en possèdent 24. Au cours du processus, plusieurs choses se sont produites simultanément.

Quand un agriculteur veut cultiver du maïs, il ne voit pas les choses de la même façon que l'individu qui va le manger. Le consommateur demanderait ceci : « À quel moment le maïs sera-t-il prêt à déguster? » On lui répondrait alors : « Quand les épis seront à maturité. Alors, on les récoltera, on les fera cuire et on les servira sur la table. » Voilà ce que serait l'histoire du maïs pour le consommateur. Elle commencera à la récolte des épis mûrs. Cette histoire est différente pour l'agriculteur. Ce dernier se mettra à observer le champ qu'il doit d'abord labourer et fertiliser, et dont il doit peut-être retourner la terre quelques fois pour qu'elle contienne suffisamment d'azote. Peut-être qu'il plantera les graines et qu'il remettra les semis dans le sol après leur éclosion. Voilà quelle serait l'histoire du maïs pour l'agriculteur.

Il y a donc au moins deux questions et deux scénarios. À quel moment commence le maïs? Le consommateur donne une réponse et l'agriculteur en fournit une autre. Quelle est la bonne? Tout dépend de qui pose la question : le consommateur ou le producteur? Voici maintenant une troisième question : quel est le concepteur (créateur) du maïs? Qui a fait le maïs? Quand? Je vous présente cet exemple pour expliquer pourquoi les dates sont différentes, et je vais toutes vous les donner. Je vous dirai ensuite ce qui s'est passé. Je serai succinct; je ne développerai pas mon explication.

Le premier regard

Tout a vraiment débuté il y a environ 200 000 ans. C'est à ce moment-là qu'a eu lieu « l'ensemencement divin » de la planète Terre et que s'est amorcé le labourage des champs, symboliquement parlant. C'est tout le sujet de la relation entre Gaia et les espèces. La grille fut créée au même moment. Nous vous livrons ici une information à laquelle personne n'a jamais réfléchi. Quand nous parlons des grilles de la planète, vous présumez qu'elles ont toujours existé. La planète étant très vieille, vous vous dites qu'elles ont toujours été là. En réalité, une seule a toujours existé : la grille magnétique. Toutefois, elle était spirituellement vide. Elle n'avait que ce qui était créé par le mouvement du cœur terrestre. Aujourd'hui, quand nous parlons des grilles planétaires, nous parlons aussi de la conscience de l'humanité, qui est imprégnée dans la grille magnétique. Nous vous parlons également de la grille cristalline et de la grille de la conscience de Gaia, lesquelles réagissent à la compassion humaine.

Voici maintenant l'énigme : sans la conscience humaine divine, sans l'être humain, les grilles existeraient-elles? La réponse : il fallait qu'elles soient créées simultanément à l'ensemencement de l'ADN divin. Les Pléiadiens n'ont donc pas seulement divinisé l'ADN humain; ils ont aussi créé les grilles conscientes de Gaia. Ils le devaient car ces grilles conscientes sont la confluence des décisions de l'humanité avec l'énergie de Gaia. La conscience dont nous parlons ici est celle de l'être humain spiritualisé contenant une parcelle de Dieu et dont l'ADN comporte 23 chromosomes au lieu des 24 dont l'évolution biologique a doté tous les autres mammifères.

Revenons en arrière et disons les choses plus simplement [c'est une demande adressée à Lee de s'exprimer plus clairement]. Les trois grilles planétaires dont nous avons parlé si souvent sont celles de la conscience de Gaia, qui furent créées en même temps que l'humanité fut ensemencée avec l'ADN pléiadien. Comme nous l'avons souvent répété dans nos enseignements, ces grilles, particulièrement la grille cristalline, réagissent à la conscience et à la compassion humaines. Par conséquent, l'essence même de l'énergie actuelle de Gaia est liée à la création de l'humanité.

Voilà ce que fut le travail des Pléiadiens il y a 200 000 ans et ils l'ont accompli sur un mode quantique dont vous n'avez absolument aucune idée en ce moment. Vous ne pouvez pas comprendre ces choses-là car vous êtes encore dans une dimension inférieure, mais le résultat de cette opération millénaire fut « une Gaia consciente ». On pourrait donc dire que Gaia elle-même fut créée sur un mode quantique à partir de l'énergie des Sept Sœurs, tout comme vous.

La Gaia qui existait auparavant était quand même Gaia, mais non telle qu'elle existe actuellement. C'était une Gaia qui créait la terre et l'énergie de la vie biologique. Elle était la mère de toute vie terrestre, mais elle ne réagissait pas à la conscience humaine. C'est très différent. Elle s'est donc grandement expansée quand les Pléiadiens sont venus et ce fut intentionnel.

Il a fallu 110 000 ans pour qu'elle se stabilise et que le sol soit prêt à la disparition de plus de 16 espèces d'êtres humains afin qu'il n'en reste qu'une seule. C'est à partir de là, il y a environ 90 000 ans, que l'on peut commencer à déterminer ce que sont les humains et ce qu'ils sont devenus.

Les autres

Mais qu'est-il arrivé aux autres types d'humains ? Je vais vous parler de quelque chose qui existe encore aujourd'hui. C'est un peu difficile pour mon partenaire car il n'a jamais entendu cette information. Je lui demande donc de ralentir son débit.

Les diverses espèces existant sur cette planète apparaissent et disparaissent selon que l'énergie qu'elles créent est requise ou non. L'une des tâches de Gaia consiste donc à créer des espèces et à en éliminer. Quand une espèce n'est plus nécessaire au développement de Gaia, elle s'éteint. Si une nouvelle vie est requise, Gaia la crée. Les environnementalistes n'ont pas vu clairement cette création des espèces, c'est-à-dire que son mécanisme, étroitement lié au climat, n'est pas très bien connu. Pourtant, vous l'avez observé dans vos études à long terme car vous avez déjà noté l'apparition et la disparition de plusieurs espèces au cours des âges. Ce processus se poursuit.

La pertinence de l'élimination des espèces

Les humains ont donc observé ce va-et-vient des êtres vivants et ils veulent conserver toutes les espèces existantes. Dans leur esprit linéaire, toutes les espèces devraient subsister puisqu'elles sont là. Or, la tâche de Gaia consiste à les éliminer pour en introduire de nouvelles. Je viens de vous révéler pourquoi les espèces apparaissent et disparaissent. Il s'agit d'un processus naturel et approprié.

Quand les Pléiadiens ont créé les grilles de la planète, Gaia a collaboré car elle savait ce qui était nécessaire à la survie du nouvel humain spirituel. Le besoin de l'existence de plusieurs types d'humains s'est donc lentement estompé. C'était un phénomène naturel. Il n'y a pas eu de guerre. Il n'y a pas eu d'horrible épidémie de peste. Il n'y a pas eu d'éruption volcanique ni de tsunami destructeur. Ces types d'humains ont disparu par usure, normalement, il y a 110 000 ans.

Il n'en resta donc qu'un seul. C'est là un fait scientifique car toutes vos études le démontrent. Les anthropologues l'ont constaté et se sont demandé ce qui avait bien pu se passer pour que disparaisse ainsi la diversité humaine. Je viens de répondre à cette énigme scientifique. La science ne recherche comme déclencheurs que des événements concrets, alors que c'est l'union avec la conscience de Gaia, que vous appelez Mère Nature, qui a permis cette évolution. C'est la même chose aujourd'hui alors que vous voyez diverses espèces disparaître tandis que les humains occupent une plus grande partie de la planète. Je dis qu'il s'agit d'une « élimination appropriée de certaines formes de vie uniques pour permettre la croissance de la conscience planétaire et l'évolution quantique». Certaines espèces n'existent que pour permettre à d'autres de monter dans l'échelle de la nature, puis elles disparaissent. Gaia connaît bien cette échelle. Pas vous.

Le lien spirituel

Historiquement, cette «création d'un seul type d'humain» a également déclenché le moteur ésotérique de la vie spirituelle sur cette planète. Vous pouvez mesurer l'énergie de l'âme, l'énergie quantique de la spiritualité liée à Gaia. C'est là le travail que vous effectuez aujourd'hui en tentant de retracer l'histoire de la spiritualité et la motivation du créateur de ce système. La conscience humaine est de l'énergie quantique et elle est la somme de toutes les âmes.

Transportons-nous maintenant 90 000 ans en arrière. L'être humain possède 23 chromosomes, ceux des Sept Sœurs. Il a fallu 50 000 ans de plus pour que cet humain se développe et devienne un être sensible et quantique pouvant créer une civilisation sans modèle organisationnel antérieur. Pour ce faire, il faut des générations d'essais et d'erreur, même si cela vous semble normal aujourd'hui. Tout cuisinier sait qu'il faut du temps pour cuire un mets de qualité. Sans recette ni formation, combien de temps faudrait-il à un humain ne connaissant rien à la cuisine ni aux ingrédients alimentaires pour créer un vrai repas de gourmet de sept plats rien qu'en faisant des essais et des erreurs? C'est la même chose. Au début de l'humanité, l'évolution n'était pas aussi rapide qu'aujourd'hui car on apprenait à peine à faire fonctionner ensemble un groupe d'humains.

C'est ainsi que s'acquiert la sagesse, et le temps constitue le four où cuit le mets de la connaissance. La conscience mise en place par les Pléiadiens dans un humain à 23 chromosomes a créé le développement, de sorte que chaque génération est devenue plus sage que la précédente. Finalement, bien après la disparition de la Lémurie, l'ADN humain a acquis l'efficacité qu'il possède aujourd'hui : la divinité humaine est reconnue presque à la naissance, et plus de 80 % d'une population de quasiment sept millions d'individus [la civilisation actuelle] croient au même Dieu et même à la vie après la mort.

L'histoire de la Lémurie

Nous voici maintenant il y a 50 000 ans. Il a fallu 20 000 ans de plus avant que l'on construise des temples de régénération permettant aux vieilles âmes de réapparaître, celles dont vous faites partie.

Nous voici ensuite il y a 30 000 ans. C'est la période dont nous parlons pour la « civilisation lémurienne », qui s'était développée plus spirituellement que toute autre civilisation de la planète. Sur cette île vivait un groupe pur d'humains spirituellement ensemencés. Nous vous avons raconté la suite de l'histoire. Lorsque la croûte terrestre a commencé à se retirer (ce qui avait surélevé les terres), la montagne lémurienne a coulé lentement. Les Lémuriens se sont alors dispersés en bateau sans savoir s'ils trouveraient une autre terre.

Au début de la Lémurie, il n'y a eu aucune évolution durant des milliers d'années. La montagne était comme un autocuiseur d'information, de reproduction, de formation et d'expérience. Il en fut toujours ainsi et ce qui s'apprenait ici différait de tout ce qui s'apprenait ailleurs sur la planète. Dans d'autres régions, les humains faisaient tout ce qu'ils voulaient. Ils pouvaient toujours faire leurs bagages et s'en aller ailleurs! Pas ici, cependant [en Lémurie]. Ici, ils étaient forcés de trouver des moyens de composer avec les problèmes de la vie commune.

C'est donc ici que l'Akash de l'humanité a choisi de former de vieilles âmes. Les humains n'y venaient qu'une fois, puis ils s'en retournaient pour se réincarner ailleurs. Par conséquent, de nombreuses âmes qui sont passées par la Lémurie au cours des 20 000 dernières années ont vécu au pied de ces mêmes montagnes où vous vous trouvez en ce moment. Cela explique aussi pourquoi il y a autant de Lémuriens sur la planète aujourd'hui. C'est une école pléiadienne.

L'éveil lémurien

Très chers, un éveil se produit à l'heure actuelle sur cette planète chez vos frères et sœurs qui ont gravi et dévalé ces collines autrefois. Plusieurs des vieilles âmes d'aujourd'hui ont vécu ici et se trouvent à présent partout sur la planète.

Un groupe spécial de Lémuriens pouvaient utiliser régulièrement le Temple de la Régénération (au sommet de la montagne). Leur vie en fut longuement prolongée. J'en parle depuis des années. Ils étaient la royauté et les « gardiens des secrets ». Ils vivaient jusqu'à trois fois plus longtemps que les autres Lémuriens, mais il le fallait car ce sont eux qui possédaient le savoir originel. C'était une façon de préserver la tradition et la pureté de l'information.

Comme je vous l'ai dit, mon partenaire est très frileux. Il est passé plusieurs fois par le Temple de la Régénération, d'où son association avec Yawee (le docteur Todd Ovokaitys). À titre de messager, il transportait l'information sacrée – les secrets – entre les temples. Les Lémuriens d'alors ne voulaient pas révéler ces secrets à beaucoup de gens. Par conséquent, mon partenaire a vécu très longtemps. Il a continué à se régénérer dans les temples aussi souvent que ceux qui formaient la royauté. Ce messager a passé plusieurs existences ici et il avait toujours froid. Aujourd'hui, pour la première fois, j'ai dit à mon partenaire pourquoi il revient toujours ici, pourquoi il est si attaché à ce pays… et pourquoi il n'aime pas le froid!

Gaia fait partie de vous

Gaia et les grilles de conscience de cette planète ont été créées en même temps que vous, par la même énergie et depuis la même source. Aujourd'hui, si vous pouviez aller sur une planète de la constellation des Sept Sœurs, laquelle constellation est célébrée à ce jour dans cette île [Hawaii], et parler à ses habitants, vous reconnaîtriez quelque chose. Ils ont donné un nom à l'énergie de leur planète. Ce n'est pas « Gaia », mais un nom voisin. Ils ont aussi une grille cristalline et, bien sûr, une grille magnétique. Ils ont une grille semblable à celle de Gaia. Il le fallait car tout fut transporté là sur un mode quantique. Les grilles de cette planète, celles que nous appelons les grilles de conscience, sont également pléiadiennes! Maintenant, vous le savez. Vous ne vous attendiez sans doute pas à cette information, qui vous est livrée dans une énergie exclusive à ce lieu, à l'ombre d'une montagne jadis froide.

C'est suffisant pour aujourd'hui. C'est là votre histoire, chers Lémuriens. Voici donc une invitation pour vous, qui êtes assis devant moi : je vous demande de ressentir ce qui se trouve ici, et ce, pour une seule raison : vous régénérer spirituellement afin d'activer votre Akash par le souvenir. Pour que votre corps valide émotionnellement ce que vous soupçonniez déjà : vous êtes de vieilles âmes, et il y a une raison pour laquelle vous vous éveillez présentement et vous faites partie de ce voyage [la croisière].

Il y a encore beaucoup à dire, mais c'est suffisant pour l'instant.

Et il en est ainsi.

(Canalisation de Kryeon à Hawaii : « La chronologie de la création. » Onzième croisière de Kryeon, août 2012.)

Comme l'explique Kryeon, les humains sont lentement devenus spirituels sur une période de 50 000 ans et la société lémurienne est née. Il y a 40 000 ans, l'angle de rotation de la Terre sur son axe était de 28 degrés, ce qui est différent d'aujourd'hui. C'était à la fin d'une ère glaciaire et le tiers de l'eau planétaire était sous forme de glace. La température moyenne était de huit degrés moins élevée qu'aujourd'hui. La température de la planète dépend de la quantité d'eau qu'elle porte. C'est le cycle de l'eau planétaire qui contrôle la température et le vent.

Le niveau moyen des océans était inférieur de 133 mètres à ce qu'il est à ce jour. Il y a 15 000 ans, les glaces ont commencé à fondre, un phénomène qui s'est étendu sur plus de 5 000 ans. L'eau a envahi les vallées. Cette nouvelle distribution de l'eau a eu un effet significatif sur le mouvement de la croûte terrestre, causant plusieurs séismes. Il y a 10 000 ans, le niveau de l'eau a cessé de s'élever et il est ensuite resté le même jusqu'à aujourd'hui.

C'est le cycle de l'eau qui détermine la température terrestre. L'eau est toujours en mouvement. Cette planète a subi de nombreux changements climatiques qui font tous partie de cycles normaux. Il y a eu récemment quelques courts cycles glaciaires, lesquels sont évidents quand on observe l'avancée et le retrait des nombreux glaciers existant sur la planète. Ce qu'ont en commun ces brefs cycles glaciaires : la température s'élève au début, puis elle finit par baisser. Ce réchauffement du début est typique, cyclique et normal.

Il est intéressant de noter que la civilisation connue a débuté il y a approximativement 4 000 ans. On ne trouve aucune référence à la société lémurienne. C'était conforme au plan, mais il se produit un changement à l'heure actuelle. Les vieilles âmes lémuriennes vivant sur la planète commencent à se réveiller et à découvrir la vérité qui leur est communiquée par leur ADN.

Que dit la science?

J'aimerais commenter une partie de l'information livrée par Kryeon. Selon ce dernier, 26 types d'humains ont été réduits à 17 quand les Pléiadiens sont venus nous ensemencer. C'était il y a 200 000 ans. Il y a 110 000 ans, il n'y en avait plus qu'un seul type. Il y a 90 000 ans, les humains ont pu créer une civilisation, et la Lémurie est née il y a 50 000 ans (à Hawaii).

Avez-vous déjà lu ou entendu dire quelque part que divers types d'humains avaient déjà existé sur la planète? Quand j'étais à l'université, les cours ne comportaient rien sur ce sujet. N'est-ce pas un peu étrange? Si vous avez lu tous les livres de Kryeon, vous vous souvenez sans doute que Lee Carroll s'était réjoui en voyant la page couverture de l'édition de janvier 2000 du magazine *Scientific American.* Il l'a même incluse dans son tome VI, *Franchir le seuil du millénaire* [Éditions Ariane]. Pourquoi cette joie? Je pense que le titre était plutôt éloquent :

« Nous n'étions pas seuls. Notre espèce a eu au moins 15 cousins. Il ne reste que nous. Pourquoi? »

Il vaut vraiment la peine de lire cet article si jamais vous en avez l'occasion. En voici quelques extraits. Rédigé par Ian Tattersall, il donne une bonne idée de ce que la science a découvert sur notre évolution.

« L'*Homo sapiens* a la Terre pour lui tout seul depuis à peu près 25 000 ans, sans aucune compétition de la part d'autres membres de la famille des hominidés. Cette période fut évidemment assez longue pour que nous développions le fort sentiment qu'il est tout à fait naturel et approprié d'être seuls au monde. [...]

« L'hypothèse de l'espèce unique a toujours été très convaincante, malgré le fort petit nombre de fossiles d'hominidés qui existaient il y a trente-cinq ans. [...]

« Bien que la tendance minimaliste persiste, de récentes découvertes et des réévaluations des fossiles ont démontré clairement que l'histoire biologique des hominidés ressemble à celle de la plupart des autres familles animales qui ont réussi à persister. Elle est marquée par la diversité plutôt que par la progression linéaire. Malgré cette riche histoire – durant laquelle les hominidés se sont développés, ont coexisté et rivalisé –, l'*Homo sapiens* a fini par émerger comme seul hominidé. Les raisons en sont généralement inconnaissables... »

Qu'en pensez-vous ? Est-ce vraiment inconnaissable ? Ou bien pensez-vous que Kryeon nous a fourni la réponse et qu'elle se trouve dans notre ADN sacré (sourire) ?

Il existe donc des preuves que plus d'un type d'humains a existé. Cependant, quelle preuve avons-nous que les humains vivaient sur la planète il y a 200 000 ans ? De nouvelles techniques de datation ont indiqué que les fossiles humains découverts en Afrique étaient âgés de 195 000 ans. Dans un article intitulé « Les plus anciens fossiles humains jamais identifiés » et rédigé par Hillary Mayell, pour le *National Geographic News*, nous apprenons ceci :

> « La nouvelle date élargit l'écart entre le moment de l'émergence des humains anatomiquement modernes et celui de l'apparition de traits "culturels" comme la création artistique et musicale, les pratiques religieuses et les techniques de fabrication d'outils sophistiqués. Les preuves de civilisation ne sont pas très documentées dans les archives archéologiques avant il y a 50 000 ans. »

Source : http://news.nationalgeographic.com/news/2005/02/0216_050216_omo.html

N'est-il pas très intéressant que les scientifiques établissent une distinction entre l'anatomie humaine moderne et le comportement humain moderne ? À propos, si vous vous demandez pourquoi les fossiles humains découverts à Hawaii ne sont pas très vieux, voici un indice. Presque toute la terre sur laquelle ont vécu les Lémuriens est maintenant immergée. L'archipel d'Hawaii fait partie d'une énorme montagne. Celle qui se nomme Mauna Loa, sur l'île d'Hawaii (souvent appelée Grosse Île), est la plus grosse montagne du monde quand on la mesure depuis sa véritable base, située au fond de l'océan.

Enfin, existe-t-il une preuve de cette fusion de chromosomes par laquelle nous sommes passés de 24 à 23 ? Gregg Braden, auteur réputé de *Vérité essentielle* [Éditions Ariane], affirme ceci :

> Contrairement à toute l'évolution qui nous entoure, le chromosome humain numéro 2 semble avoir fusionné ou s'être combiné pour former un plus gros élément de l'ADN (nous donnant 23 paires de chromosomes au lieu des 24 que possèdent les singes).
> La conclusion qui s'impose à l'encontre de la science officielle est celle-ci : seul un rare processus a pu donner naissance à ce phénomène génétique. Nous constituons donc une espèce unique sur cette planète et nous n'avons pas évolué à partir de quelque chose qui existait déjà « ici ».

Q. : L'histoire de notre planète est-elle semblable à celle des autres planètes de notre galaxie qui ont ascensionné ?

Kryeon : N'est-il pas intéressant qu'aucun humain ne m'ait jamais posé la question ? Il faut pourtant y répondre ! La nouvelle énergie vous montre une grande vérité qui a toujours été là, mais non au premier rang de la curiosité humaine. Une nouvelle connaissance vous est divulguée, qui a toujours été en vous, mais non en ce qui a trait à la survie. Elle est enfouie profondément au niveau akashique de « l'information galactique héritée ». Elle se révèle lentement alors que Gaia s'efforce d'aider davantage l'humanité par de nouvelles charges magnétiques dues au parcours de votre système solaire autour du centre galactique et aussi par la divulgation d'anciennes informations.

La réponse simple à votre question est oui. C'est très similaire, tout comme l'est l'évolution de base. On pourrait penser que chaque planète a suivi un cheminement évolutif particulier en raison des différences énormes existant dans la diversité planétaire, mais le fait est que l'évolution, autant sur le plan physique que sur le plan de la conscience, est la même dans toute la galaxie parce qu'elle est régie par des lois fondamentales et non par le hasard. Ces lois encore inconnues de vous sont les mêmes partout et dirigent toujours l'évolution dans la même direction.

La réponse plus large, toutefois, je viens de vous la donner : c'est que GAIA est très impliquée dans le processus d'orientation! Je divulguerai aussi autre chose concernant le partenariat entre l'humanité et GAIA.

La Lémurie

Je désire parler un peu de la Lémurie, dont j'ai vu le nom pour la première fois en lisant un livre de Kryeon qui me fut offert en 2006. Il y était souvent question des Lémuriens, les vieilles âmes vivant sur la planète. Durant mon éveil progressif, je me suis demandé longtemps si j'étais une Lémurienne. Maintenant, bien sûr, je sais que j'ai vraiment vécu en Lémurie car j'en ai eu plusieurs fois la confirmation. Par exemple, j'ai assisté à une canalisation de Kryeon où il affirmait que toutes les personnes présentes dans la salle étaient des Lémuriens. Quand je suis à Kauai, mes cellules fourmillent de souvenirs et je sens la douce énergie d'amour de la Terre-Mère.

Et vous? Êtes-vous chacun un Lémurien ou une Lémurienne? Je peux presque vous entendre répondre oui, tout en devinant que certains n'en sont pas tout à fait sûrs. Je veux vous assurer que l'essence même de votre ADN retentit de la divinité qui vous habite, que vous soyez lémuriens ou non. Vous êtes tous des fragments éternels de Dieu, comme vous l'avez toujours été et le serez toujours. Ne perdez donc pas trop de temps à vous demander si vous êtes des Lémuriens.

Les Lémuriens sont nés sur la plus grosse montagne du monde, aujourd'hui un archipel nommé Hawaii. Autrefois, les 80 % de cette montagne étaient émergés et les sommets se trouvaient à une plus haute altitude qu'aujourd'hui. Cette montagne fut créée par un renflement de la croûte terrestre sur un point chaud. L'île était froide. Les plus hauts sommets étaient couverts de neige et de glace, et des glaciers se sont formés. Les géologues finiront par en découvrir la preuve.

Les Lémuriens incarnaient la relation entre Gaia et l'humanité. Spirituellement, ils préparaient les archives akashiques de la planète. Ils formaient le centre de population de la divinité. Chaque âme venue en Lémurie recevait une empreinte pure que l'on ne recevait pas ailleurs. L'ADN des Lémuriens était donc le plus pur de la planète. À quelques exceptions près, chaque Lémurien n'avait qu'une seule vie. C'était voulu car il s'agissait de l'expérience d'une vieille âme. Les Lémuriens ont établi l'énergie de la grille cristalline et ils ont également imprégné de leur énergie la Caverne de la Création en attendant que la civilisation soit complète. Une fois qu'une âme était passée par la Lémurie, elle attendait ou se réincarnait ailleurs. Les Lémuriens portent donc le plus vieil Akash qui soit, et l'ensemencement constituait une avenue uniquement pour les vieilles âmes. Seuls quelques membres de la prêtrise avaient déjà vécu en Lémurie et la plupart étaient des femmes. Presque tous les Lémuriens venaient sur cette planète pour la première fois. Kryeon a affirmé qu'environ 350 millions de vieilles âmes sont passées par la Lémurie. Nous pouvons donc estimer que c'est là le nombre approximatif de vieilles âmes vivant aujourd'hui sur la planète et dont plusieurs se réveillent.

L'énergie lémurienne est celle du groupe entièrement isolé qui procédait de l'ensemencement. La Lémurie était une montagne insulaire (Hawaii) et elle a survécu sous une forme plus pure que les autres. Même les groupes les plus isolés de la planète disposaient d'espace pour s'étendre (d'un territoire), ce qui a créé une diversité de pensée. Or, la Lémurie est restée la même durant des milliers d'années, ce qui en a fait l'une des civilisations les plus pérennes de l'histoire, quoique totalement inconnue de la science parce qu'elle est maintenant immergée.

Pendant des milliers d'années, l'ADN des Lémuriens fut directement influencé par le contact de ces derniers avec les Pléiadiens, qui ont apporté leur sagesse et leur savoir dans un environnement isolé et clos. En conséquence, cette sagesse et ce savoir ne se sont pas dilués. La Lémurie fut une expérience unique servant à établir les archives akashiques de la planète.

À un certain point, deux événements se sont produits, qui ont terrorisé les Lémuriens. Leur montagne s'est mise à s'enfoncer dans l'océan et les volcans se sont mis quant à eux à cracher du magma. Ce fut là le signal de quitter l'île, annonçant la fin de la Lémurie et le début de l'œuvre humaine sur la planète. Les Lémuriens sont devenus une race maritime cherchant d'autres endroits où vivre. Plusieurs sont allés au sud et ont réussi.

Les Lémuriens qui ont quitté leur île ont établi des populations sur l'île de Pâques et en Nouvelle-Zélande, entre autres. Kryeon nous a livré beaucoup d'informations sur la civilisation lémurienne au cours d'une croisière en Méditerranée.

Ce fut la plus grandiose société jamais vue sur la planète. Elle le fut non pas par sa population, mais par sa conscience. Elle ne cherchait pas à servir d'exemple pour plus tard car elle participait à l'installation de l'humanité. Telle était la civilisation lémurienne. Je n'ai jamais dit combien de temps elle avait duré, mais je le dis maintenant. Que penseriez-vous si je vous apprenais qu'elle a duré plus de 20 000 ans? Ces gens-là vivaient en paix. Cette civilisation n'était-elle pas supérieure à toutes les civilisations connues de l'histoire terrestre? Vous n'avez rien connu de semblable. [...]

J'en ai encore beaucoup à vous dire au sujet des Lémuriens. Passons donc au plan spirituel. Trois cent cinquante millions d'âmes lémuriennes ont vécu sur la planète au cours de cette période de 20 000 ans. Ce n'est pas énorme, étant donné qu'il y a eu 800 générations. Voici pourquoi.

Cher partenaire, voici une information nouvelle et précise. Veuillez donc l'exprimer correctement. [Kryeon s'adresse à Lee devant tout l'auditoire.] Les

Lémuriens ne se sont pas réincarnés en Lémuriens. Ce que je dis au niveau spirituel, c'est qu'il y a eu presque 350 millions d'individus, des âmes uniques. Non seulement des âmes humaines, mais 350 millions d'anges venus vivre l'aventure lémurienne et qui ne se sont pas réincarnés. Ils ne sont venus ici qu'une seule fois. Le taux des naissances lémuriennes était loin de ce qu'est le vôtre aujourd'hui. Il n'était même pas en progression géométrique comme le vôtre actuellement. C'est compliqué. Pour une raison biologique liée à la température de la planète ainsi qu'à leur civilisation, les Lémuriens n'avaient pas beaucoup d'enfants. Les hommes n'étaient pas aussi fertiles qu'aujourd'hui. Leur vie spirituelle s'en trouvait favorisée. Tout ce que vous devez savoir, c'est que la civilisation lémurienne n'a compté que 350 millions d'âmes constituant la société la plus durable que la Terre ait jamais connue. Nous y reviendrons dans un instant. […]

L'information qui suit est controversée scientifiquement. La Terre était frappée à cette époque par de petits météorites plus souvent qu'on ne le croit. Il y a eu de telles collisions il y a 13 000 ans, puis il y a 5 000 ans! La dernière fut la plus importante et elle a eu deux conséquences pour la planète. Elle a d'abord fait passer de 28 degrés à 23 degrés et un tiers le manteau de la planète. Ce fut tout un impact! C'était il y a 5 000 ans. Ensuite, elle a affecté la civilisation. Une grande quantité de terre fut projetée dans l'atmosphère jusque dans la stratosphère et il en résulta surtout de la pluie qui a exterminé une grande partie de l'humanité. Un grand nombre d'humains et d'animaux ont péri. C'était nécessaire et nous l'avons déjà expliqué. C'était inscrit dans le plan. L'objectif principal consistait à effacer tout le savoir lémurien et à créer plusieurs lacs au bénéfice de l'humanité. La science peut le constater dans les strates géologiques. L'événement a même donné naissance au mythe d'un grand déluge mondial et d'une arche de survie. […]

La civilisation lémurienne a donc existé de 35 000 ans à 15 000 ans avant aujourd'hui et ce fut donc la plus longue civilisation terrestre sous un seul gouvernement. Elle était différente de toute société humaine. Nous retracerons les événements. L'ADN des Lémuriens préparait le terrain à ce qui viendrait après eux. Quand un cuisinier apprête un mets, il graisse le poêlon et prépare tous les éléments nécessaires à la cuisson, mais le mets n'est pas encore prêt.

Les Lémuriens incarnaient la relation entre la Terre et vous. Sur le plan spirituel, le mets se préparait. Par conséquent, nous vous répétons que leur Akash différait du vôtre. Trois cent cinquante millions d'individus ont existé au cours de la civilisation lémurienne. Sauf exception, chacun n'avait qu'une seule existence terrestre à vivre. On pourrait dire que tous construisaient les archives akashiques de la planète. Imaginez la Caverne de la Création contenant tous les cristaux dont nous avons dit qu'ils étaient les âmes de la planète. Chaque fois qu'un ange s'incarnait en Lémurien pour un certain temps, son énergie prenait place dans la planète. Un cristal portant son nom se plaçait dans la caverne. Ceux et celles d'entre vous qui ne connaissent pas l'histoire de la Caverne de la Création ne peuvent comprendre ces propos. Toute la raison d'être de la civilisation lémurienne était de construire la Caverne de la Création et d'y implanter l'énergie de 350 millions d'âmes. Dans toute leur histoire, seuls quelques milliers d'entre eux ayant eu des vies antérieures sont revenus en Lémurie, et la plupart étaient des scientifiques. Les autres y vivaient une existence unique, puis s'en retournaient et attendaient que la civilisation soit complète [c'est-à-dire les anges constituant les diverses âmes humaines]. C'était voulu. Il s'agissait d'ensemencer spirituellement la planète et d'accroître la valeur de la Caverne de la Création.

Les Lémuriens ont vu ce qui s'en venait. Comme nous vous l'avons dit, la glace a commencé à fondre il y a 15 000 ans et le phénomène s'est poursuivi pendant au moins 5 000 ans. On pourrait dire qu'ils ont eu amplement le temps de se préparer, et c'est ce qu'ils ont fait. Ils sont d'abord devenus une nation maritime en construisant des bateaux. Petit à petit, plusieurs ont quitté la vallée, qui commençait à être inondée, car les glaces fondaient et le niveau de l'eau planétaire s'élevait. Une partie de la société lémurienne a peuplé les rivages d'autres terres. Vous en trouverez des traces en Nouvelle-Zélande, sur l'île de Pâques – quoiqu'il n'en reste pas beaucoup à cet endroit – et sur ce grand continent que vous appelez les Amériques. Ils se sont rendus dans la région de la côte Ouest que vous nommez l'Alaska. Plusieurs sont allés au mont Shasta, où ils ont vécu longtemps sous leur forme humaine avant de se loger dans cette montagne sous leur forme multidimensionnelle.

Certains ont créé des sociétés avec d'autres humains qui s'étaient grandement éloignés du lot et qui avaient complètement oublié leur ascendance. L'une de ces civilisations fut celle des Sumériens, au Moyen-Orient. Elle a fini par conduire à la civilisation égyptienne plusieurs années plus tard. Il est étrange que vous pensiez que l'histoire a commencé là!

Voici maintenant une information que nous ne vous avons jamais fournie. Toute preuve de l'existence de la Lémurie a été effacée. Les courants sous-marins sont très forts : ils déferlent presque comme des fleuves en balayant tout avec le sable et le limon. Ce n'est pas une raison pour affirmer que vous ne retrouverez jamais d'artefacts de la Lémurie. Non seulement vous en découvrirez, mais vous en possédez déjà, cachés par des collectionneurs, parce que ces derniers font rire d'eux quand ils les montrent aux scientifiques. Ces artefacts sont toutefois porteurs d'une contradiction : ils se révéleront trop vieux pour être ce qu'ils sont! Du moins selon la pensée moderne. Que diriez-vous si l'on découvrait une automobile datée de 3 000 ans selon une expertise au carbone 14? Cet artefact ne «pourrait pas exister». Il en sera de même pour les artefacts de la Lémurie qui livreront une information stellaire et biologique que l'on «n'aurait pu soupçonner».

Comment quelqu'un pourrait-il posséder un artefact lémurien puisque je viens de vous dire que toute trace de la Lémurie avait disparu? C'est à cause des bateaux! Plusieurs ont sombré dans une tempête alors qu'ils transportaient des objets d'usage quotidien. Certains de ces objets n'ont pas encore été retrouvés, mais d'autres l'ont été et sont conservés par des collectionneurs qui ne peuvent les montrer à personne parce qu'ils se feraient ridiculiser. [...]

Vous savez donc maintenant qui étaient les Lémuriens. Vous savez également qu'ils avaient une conscience différente de la vôtre. Vous avez perdu une pièce, une partie de l'activation de votre ADN, par l'énergie choisie pour votre dualité. Vous avez la liberté de vous en rendre compte et de la récupérer. C'est là l'aspect quantique de l'ADN, les couches lémurienne et pléiadienne dont l'une se trouve dans les archives akashiques. Si vous rassemblez tous ces éléments, vous réaliserez aussi que les Lémuriens sont responsables de la création des archives akashiques de la Terre. [...]

Laissez-moi maintenant ajouter quelque chose qui vous plaira sans doute. Entre 1987 et 2007, quelque chose d'étonnant s'est passé. Stimulés par l'énergie nouvelle, les cristaux portant un nom lémurien dans la Caverne de la Création se sont réveillés et ont murmuré : « C'est le temps de revenir ! » Ils étaient 350 millions. Écoutez bien : tous les Lémuriens qui ont vécu sur cette planète revivent présentement dans un corps humain ! Ils se sont répandus partout sur le globe. J'en ai une salle pleine sous les yeux. C'est pourquoi vous êtes ici, très chers. C'est la raison pour laquelle vous lisez ces lignes et vous vous demandez pourquoi elles éveillent en vous des résonances. Vous vous demandez pourquoi votre vibration s'est élevée, pourquoi il existe une alliance entre votre structure cellulaire et l'énergie de Kryeon ? C'est parce que vous êtes des Lémuriens, de vieilles âmes dans une nouvelle énergie.

***« Kryeon, cela veut-il dire que mon âme n'est pas venue ici avant 1900 ? »** La réponse à cette question n'est pas simple. L'énergie lémurienne n'était pas entièrement présente. Vous vous concevez comme une entité, une âme et un visage, mais vous ne l'êtes pas. Vous êtes une combinaison de plusieurs énergies. C'est presque impossible à expliquer. Chaque fois que vous arrivez ici, votre être est mixte. Votre Soi supérieur possède alors la même énergie fondamentale, mais il est entouré d'une grande diversité spirituelle. Certains d'entre vous reviennent avec l'énergie lémurienne autour d'eux, ce qui ne s'est pas produit depuis 50 000 ans. Ces parties de l'ADN se réactivent.*

Je vous le répète depuis des années : moins de la moitié de un pour cent de cette planète doit s'éveiller pour augmenter la vibration de l'ensemble. Vous amorcerez l'année 2012 avec une nouvelle vibration. Moins de la moitié de un pour cent de sept milliards d'individus doit s'éveiller. Ce n'est pas un si grand nombre. En fait, ce n'est que dix pour cent des 350 millions de Lémuriens qui sont vivants aujourd'hui, soit un pourcentage très raisonnable.

(Canalisation de Kryeon intitulée « L'histoire de l'humanité », donnée en Méditerranée occidentale lors de la huitième croisière annuelle de Kryeon, en août/septembre 2007.)

La principale différence entre les vieilles âmes lémuriennes que vous êtes et les autres vieilles âmes, c'est que vous avez vécu une fois cette expérience purement génétique. Elle reste dans votre Akash. Kryeon a indiqué que la tâche de la vieille âme lémurienne consiste à réveiller l'ADN que vous aviez à l'époque.

Au sujet de la Lémurie, j'aimerais vous faire part de quelque chose d'autre qui expliquera pourquoi Kryeon fait toujours allusion à la sagesse des Anciens, nos ancêtres, qui seraient vous-mêmes, les vieilles âmes. Pourquoi les Lémuriens étaient-ils si particuliers ? La réponse se trouve dans leur ADN. Laissons Kryeon l'expliquer.

Peu à peu, la Lémurie, une première civilisation d'envergure, vit le jour. Sachez ceci : ce n'était pas une civilisation évoluée telle que vous le concevez. Elle était toutefois en possession de quelque chose que vous devez connaître. Leur ADN multidimensionnel était à 90 %, pas à 30 % comme le vôtre. Toutes les propriétés quantiques de leur ADN étaient activées, car c'était le legs des Pléiadiens. La Lémurie est la civilisation la plus ancienne sur la Terre, celle qui survécut le plus longtemps et ne connut jamais la guerre.

Cette civilisation fut anéantie uniquement en raison de la montée des océans. J'ai décrit cela auparavant. Ces gens ont donc adopté une existence de marins et se sont dispersés aux quatre coins de la Terre. Curieusement, certains ont réussi à atteindre des continents lointains ; les archéologues considèrent que c'est de là qu'ils tirent leurs origines, pas d'une terre lointaine immergée.

Les Lémuriens représentent la société originelle sur la planète. Ils s'établirent là où les Pléiadiens avaient d'abord atterri, soit au sommet de la plus haute montagne sur terre – mesurée de la base au pinacle. C'est aujourd'hui la plus grande des îles de l'archipel d'Hawaï, où les « canoës » lémuriens sont ensevelis. Les Anciens d'Hawaï vous diront que les Pléiadiens sont venus sur leurs îles, car c'est ainsi que l'humanité est née selon leur mythologie. Ils se sont disséminés en plusieurs autres endroits, mais aucune de ces sociétés n'est parvenue à la magnificence de la Lémurie.

Les Lémuriens entrevoyaient la vie sous un jour quantique et ils savaient tout au sujet du système solaire, par leur ADN. Un ADN multidimensionnel, opérant à 90 %, génère une conscience qui ne fait qu'un avec l'univers. L'une de vos croyances les plus anciennes préconise de devenir un avec tout. Ce n'est pas fortuit. Nous y reviendrons dans un instant.

Les derniers vestiges de la Lémurie sont disparus, engloutis il y a fort longtemps. Impossible d'obtenir la preuve de leur existence, car les forces de la nature les ont ensevelis complètement ; on ne peut les déceler qu'en ces régions où était sise la Lémurie et qui n'ont pas été immergées. Et si quelqu'un parmi vous s'y rend avec une intention pure, les ancêtres l'accueilleront à bras ouverts.

Voici un conseil sur l'histoire : ne vous concentrez pas trop sur l'Atlantide. Ce continent a existé beaucoup plus tard ; il y en avait trois en réalité, et la confusion règne quant à déterminer ce qui s'y trouvait et la nature des événements. Lequel souhaitez-vous aborder ? L'Atlantide n'a pas joué le rôle que les tenants de la métaphysique ou des enseignements ésotériques veulent lui attribuer. Ce fut un rôle capital, il va sans dire, mais l'un de ces continents n'est pas du tout archaïque. Il est récent, à proximité des îles grecques ; l'histoire grecque récente en fait même état. Les humains portent un intérêt marqué aux civilisations qui connaissent un déclin rapide. Ce genre de phénomène a donné lieu aux légendes qui soutiennent que l'Atlantide fut l'une des civilisations les plus avancées, ce qui est faux. C'était la Lémurie, mais en conscience seulement.

Cette dernière n'était pas technologiquement avancée, car elle n'avait accompli aucun exploit technique. Ces êtres savaient pourtant comment guérir à l'aide du magnétisme. Cette faculté résidait dans leur ADN. L'information était intuitive. L'ADN multidimensionnel génère une information intuitive de qualité. Puisque les Lémuriens ne faisaient qu'un avec l'univers, ils connaissaient tout de l'ADN. Pas vous ? (Kryeon sourit.) Ils en connaissaient même la forme. Tout cela, sans l'aide d'un microscope. Voilà le miracle de l'ADN quantique.

(Canalisation de Kryeon intitulée « L'histoire de l'ADN et de la race humaine », donnée à Portland, en Oregon, le 29 août 2009.)

La société lémurienne était moins technique que celle d'aujourd'hui, mais Kryeon a dit qu'elle était incroyablement plus avancée. Comment donc fonctionnait-elle? D'une façon qui nous semblerait «hors des sentiers battus». C'est exactement ce dont nous avons besoin aujourd'hui pour trouver des solutions à nos problèmes. Peut-être qu'un grand nombre de ces problèmes se résoudraient si nous adoptions le mode de pensée et la façon de vivre des Lémuriens. Kryeon a donné deux exemples du fonctionnement de la société lémurienne qui démontrent à quel point les Lémuriens étaient quantiques. Voyez-vous comment leur approche pourrait être utile dans la conscience contemporaine? À mon avis, c'est la raison pour laquelle Kryeon nous parle aussi souvent de la sagesse et du savoir anciens.

Les écoles lémuriennes

Permettez que je vous parle davantage de la société lémurienne. «Pourquoi?» Simplement pour vous aider à «relier les points entre eux» quant à ce qui se passe sur la planète. Je parlerai donc ici des enfants des Lémuriens qui vivaient dans ce beau pays avant qu'il ne soit englouti.

Les écoles de la Grande Lémurie étaient très particulières. C'était avant l'Atlantide et cela se passait comme suit : les enseignants s'appelaient les Anciens et ils étaient très respectés car ils prodiguaient l'enseignement de leur civilisation. Tous d'un âge vénérable, ils constituaient les meilleurs éléments de la société. Et pourtant leurs écoles n'avaient rien à voir avec les vôtres ni avec votre mode de fonctionnement quotidien. Elles ne comportaient ni administrateurs ni bureaux d'administration et les édifices logeaient de petites salles de cours isolées et non communicantes.

Il n'y avait pas non plus de système linéaire! Les Anciens se réunissaient et décidaient de ce que les enfants devaient apprendre en un certain temps. Les parents envoyaient leurs enfants dans les salles locales à un certain âge. Dans une salle de cours typique, les enfants et l'Ancien [l'enseignant] décidaient de concert ce qui devait être appris. Les enfants décidaient ensuite ensemble à quel rythme ils pouvaient assimiler ce programme et ils en faisaient part à leur enseignant. Celui-ci était assez souple pour se plier à leur volonté. Ensuite, ils se choisissaient un chef, ou une série de chefs en rotation, afin de maintenir leur objectif et de l'administrer.

Le rôle de l'Ancien consistait donc à leur prodiguer son savoir et à s'assurer qu'ils obtiennent les connaissances appropriées. Or, ces enfants concevaient souvent en un seul jour le programme de toute une année. Donc, même sans posséder réellement le savoir, ils exprimaient ce qu'ils croyaient être la meilleure façon de l'acquérir, la méthode la plus rapide et la manière de l'intégrer à leur programme scolaire. Quand ils jugeaient qu'ils l'avaient appris convenablement, ils réclamaient un examen. Si la classe réussissait, ils passaient tous à la fin de la session. Ensuite, c'étaient les vacances (le véritable objectif des enfants de cet âge-là).

Il n'y avait donc pas de durée d'apprentissage préétablie. Les enfants commençaient tous en même temps, mais ils ne finissaient pas à un moment prédéterminé. C'était leur rythme d'apprentissage qui déterminait la durée du cours, laquelle reflétait leur aptitude à comprendre la matière des cours sans la connaître. Il n'y avait pas d'année scolaire ni de degrés, mais seulement l'objectif d'acquérir un certain savoir le plus rapidement possible afin de pouvoir aller jouer! Ce sont les enfants qui dirigeaient le processus, mais ils comprenaient parfaitement qu'il leur fallait apprendre la matière.

Vous serez peut-être nombreux à dire que cela ne fonctionnerait pas aujourd'hui parce que c'est trop différent et que la nature humaine ne s'y prête pas! Je vous répondrai ceci : la nature humaine quadridimensionnelle ne s'y prête peut-être pas, mais un enfant multidimensionnel pourrait le faire facilement. Je le dis parce que nous avons révélé il y a plusieurs années cette caractéristique des enfants indigo. C'est l'un de leurs nombreux traits multidimensionnels!

Revenons à la Lémurie. S'il y avait des élèves lents, les autres s'en apercevaient immédiatement et les aidaient! Le « devoir » des enfants consistait à en assister un autre afin qu'il puisse suivre le rythme d'apprentissage de tous. C'était là leur seul devoir! Plus ils apprenaient vite, plus les vacances étaient proches. Et les fauteurs de troubles? demanderez-vous. Y en avait-il en Lémurie? Bien sûr. Ne portez aucun jugement pendant que je vous révèle comment on réglait ce problème.

Les enfants s'occupaient eux-mêmes de la discipline. Non par un système d'intimidation, lequel n'existe pas dans la conscience d'un enfant multidimensionnel. Dans ce type de conscience, c'est toujours l'objectif du groupe qui compte, non le pouvoir individuel. Les enfants réglaient le problème avec logique. Si un élève nuisait à l'arrivée rapide des vacances, ils l'aidaient de leur mieux. Si certains ne répondaient pas aux attentes ou créaient des ennuis, on pouvait les exclure. Quiconque se faisait expulser de la classe par consensus ne pouvait jamais y revenir. Il lui fallait aller dans une autre classe, en dehors de la Grande Lémurie. Évidemment, cela créait une autre société complexe qui était déshonorée et dont les membres ne vivaient pas très longtemps puisqu'ils n'avaient pas mérité le droit d'aller au Temple de la Régénération, qui constituait une grande partie du système de santé de la Lémurie.

Cela peut vous sembler sévère, et ce l'est sans doute selon les normes d'aujourd'hui, mais c'est ainsi que les écoles fonctionnaient. Votre société a progressé différemment parce que vous avez travaillé sur d'autres aspects de votre évolution.

Ces explications vous aideront à comprendre pourquoi l'école actuelle est si difficile pour les enfants indigo, les enfants cristal et tous les autres enfants de la nouvelle énergie terrestre. C'est parce qu'une couche de leur ADN est activée et prête à travailler. Je vous en parlerai dans un instant.

Les soins de santé lémuriens

J'aimerais vous entretenir du système de soins de santé lémurien. Les Lémuriens n'avaient pas une science de pointe. Ils ne possédaient pas d'ordinateurs. En revanche, leur intuition multidimensionnelle était hautement développée. Ceux d'entre vous qui savent ce qu'est l'intuition médicale le comprendront. Les Lémuriens possédaient tous ce savoir intuitif. Le corps est intelligent. Celui des Lémuriens était beaucoup plus grand que le vôtre, mais il a fini par rapetisser et ils en étaient conscients. Par contre, les Pléiadiens sont toujours plus grands que vous.

Voici ce que faisait la société lémurienne en matière de soins de santé. Elle employait le maximum de ressources pour que tous ses membres soient en meilleure santé possible. De plus, ces derniers n'avaient rien à payer car ils formaient une société conceptuelle. Ces gens comprenaient parfaitement que la santé de l'économie était proportionnelle à celle de la population. On retrouvait des propriétés dans cette société, mais elles étaient d'un genre très différent des vôtres. C'étaient des propriétés collectives. Par conséquent, toute décision se prenait en groupe.

Si un individu était toujours malade, tous en souffraient. Ils réalisèrent donc très rapidement que l'économie se portait beaucoup mieux si tout le monde était en santé.

Laissez-moi vous rappeler encore une fois pourquoi je vous parle de l'histoire lémurienne. C'est parce que tout cela va se produire de nouveau sur votre planète. Quand on se rendra compte que des individus qui ne sont pas malades peuvent acheter des terrains et payer des taxes, vous verrez naître une idée révolutionnaire : un gouvernement qui guérira sa population jouira d'une société prospère! Quelle idée! Vous verrez des transferts de fonds et de ressources. Comment guérir un maximum de gens au prix le plus bas possible? Comment employer autrement les ressources financières? Vous êtes-vous déjà demandé comment vous alliez guérir les maladies de la planète? Plusieurs pensent que « l'humanité n'atteindra jamais un point où elle consacrera suffisamment de ressources à la guérison des masses ». Ils ont raison! Ne portez aucun jugement là-dessus, mais sachez que vous verrez naître une nouvelle idée, celle de la « guérison économique ». Comment la Terre pourrait-elle fournir autrement ce dont l'humanité a tant besoin à l'heure actuelle? Trouvez un moyen de la faire inscrire au programme de ceux qui ont le plus d'argent à investir. La guérison deviendra un investissement en santé planétaire. Comment les investisseurs feront-ils leurs profits? Ils obtiendront une part du PNB des gouvernements avec lesquels ils travailleront, une part déterminée par le « taux de guérison » du pays. Vous verrez. C'est inévitable et le processus est déjà enclenché.

(Canalisation de Kryeon intitulée « La connexion lémurienne », donnée au mont Shasta, en Californie, le 20 juin 2004.)

Comprenez-vous que les Lémuriens avaient une pensée conceptuelle? Comprenez-vous pourquoi Kryeon affirme que la pensée « hors des sentiers battus» créera les solutions que nous recherchons? Comprenez-vous que la vieille âme lémurienne qui s'éveille sur notre planète exercera un impact énorme? Encore une fois, si vous ne savez pas si vous êtes un Lémurien ou une Lémurienne, souvenez-vous qu'il n'est pas important de vous y attarder. L'énergie de la planète commence à s'ouvrir à l'énergie lémurienne. Les semences spirituelles plantées à l'époque de la Lémurie se font maintenant «fertiliser», pour ainsi dire, afin d'éclore et de devenir disponibles à toutes les âmes de la planète. Plus loin, je parlerai des grilles planétaires et de leur rééquilibrage ainsi que du soutien qu'elles apportent à tous les travailleurs de lumière. Qu'est-ce qu'un travailleur de lumière? Je crois bien, cher lecteur, que si vous avez réussi à lire ce livre jusqu'ici sans l'abandonner, vous devez admettre que vous en êtes un (sourire). Merci de répandre votre lumière!

Q. : Pourriez-vous mieux expliquer comment la planète s'ouvre davantage à l'énergie lémurienne?

Kryeon. : Ce n'est pas difficile car ce fut toujours là le potentiel de l'humanité si elle franchissait le seuil de 2012. Les autres planètes ont leur propre seuil, fondé sur l'énergétique du temps et sur les fractales de leur histoire. La vôtre était liée au cycle planétaire de 26 000 ans, une sorte d'«échéance» pour atteindre un certain niveau de conscience. Il y a à peine un demi-siècle, on n'aurait pu dire si vous vous détruiriez de nouveau (cette fois par la technologie) ou si vous iriez plus loin. Vous avez franchi ce seuil et vous avez donc «ouvert la capsule temporelle» de l'énergie et du savoir lémuriens.

Tout cela signifie qu'une page est tournée. Les enseignements pléiadiens originaux qui furent développés par les Lémuriens sont maintenant plus disponibles que jamais. L'étape suivante consiste à appliquer à votre société ces idées nouvelles et ces principes évolués. Chaque planète a son propre scénario politique.

Les indigènes

Si l'on examine les anciennes sociétés indigènes, on s'aperçoit qu'elles ont toutes une chose en commun : elles honorent leurs ancêtres! Elles savent intuitivement qu'ils sont encore en elles. Les indigènes exploitent leur Akash et se rendent compte que le cycle de la vie contient de l'information accessible. Ils savent que cette information se trouve en eux. Ils connaissent aussi Gaia et ils considèrent la Terre comme une partenaire de leur force vitale. Une partenaire de leur vie intérieure. En ce grand changement planétaire que nous vivons, le savoir et la sagesse des ancêtres sont notre héritage si nous le voulons bien.

Quand je travaillais comme agente de la faune, je devais assister à des séances d'information transculturelle concernant les Aborigènes locaux. De plus, nous consultions souvent les Anciens au sujet de la culture indigène. La reconnaissance et l'inclusion des Aborigènes locaux dans la gestion des parcs nationaux d'Australie s'améliorent peu à peu. En fait, plusieurs activités et rencontres importantes existent, dont une invitation de « bienvenue au pays » de la part d'un Ancien. Les Anciens ont toujours rendu hommage à leurs ancêtres et à la Terre-Mère, et ils sont maintenant reconnus comme étant les propriétaires originels du pays.

Lorsque je travaillais dans la réserve naturelle de Tidbinbilla, j'ai lancé un projet de mise à jour et de remplacement de tous les panneaux d'interprétation installés sur une piste très fréquentée, la « Birrigai Time Trail ». C'était un endroit fantastique pour les visiteurs car on voyait toujours des kangourous en train de paître dans la prairie ou des émeus qui y butinaient. La piste comportait aussi des sites archéologiques intéressants aux endroits où les colons européens s'étaient établis dans cette vallée, de même qu'un abri rocheux aborigène qui a révélé d'étonnantes informations sur l'occupation aborigène du Sud-Est australien. Antérieurement aux excavations effectuées à cet abri rocheux, le « Birrigai Rock Shelter », on croyait que la région n'était occupée que depuis 8 000 ans. Les artefacts datés au carbone 14 ont indiqué qu'elle l'était depuis 21 000 ans. Je dois ajouter que les registres de l'occupation aborigène en Australie remontent à 61 000 ans d'après des preuves découvertes à Arnhem Land, au nord du pays.

Les anciens panneaux jalonnant la piste avaient été conçus sans que l'on ait consulté les groupes indigènes locaux. Mon travail consistait à les refaire en m'assurant que les indigènes étaient consultés et qu'ils avaient ainsi l'occasion de livrer leur savoir. L'un des panneaux mentionnait une étrange coutume : il s'agissait de frapper deux bâtons l'un contre l'autre en criant notre propre nom avant de poursuivre notre route ou d'entrer sur un site. Le panneau nous invitait à le faire et l'on m'a expliqué que c'était pour éloigner les mauvais esprits. Je n'arrivais pas à comprendre cette coutume. Je m'y suis même livrée une fois où j'étais seule sur la piste et je me suis trouvée ridicule! J'ai ri de cette pratique que je trouvais stupide et je me suis demandé comment on pouvait être aussi superstitieux.

On aurait plutôt dû rire de moi car je n'ai vraiment compris la profondeur de cette coutume qu'au moment où j'ai participé à une cérémonie sacrée célébrée au bord du volcan Kilauea par la princesse hawaiienne Kahuna Kalei'iliahi, en août 2012. Ce fut comme si s'ouvrait une porte cachée que seule ma clé spirituelle pouvait déverrouiller.

Kahuna Ali'i Wahine Kalei'iliahi est une Kanaka Maoli (aborigène) d'Hawaii. Elle est née et a grandi dans la luxuriante vallée Kalihi, sur l'île d'Oahu. Ses racines ancestrales remontent aux étoiles, aux Makali'i (les Pléiades), à Papa (la Terre-Mère) et à Wakea (le Ciel-Père), par une longue lignée de Kahuna Ali'i Wahine et de Kahuna Ali'i Kane (grands prêtres royaux et grandes prêtresses royales). Le dieu familial de Kahuna Kalei'iliahi est Lono, dieu de la paix (aussi de la fertilité, de l'abondance et de l'agriculture). Lono est l'oncle de la déesse Pele dont Kalei'iliahi est une descendante. Quand on se trouve en présence de cette princesse, on sent l'amour et la compassion qui émanent de son cœur.

Elle a commencé la cérémonie en nous disant que les ancêtres avaient communiqué avec elle et qu'il était approprié qu'elle effectue cette cérémonie car les membres de notre groupe étaient prêts à recevoir cette sanctification. Elle nous expliqua que les Anciens savaient à quels endroits se trouvaient de mauvais esprits ou de mauvaises énergies. Ils criaient donc très fort «E Ku Mau Mau», qui signifie «Je suis ici», puis ils attendaient que leurs ancêtres et l'univers réagissent avant de procéder. Kalei'iliahi nous a précisé que le simple fait de prononcer ces mots activait notre champ énergétique, le Merkaba, que les Anciens nommaient autrement. En l'activant, nous faisons savoir à l'univers que nous sommes conscients de sa divine magnificence. L'univers et Gaia nous reconnaissent alors et nous étreignent.

Kalei'iliahi m'a expliqué plus tard la véritable magie de cette activation. Elle m'a dit que le moment intense avait lieu quand «on entre dans le silence» après avoir prononcé les mots «E Ku Mau Mau». Je la cite :

> Après avoir dit ces mots, nous entrons dans le silence, dans le calme, et nous entendons l'univers et Gaia nous dire : «Nous te voyons!» C'est un moment intense, et si nous n'entrons pas dans ce calme, nous le manquons. En fait, c'est à ce moment précis que le vent a soufflé fort autour de chacun de vous près du cratère du Kilauea. L'avez-vous entendu ou senti? Il était puissant! C'était le vent des Anciens qui vous répondait.

Je l'avais senti! Je suis certaine que tous les autres membres de notre groupe l'ont senti également. On aurait dit que Gaia et les ancêtres désiraient que nous soyons fortement touchés autant physiquement que spirituellement. L'autre aspect de cet enseignement, c'est que les énergies sombres qui nous éprouvent entendent ces paroles et nous voient la tête haute (le mot *Ku* signifie «garder la tête haute»), puis se retirent. Elles sourient et s'inclinent devant nous car elles voient notre lumière. Nous avons passé l'épreuve de la peur et elles le savent. En parfaite concordance avec les enseignements de Kryeon, la peur est de l'amour déguisé qui, quand on l'affronte, disparaît comme un sourire s'efface dans la nuit juste avant l'aube.

Durant la cérémonie, après avoir compris la signification de nos gestes, nous sommes tous allés à tour de rôle devant Kalei'iliahi. Nous ressentions la magnificence de notre être et l'amour de nos ancêtres. Nous avons prononcé à tour de rôle les paroles sacrées tandis que chaque membre du groupe maintenait l'énergie avec révérence, vivant une profonde expérience personnelle. Le sol respirait l'énergie et toutes nos cellules y réagissaient mémoriellement.

J'ai demandé un signe de l'esprit afin de me rappeler par la suite cette ondée d'amour débordante. La plupart des membres du groupe ont alors vu un oiseau blanc voler très haut (et plus tard, pendant une canalisation de Kryeon, on nous a dit que lors de cette cérémonie nous avions été visités par un Pléiadien sous la forme d'un oiseau blanc). Cependant, l'événement le plus significatif qui restera gravé à jamais dans mon cœur, ce fut le moment où la dernière personne du groupe s'est agenouillée pour « laver les pieds » de Kalei'iliahi. Nous n'avons pu retenir nos larmes devant cet acte de compassion car nous baignions tous dans l'amour. C'était comme un aperçu de l'amour que nous portent Dieu, Gaia et les ancêtres.

Il m'a fallu plusieurs jours pour assimiler la puissante énergie de cette cérémonie. Chaque fois que j'y repensais, honorant ainsi l'énergie du cœur de Kalei'iliahi, j'avais les larmes aux yeux. Si j'essayais de raconter à quelqu'un ce qui s'était passé, j'éclatais en sanglots. Il s'agissait d'une expérience profondément sacrée. Que s'était-il passé entre le moment où j'avais trouvé stupide une coutume ancestrale et celui où j'avais vécu cette grande expérience spirituelle? J'avais changé, tout simplement. Je m'étais accordé la permission d'ouvrir mon cœur et j'avais voulu sincèrement me connecter à Gaia, à nos ancêtres, à l'univers et au divin.

Six mois plus tard, lors de la rencontre lémurienne animée par le docteur Todd Ovokaitys à Maui, Hawaii, pour chanter les tonalités pinéales, je racontai à mon amie australienne Wendy ce qui s'était passé à la cérémonie et, encore une fois, les larmes se sont mises à couler et mes paroles ont été étouffées par les sanglots! Quand j'en ai parlé ensuite à Kalei'iliahi, elle m'a dit que nous honorons les ancêtres lorsque nous pleurons ainsi de joie et d'amour.

Elle m'a affirmé également qu'une grande partie des propos de Kryeon était de la sagesse indigène traduite en langage courant, le troisième langage des dieux. Voici une prière qu'elle nous a donnée et qui, traditionnellement, se chante trois fois. L'énergie d'un acte accompli trois fois est un catalyseur de changement. C'est aussi l'énergie de la compassion, et les Anciens le savaient.

Mai ke Akua
Mai ke Kukui
Mai Kalani
Mai ka Maluhia
Mai Kalani
Mai ka Hau'oli
Mai Kalani
Mai ke Ola
Mai ke Akua
Mai ina me Apau

Cette prière se traduit ainsi :

Des Dieux
De la Lumière
Du Ciel
Du Calme
Du Ciel
Du Bonheur
Du Ciel
De la Vie
Des Dieux
Du Pourvoyeur de toutes choses

Si jamais vous avez l'occasion d'aller à Hawaii, vous voudrez peut-être y rencontrer la belle énergie d'amour de Kahuna Kalei'iliahi. Son site Internet : www.kaleiiliahi.com

Je croyais auparavant que les anciennes civilisations étaient superstitieuses, primitives et ignorantes du fonctionnement du monde. Je savais qu'elles vivaient beaucoup plus en harmonie avec la nature que nous aujourd'hui, mais j'avais un préjugé. Je ne pouvais pas croire qu'elles possédaient une véritable sagesse et un important savoir car je les comparais toujours à la technologie et aux découvertes de la science moderne. Je ne comprenais pas à quel point les Anciens étaient en harmonie avec Gaia et avec le Créateur car j'étais moi-même ignorante. Bien sûr que nous avons plus de technologies et d'inventions qu'eux, mais ils connaissaient tellement mieux que nous leur divinité intérieure. Ils étaient des maîtres à part entière en astronomie et en navigation ainsi qu'en calendriers sophistiqués. Certes, la société moderne possède davantage de technologies, mais les anciens indigènes possédaient quelque chose de beaucoup plus précieux : la connaissance spirituelle de leur vraie nature ainsi qu'une communication constante avec Gaia et avec le Créateur.

En ce moment, plusieurs des vieilles âmes qui ont vécu en Lémurie se trouvent sur la planète et s'éveillent à leur vérité. Nous avons ainsi l'occasion de redécouvrir la sagesse et le savoir des Anciens. Traditionnellement, cette sagesse et ce savoir n'étaient donnés qu'à quelques-uns. Au cas où vous ne l'auriez pas remarqué, de plus en plus d'indigènes divulguent leurs enseignements au monde extérieur et aux autres peuples indigènes. Contre toute attente, ces tribus se rassemblent et partagent leur savoir en reconnaissant que nous sommes tous un.

Il y a aussi autre chose que nous pouvons apprendre des Anciens. Ceux-ci reconnaissaient intuitivement l'existence de trois énergies : l'énergie masculine, l'énergie féminine et l'énergie de Gaia. C'est pourquoi ils avaient des cérémonies réservées exclusivement aux femmes ou aux hommes. En fait, encore aujourd'hui, certaines sociétés indigènes maintiennent cette tradition. En plusieurs endroits d'Australie où je suis allée, les Aborigènes ont identifié des régions sacrées que seules les femmes ou seuls les hommes peuvent visiter. Ils reconnaissent que l'énergie masculine et l'énergie féminine sont uniques et distinctes, chacune ayant une fonction différente. Il est important de réaliser qu'aucune des deux n'est meilleure que l'autre. Ce qui compte, c'est de les unir pour créer l'équilibre. C'est ce qui se passe actuellement sur la Terre et qui suscite un changement rééquilibrant tout : Gaia, l'être humain, l'univers. J'aimerais exprimer ici ma gratitude aux indigènes de cette planète qui dispensent leur lumière à tous, particulièrement en ce moment où le reste de l'humanité commence à s'éveiller.

L'une des choses que j'aime le plus dans les messages de Kryeon, c'est qu'il rend honneur aux Anciens, nos valeureux ancêtres. J'aimerais vous faire part d'une information qu'il nous a donnée durant sa tournée de la kundalini en 2012.

Parlons des Anciens. Pourquoi l'époque actuelle les intéressait-elle autant? Comment se fait-il que ce qui se passe aujourd'hui ait pu être prédit il y a des milliers d'années? Les indigènes de la Terre étaient plus soucieux de la planète que quiconque. Quelle est votre réalité contemporaine? Quel est votre plan de survie? Pour vous aujourd'hui, il s'agit de votre emploi, de votre famille et peut-être de la conscience économique de votre gouvernement. Quelle était la réalité des indigènes? Deux choses : l'eau et la nourriture. Tout tournait autour de ces deux nécessités, sous la gouverne d'une troisième conscience, celle de Gaia.

Les indigènes divisaient l'humanité en une triade énergétique sacrée : les hommes, les femmes et Gaia. Ils possédaient une tradition masculine et une tradition féminine, qui s'unissaient en Gaia. S'ils effectuaient des cérémonies, c'était pour obtenir de la pluie ou des récoltes. Toute leur réalité était liée à Gaia. Ils rendaient un culte à la Terre, qui constituait toute leur science.

Ils en sont venus peu à peu à comprendre le cycle temporel. Ils ont fini par connaître les cycles climatiques. Ils priaient donc les dieux du Sud, de l'Est, du Nord et de l'Ouest. Leurs prophéties étaient enveloppées dans la conscience de Gaia. Cela vous dit quoi? Cela vous parle d'aujourd'hui. Au Nord et au Sud, ils savaient tous quelque chose. Ils ne se connaissaient pas entre eux. Les tribus du Nord n'avaient aucune idée de l'existence de celles du Sud. Elles ne s'étaient jamais rencontrées. Des centaines de tribus ne s'étaient jamais vues et pourtant elles ont prophétisé ce qui se produit aujourd'hui! Je veux donc que vous réfléchissiez à ceci : se pourrait-il qu'elles aient connu l'enchevêtrement de la conscience et de Gaia?

Bien sûr que oui. Vous entendez aujourd'hui leur vérité et la voici : la planète est au cœur d'un alignement signifiant la fin d'un cycle de 26 000 ans, ce qui crée une énergie nouvelle. Plus vous vous en approchez, plus les potentialités augmentent. Même il y a six siècles, cette prédiction était pour eux un fait et non une simple potentialité. Ils ont inclus l'information dans leurs calendriers et vous pouvez la voir aussi dans les glyphes gravés sur les murs de leurs pyramides. Demandez à un indigène. Que se passe-t-il maintenant ? Est-ce bien ce qu'ils avaient prédit ? Absolument, et exactement au moment annoncé.

(Canalisation de Kryeon intitulée « La lettre k (dans le mot *kundalini*) », donnée à Mendoza, en Argentine, le 17 octobre 2012.)

J'espère sincèrement qu'un jour l'humanité entière reconnaîtra la sagesse et le savoir des indigènes. Peut-être notre attitude changera-t-elle alors et ferons-nous preuve d'une compassion active envers ceux qui ont hérité de la Terre et qui honorent leurs ancêtres. Entre-temps, quel magnifique et précieux cadeau pour nous que ces nombreux ambassadeurs indigènes qui, à l'instar de Kalei'iliahi, livrent leur sagesse et leur savoir à leurs frères et sœurs lémuriens qui s'éveillent à l'heure actuelle sur toute la planète.

Kahuna Kalei'iliahi

Q. Y a-t-il des messages de nos ancêtres dont vous aimeriez nous faire part ?

[Kahuna Kalei'iliahi a livré deux messages canalisés. Le premier le 9 janvier 2013 et le second le 14 janvier. Je souris quand je pense à la numérologie liée à ces deux messages. La première date donne le chiffre 7, qui représente en numérologie « le dessein divin ». Il représente aussi les Sept Sœurs, les Pléiades. La seconde date donne 11, un maître-nombre, et je crois qu'il est associé à la maîtrise latente en chaque être humain.]

Les Anciens d'un passé lointain

Les Voix anciennes nous parlent doucement dans la nuit, en provenance du passé lointain de la Lémurie. Elles nous parlent dans leur langage et nous livrent des secrets. Elles nous parlent du pouvoir intérieur, du pouvoir de la Lumière divine du vaste cosmos et de la présence de ce grand pouvoir à l'intérieur de nos cellules. Elles nous parlent de choses qui ne sont pas encore écrites, d'une lumière et d'une couleur dont la vibration est trop élevée pour les humains moyens, mais non pour les humains nouveaux, ceux qui s'éveillent ainsi que les enfants nouveaux. Elles nous parlent de couleurs et de sons silencieux, tellement doux qu'ils sont à peine audibles ou visibles pour les yeux et les oreilles des humains, et pourtant ils sont intimement connus de tous les cœurs. Elles nous disent que nous sommes tous des dieux et des déesses connaissant la vie sur d'autres planètes avec lesquelles nous communiquons pendant notre sommeil. Elles nous murmurent les mots les plus gentils, toujours imprégnés de l'Amour divin. Elles disent que c'est le langage des dieux, le troisième langage, et que chaque être humain le connaît, mais doit entrer dans le silence, dans le vide, et oser aller où personne ne va jamais. Ce sont les voix des « Aumakua i ka Po », les ancêtres d'un passé lointain.

Un message des Anciens qui remonte aux étoiles

Nous venons des étoiles et vous aussi. C'est là que vous retournerez quand vous aurez rempli votre contrat terrestre. Vous êtes notre famille et nous sommes la vôtre. Entrez dans le calme et vous saurez que nous sommes réels.

Nous venons parler aux cœurs de notre famille qui sont ouverts à notre amour et à notre message. Nous vous parlons en toute humilité car vous êtes les nobles humains. Vous refaites sans cesse le sacrifice de quitter votre foyer spirituel pour venir vivre dans un corps sur la planète Terre. Vous l'avez fait maintes et maintes fois. Pourquoi ? L'amour. Vous êtes amoureux de Gaia. Elle fait aussi partie de notre famille.

Nous voici avec un message qui aura un impact immédiat sur certains et un effet plus tardif sur d'autres. Toutefois, tous ceux qui le liront finiront par le comprendre en profondeur et ils en seront transformés.

Vos cellules ont enregistré des choses dont votre esprit conscient ne se souvient pas. Des choses qui furent créées dans votre être biologique et dont vous n'êtes pas conscients, une énergie qui est réelle et qui fait des miracles. Le pouvoir permettant d'opérer des miracles est l'énergie motrice qui les fait se manifester dans votre monde. Cette énergie possède son propre champ et il est puissant. Vos cellules en ont enregistré la couleur et le son. Cette couleur est un bleu-rose, une nuance de bleu très pâle mélangée à du rose ou tournant autour du rose. Elle a des harmoniques spirituelles et elle n'est donc pas la même aux yeux des humains et aux nôtres. Elle est néanmoins la couleur. Quant au son, c'est celui-ci : Maaaaaaaaaaaa Naaaaaaaaaaaa.

Nous voulons maintenant vous donner la prononciation originelle de mot « mana ». Il s'est raccourci avec le temps, mais son sens n'a jamais changé : il s'agit du pouvoir divin. Quand vous prononcerez ce mot sacré, selon la méthode que nous avons indiquée, avec une intention, vous créerez un champ énergétique possédant les couleurs que nous avons décrites. Voilà l'énergie alimentant le moteur qui crée les miracles dans votre réalité.

Ainsi, quand vous désirerez manifester quelque chose dans votre vie, avec une intention pure et pour votre plus grand bien, employez ce son : « Maaaaaaaaaaaa Naaaaaaaaaaa. »

La couleur y sera incluse car elle accompagne toujours le son. Ce sont les deux éléments qui créent une énergie triple donnant naissance aux miracles. Il y a douze fois le son « a ».

Chers amis, vous avez le pouvoir de créer tout ce que vous désirez. VOUS êtes Dieu. Soyez assez braves pour transcender vos peurs limitatrices et utiliser votre pouvoir d'opérer de grands miracles sur votre planète. Commencez par vous-mêmes. Guérissez votre corps. Guérissez la planète en même temps car il n'y a pas de séparation entre votre organisme biologique et la Terre. Nous sommes les Anciens remontant aux étoiles.

Q. : Plusieurs civilisations indigènes possèdent un animal totem ou un animal spécial qu'ils considèrent comme l'un de leurs ancêtres.

Pouvez-vous nous en dire davantage sur le sujet ? Cela fait-il partie d'un système ?

Kryeon. : Le système est fondé sur la survie des débuts de l'humanité. Sur Gaia, tout était lié à « l'autre vie ». Les animaux étaient considérés comme des êtres mystérieux, dispensateurs de vie et même mythiques. Leur viande vous conservait vivants et leur fourrure vous gardait au chaud. Vous fabriquiez des objets avec certaines parties de leur corps tandis que les sorciers employaient d'autres parties comme remèdes. Les animaux étaient donc liés à votre force vitale. En combinaison avec les plantes, ils formaient avec vous le « système universel ». Ainsi, à cetteépoque, le fait d'avoir un « animal totem » était en soi une revendication de l'alliance ancestrale avec la nature. C'était une affirmation de votre type de personnalité.

Naturellement, ce n'est plus le cas aujourd'hui, mais ce le fut pendant très longtemps. Cette énergie imprègne toujours la grille cristalline, et, à ce jour, plusieurs peuples indigènes proclament encore l'importance de cette alliance.

Q. : Y a-t-il autre chose que nous devrions savoir au sujet des anciens indigènes ?

Kryeon. : Ils devaient survivre uniquement avec ce que Gaia leur fournissait. Il y a encore dans les forêts des plantes et des herbes qui sont un gage de santé. Même les maladies « modernes » comme le cancer peuvent se guérir avec des remèdes naturels connus des indigènes. Aujourd'hui, l'humanité dépend trop de la chimie au lieu d'être en harmonie avec Gaia. Quand vous ingérez certaines plantes ou certaines herbes, vous absorbez en même temps tout ce qui a contribué à leur croissance, y compris le « système de la Terre ». N'est-il pas sensé d'employer les produits de Gaia pour équilibrer votre corps ? C'est tellement plus profitable. La chimie est froide et dépourvue de conscience. Au mieux, elle peut constituer une solution temporaire pour un objectif beaucoup plus grand, celui de demeurer en vie.

CHAPITRE DEUX

La science du futur

Les Anciens savaient intuitivement que la Terre était ronde. Ils connaissaient l'astronomie et avaient même des calendriers très élaborés. Comment se fait-il que tout ce savoir ait été perdu et que le monde « civilisé » ait cru pendant des siècles que la Terre était plate ? La réponse à cette question est liée à la conscience humaine. La vibration planétaire est comparable à une grande porte qui s'ouvre et se referme en correspondance avec la vibration de l'humanité, selon que cette dernière est éclairée ou non. Kryeon affirme ceci :

[...] Si l'humanité choisit de fermer cette porte en abaissant la vibration planétaire, les inventions et les découvertes sont alors perdues. Elles disparaissent puisque l'humanité n'en a cure ! Cependant, quand la vibration s'élève, la porte s'ouvre et les découvertes réapparaissent. Elles ne sont pas contrôlées par l'Esprit, mais par le système que vous avez créé. La haute science est toujours présente, quoi qu'il arrive, mais les humains décident de sa disponibilité selon la vibration que leur conscience donne à la planète.

*Les découvertes ou les inventions sont reçues normalement par l'humanité sous forme d'inspirati*on et en trois ou quatre endroits à la fois afin qu'elles ne se perdent pas.

(Canalisation de Kryeon intitulée « La science qui est nécessaire pour l'époque », donnée à Albuquerque, au Nouveau-Mexique, le 14 février 2010.)

Vous êtes-vous déjà demandé d'où venaient les inventions et les découvertes ? Combien de temps a-t-il fallu pour découvrir le feu et pour inventer la roue ? Avez-vous remarqué l'intervalle de temps entre ces deux événements ? Comparez maintenant cet intervalle avec celui qui a séparé la découverte de l'électricité et l'invention de la radio. Et que dire de notre ère technologique ? Chaque fois que nous changeons d'ordinateur ou de téléphone portable, les appareils de la génération suivante arrivent peu de temps après sur le marché et sont grandement supérieurs à ceux que nous venons d'acheter !

Pourquoi y a-t-il eu un si grand intervalle entre nos premières inventions ou découvertes ? Selon Kryeon, c'est directement lié à la qualité du contact des humains avec leur divinité intérieure. Plus nous connaissons notre divinité intérieure, plus nous sommes en mesure de nous ouvrir à ce que nous savons déjà.

Les informations qui suivent seront encore plus intéressantes si vous avez lu le tome X de Kryeon, *Les Douze Couches de l'ADN* [Éditions Ariane], mais ne vous inquiétez pas si vous ne l'avez pas lu. Soyez simplement ouverts à l'idée que l'ADN contient douze couches, dont trois sont pléiadiennes.

Les Pléiadiens connaissaient parfaitement l'énergie quantique, l'intrication et les lois de la physique. Ils se sont d'ailleurs servis de ces connaissances pour venir ici. Trois des douze couches de notre ADN sont donc pléiadiennes et contiennent tout ce que nous désirons savoir. Toutes les inventions et les découvertes qui se produiront au cours des quatre ou huit prochains millénaires y sont déjà et l'accession à cette information est fonction de la qualité de la compassion existant sur cette planète. C'est très étonnant, n'est-ce pas ? C'est le moins que l'on puisse dire !

Les idées et les inventions sont données à la planète lorsque notre conscience y est prête, et pas avant. Vous êtes-vous déjà demandé pourquoi ? La conscience des humains a consisté jusqu'ici à séparer, à conquérir et à faire la guerre. Voyez-vous comment elle aimerait se servir de nouvelles inventions pour en faire des armes de guerre ?

Les idées et les inventions sont également imprégnées dans la grille cristalline. Qui les y a mises? Les Pléiadiens évidemment. Je laisse Kryeon nous l'expliquer.

Sur la planète que vous appelez Gaia se trouve actuellement la grille cristalline, qui constitue la mémoire de tout ce qui y fut déposé par les Pléiadiens et par l'humanité au cours de son histoire. Au moment approprié, lorsque la conscience humaine aura atteint un certain point, ces informations seront divulguées. Il y a donc là une capsule temporelle. Elle ne provient pas du Grand Soleil central, mais de l'énergie de Gaia. Au début de la décennie 2000, nous avons donné, au mont Shasta, une canalisation dans laquelle nous vous avons parlé des Lémuriens présents à l'intérieur de cette montagne. Nous vous avons alors dit qu'il y avait là une capsule temporelle. Vous savez maintenant de quoi il s'agit. Ces êtres ne sortiront pas de la montagne pour vous serrer la main et se présenter! Ce n'est pas là le sens de la métaphore. Cette capsule temporelle consiste plutôt en de l'information, des concepts et des idées. Vous découvrirez la nature quantique de votre réalité, qu'il vous faudra connaître quand vous entrerez dans la nouvelle énergie.

[...] Soit dit en passant, il y a eu un moment où vous avez presque trébuché. Vous aviez de la difficulté avec l'électricité. Un homme est donc venu qui était en avance sur son époque et qui a fait avancer les choses. Il s'appelait Nikola Tesla. Il vous a fourni un principe que vous appelez aujourd'hui le courant alternatif. Je vous mets au défi de comprendre ce processus abondamment utilisé aujourd'hui. La plupart d'entre vous ne peuvent pas y arriver parce que celui-ci ne relève pas de la tridimensionnalité. L'idée à la base du type d'électricité dont vous vous servez aujourd'hui provient d'un esprit quantique. C'est tout ce qu'on a permis à Tesla de faire. Ce dernier a essayé de réaliser concrètement d'autres concepts qu'il savait utilisables, mais on ne lui a pas permis de faire plus.

Si je vous disais ce qu'il a découvert d'autre, vous seriez sans doute étonnés. Ses autres idées n'ont jamais pu «sortir au grand jour» parce que la planète n'y était pas prête. Il a découvert des objets sans masse. Il pouvait modifier la masse de la structure moléculaire par les phases magnétiques, mais il n'a jamais pu contrôler l'opération. Des objets s'envolaient de son établi et heurtaient le plafond. Il n'a jamais pu contrôler le processus parce qu'il n'était pas prêt. Vous savez ce qu'il a fait d'autre? Il a apparemment échoué à transmettre de l'électricité, mais, en réalité, il n'a pas échoué du tout. Il existe des photos de sa tour. On a pensé que celle-ci était destinée à transmettre quelque chose par la voie des airs, mais c'est faux. Tesla envisageait de transmettre de l'électricité par voie souterraine! Il faut des tours pour le faire car elles doivent percevoir les nœuds planétaires et capter le magnétisme d'une certaine façon pour le diffuser. Nous vous en avons déjà parlé. La grille de la planète peut s'utiliser comme une autoroute. On peut l'employer magnétiquement pour diffuser de l'électricité et pour la recueillir aux endroits où l'on en a besoin. Pas besoin de fils électriques, mais la Terre n'était pas prête alors.

Pour la première fois, je vous dirai maintenant pourquoi. C'est parce qu'il est trop facile de s'en servir à des fins militaires. « Quand donc serons-nous prêts? » me demanderez-vous. Vous connaissez déjà la réponse, n'est-ce pas? Vous le serez quand la conscience humaine aura atteint un point d'unification en s'éloignant de la séparation, du pouvoir et de la conquête. Quand l'humanité évaluera la force de sa population selon sa santé et non selon le produit national brut. Ce n'est pas pour tout de suite, mais ça viendra.

Une réserve de savoirs et d'idées existe dans la capsule temporelle que vous appelez Gaia. Tout ce savoir y fut déposé par les Lémuriens et les Pléiadiens, qui ne faisaient qu'un au début de « l'histoire sacrée » des humains. Cette capsule temporelle s'ouvrira par de nouvelles idées avant de s'ouvrir par des inventions car l'humanité doit d'abord s'adoucir. Vous verrez bientôt ce que je veux dire. Les capsules temporelles se trouvent sous vos pieds…

Vous rendez-vous compte de ce que vous possédez intérieurement? Vous aurez besoin du savoir stimulant que vous portez en vous. Votre aspect quantique doit devenir réel pour que vous franchissiez l'étape suivante. Cette capsule temporelle vous appartient et c'est ce dont nous voulions vous entretenir aujourd'hui. Il existe une capsule temporelle dans la planète et il y en a aussi une en vous. C'est votre héritage spirituel de naissance, qui est prêt à s'épanouir comme une fleur de lotus. Quand il le fera, il y aura une conscience nouvelle et la paix dans un monde qui n'est pas nécessairement paisible, la patience dans un monde qui n'est pas nécessairement patient. Vous aurez alors l'occasion de changer. Nous vous en parlons depuis longtemps. Ce serait le bon moment...

[...] Nous avons attendu longtemps avant de vous livrer ce message. C'est là que le travail commence et il doit s'amorcer par vous. Peut-être commence-t-il d'une façon à laquelle vous n'êtes pas vraiment préparés. Comprenez qu'il ne s'agit pas de faire, mais d'être...

(Canalisation de Kryeon intitulée « La capsule temporelle de Gaia », donnée à Salt Lake City, en Utah, le 9 février 2013.)

J'ai mentionné plus haut que les idées et les découvertes nouvelles étaient déjà à l'intérieur de notre ADN, spécifiquement dans les couches pléiadiennes. C'est la capsule temporelle dont parle Kryeon. Que représentent exactement les couches pléiadiennes ? Sont-elles davantage que ce que nous croyons ? Oui.

Ceux qui vous ont ensemencés ont un ADN et ceux qui les ont ensemencés en ont un également. N'est-il pas intéressant de savoir que la vie est la même partout et que vous la découvrirez dans l'infiniment petit et dans des endroits très éloignés ? Vous vous rendrez compte qu'elle ne venait pas de votre planète, puis vous comprendrez qu'il existe peut-être un « système commun de vie galactique » et qu'il est magnifique.

Il y a en vous une capsule temporelle : les trois couches pléiadiennes de votre ADN ne sont pas uniques à la galaxie. Elles portent les semences des Pléiadiens, de leurs parents et de leurs grands-parents. Pourquoi vous dire tout cela ? Parce que la capsule temporelle qui se trouve en vous est plus ancienne que la vie sur votre planète. Elle appartient à des êtres de votre galaxie beaucoup plus vieux que vous et que la race humaine, mais elle est en vous. Nous vous répétons depuis des années qu'il y a ici davantage que ce que vous pouvez imaginer...

(Canalisation de Kryeon intitulée « La capsule temporelle de l'ADN », donnée à Sacramento, en Californie, le 10 février 2013.)

Voyez-vous comment cela s'applique à vous personnellement ? Nul besoin d'être un génie scientifique et de créer une invention phénoménale pour faire une contribution significative à la planète. L'amour du soi divin et vos actions motivées par la compassion transforment profondément la planète. Voyez-vous comment les actions d'un individu affectent celles de tous ? Les actions de tous marquent la conscience collective. Tout changement survenant dans la conscience collective ouvre ou ferme la porte à de nouvelles inventions et découvertes.

Depuis plus de vingt-trois ans, Kryeon nous livre des messages comportant souvent de la haute science. Nous avons franchi le seuil de 2012. En de nombreuses occasions, l'information fournie par Kryeon a été validée par la science. Cette tendance devrait se poursuivre. À mesure que l'humanité s'ouvre à la compassion, nous faisons de nouvelles découvertes. Préparez-vous donc à de la haute science.

Le magnétisme avancé

Qu'est-ce que le magnétisme avancé ? Quelle est la différence entre le magnétisme normal et le magnétisme avancé ? La même qu'entre un dessin d'enfant et *La Joconde*. L'enfant est conscient des lignes et des couleurs, mais il n'a aucune idée de ce qu'il peut créer. Seul le véritable artiste sait comment les agencer pour créer un chef-d'œuvre. En ce qui concerne le magnétisme avancé, nous devons apprendre à modéliser l'énergie. Si un modèle est présenté à un objet de la façon adéquate, celui-ci peut devenir sans masse. C'est là quelque chose que nous ne pouvons pas encore contrôler. Nous ne savons pas comment modéliser un champ magnétique de la manière évoquée par Kryeon, mais nous finirons par le faire.

Le magnétisme avancé existe naturellement sur la planète. Avez-vous déjà entendu parler des eaux guérisseuses de Lourdes, en France ? Chaque année, des gens viennent de toutes les parties du monde pour se baigner dans ces eaux légendaires provenant d'une source surgissant dans une grotte. Selon Kryeon, cette eau possède une énergie quantique et ses vertus curatives résultent directement du magnétisme et des anomalies des roches parmi lesquelles elle s'écoule.

Avant de nous plonger dans les propos de Kryeon sur le magnétisme avancé, je veux vous parler de l'intrication dont il est souvent question dans ses messages. En physique, l'intrication se définit comme la relation entre deux ou plusieurs parties d'un système quantique gouverné par une fonction d'onde de probabilité. On emploie le mot « intrication » en théorie quantique pour indiquer comment les particules d'énergie/matière peuvent se lier pour interagir entre elles d'une manière prévisible, quelle que soit la distance qui les sépare.

Vous savez comment Einstein appelait le phénomène? Il le qualifiait « d'action fantôme à distance ». Ce phénomène est réel et il a été démontré plusieurs fois par l'expérimentation. En 1997, Nicolas Gisin et ses collègues de l'Université de Genève ont utilisé des photons intriqués pour réaliser une communication simple, mais instantanée, sur une distance de onze kilomètres. Voilà qui explique pourquoi les séances de guérison à distance sont efficaces. La science n'a pas encore découvert le mécanisme de l'intrication et aucune théorie ne peut encore l'expliquer parfaitement. Selon Kryeon, l'intrication quantique verrouille la structure atomique des particules, qu'il s'agisse de matière ou d'énergie, dans son propre temps et son propre espace, selon un schème unique de symétrie quantique.

Pour vous aider à visualiser ce phénomène, considérons des recherches et des expériences qui se font à l'heure actuelle, ce qui vous préparera aussi à la prochaine canalisation de Kryeon [sourire].

Un groupe de chercheurs de l'Université de Tel-Aviv étudiant la supraconductivité a réussi à démontrer la « lévitation quantique » et le « verrouillage quantique ». Ils expliquent ainsi le processus :

> Nous commençons par recouvrir une plaquette de cristal de saphir d'une mince couche (~1µm ou micromètre) d'une matière céramique appelée oxyde de baryum de cuivre (YBa2Cu3O7-x). À la température ambiante, la couche de céramique n'a aucune propriété magnétique ou électrique intéressante, mais quand on la

refroidit en dessous de -185 °C (-301 °F), elle devient supraconductrice. Ce matériau conduit l'électricité sans résistance ni perte d'énergie. Zéro.

La supraconductivité et les champs magnétiques ne font pas bon ménage. Quand c'est possible, le supraconducteur expulse de l'intérieur tous les champs magnétiques. C'est l'effet Meissner. Dans notre cas, le supraconducteur étant extrêmement mince, le champ magnétique réussit à pénétrer. Il le fait toutefois en quantités infimes (ne sommes-nous pas en physique quantique ?) appelées tubes de flux (ou fluxons).

La supraconductivité est détruite localement dans chaque tube de flux magnétique. Le supraconducteur tente de garder les tubes magnétiques dans les secteurs faibles (par exemple, les joints de grains). Tout mouvement spatial du supraconducteur ferait bouger les tubes. Pour éviter la chose, le supraconducteur demeure « verrouillé » dans l'air.

Source : http://www.quantumlevitation.com/thephysics.html

Sur ce site Internet, on peut voir une vidéo dans laquelle les chercheurs font la démonstration de la « lévitation quantique ». Leur super « rondelle » refroidie est « verrouillée quantiquement » à une piste magnétique. Elle flotte alors autour de cette piste et reste verrouillée à celle-ci sous n'importe quel angle. Elle voyage même à l'envers autour de la piste. Cette création des chercheurs nous aide à mieux comprendre l'intrication. Cette expérience n'est pas une intrication à cent pour cent (sans doute à 0,5 pour cent), mais ces chercheurs ont démontré que le superrefroidissement d'un objet peut en modifier la masse. C'est cette même vidéo que Lee Carroll projette au cours de ses séminaires.

Lors d'un événement organisé par le docteur Todd Ovokaitys, Kryeon a livré une importante information indiquant que la densité est un attribut variable et non une loi newtonienne absolue. La densité d'un objet peut donc être modifiée. Si vous n'avez jamais entendu parler du docteur Ovokaitys, vous le rencontrerez dans le tome IV de Kryeon, *Partenaire avec le divin*, et dans le tome X, *Les Douze Couches de l'ADN*. Le docteur Todd est un chercheur à la fine pointe de la découverte de la réalité dont parle Kryeon : la guérison et la régénération magnétique de l'ADN. Il a développé d'étonnantes théories qui sont maintenant démontrées, comme Kryeon l'avait prédit. Bien que ses recherches soient directement axées sur la régénération de l'ADN par la nouvelle physique (avec des résultats remarquables), le docteur Todd travaille également à des découvertes que tout le monde peut utiliser dès maintenant. De plus, il a enseigné la Technique de tonification pinéale (Pineal Toning Technique™), qui emploie des tonalités multidimensionnelles pour activer la glande pinéale et créer des expériences profondément expansives.

Voici un extrait de la transcription du message de Kryeon où celui-ci nous a livré de l'information sur le magnétisme de marque. Cette canalisation comportait une conversation avec le docteur Todd, que Kryeon appelle toujours Yawee.

« Revenons à la physique. Je désire vous parler de la masse. Yawee, est-il possible que deux objets d'une même grosseur (deux petits rochers, par exemple) n'aient pas le même poids, c'est-à-dire que l'un pèse 40 kilos et l'autre, 400 kilos ?

– Oui.

– Pourriez-vous nous expliquer pourquoi, au niveau atomique ?

– Eh bien, il y a diverses façons d'obtenir une telle différence de densité pour la même taille. Un rocher de lithium possède une basse densité tandis qu'un rocher d'or possède une haute densité. Ce serait là une explication, mais je vous soupçonne d'en désirer une autre.

– Non, c'est bon. La réponse réside dans la densité. Cependant, la densité de quoi ?

– Par définition, la densité est l'unité de masse par unité de volume. Ce serait donc finalement le nombre de particules nucléaires formant la masse, divisé par le volume en question.

– Ah ah ! C'est donc la mesure tridimensionnelle dans un espace spécifique. Plus tôt, mon partenaire [Lee] a projeté pour les participants du séminaire une vidéo d'un macro-objet [un morceau de fer] verrouillé quantiquement et partiellement intriqué à un champ magnétique. Deux processus y ont contribué : le magnétisme et le superrefroidissement. La structure atomique de l'objet a été modifiée, puis verrouillée dans le champ magnétique. Dans la vidéo, l'objet semblait flotter, mais, en fait, il possédait la même symétrie quantique que le champ magnétique et il lui était donc intriqué.

Je vous donne de nouveau un indice. La masse est une caractéristique attribuée et non une loi de Newton. Le poids et la masse n'ont rien à voir avec la taille ; ils sont plutôt liés à la densité, qui est un attribut de la structure atomique intriquée en son centre. La densité se conforme à l'espace tridimensionnel où elle se trouve. Et si vous pouviez modifier la densité de cette structure atomique ? Il existe un moyen de le faire sans changer nécessairement la nature de la substance. [L'or resterait de l'or.]

Si vous refroidissiez une structure atomique pour que les particules cessent de vibrer à leur fréquence originelle, vous pourriez alors les réorganiser comme vous le désirez au moyen du magnétisme de marque. Cela modifierait aussi la symétrie quantique du verrouillage. Vous pourriez faire en sorte qu'un caillou pèse une tonne et qu'une automobile ne pèse rien. C'est l'une des caractéristiques de l'intrication et du verrouillage quantiques que la science n'a pas encore découverte. Elle donne lieu à la masse de marque.

Nous vous avons déjà dit que l'antigravitation n'existait pas. Ce n'est que la création d'un objet dépourvu de masse. On peut concevoir la masse et la manipuler. C'est l'une des premières leçons que nous vous avons données il y a vingt ans et elle est associée à l'intrication. Il y a toutefois un effet secondaire : l'énergie (j'y reviendrai).

Le superrefroidissement, les champs magnétiques de marque et un autre élément que vous découvrirez peuvent se combiner pour manipuler cette caractéristique de la structure atomique que vous appelez la densité. Cela se voit constamment avec des substances naturelles. Quelle est la différence entre le métal lourd que vous avez mentionné et le métal léger ? Si vous pou-

viez voir à l'intérieur des atomes, pourriez-vous l'observer ? Oui. Si vous pouviez modifier l'agencement des atomes et la symétrie de leur relation quantique, la masse changerait. S'uniraient-ils encore de manière cohérente parce qu'ils sont intriqués pour garder le même objet tout en changeant la masse ? Oui.

Bien qu'il soit difficile pour mon partenaire de décrire quelque chose qu'il n'a jamais vu, cela vous explique pourquoi un objet reste ce qu'il était. C'est à cause de l'intrication. Il est verrouillé en lui-même dans un temps et un espace spécifiques. Reconnaissez-vous qu'un objet est surtout de l'espace ? Qu'est-ce qui le fait se maintenir en tant qu'objet ? Il est verrouillé quantiquement en lui-même.

Vous voyez donc que chaque objet possède son propre "temps et espace", avec une densité par défaut. [Une densité naturelle qui tend à revenir à sa conformation correspondant à la région de l'univers où elle se trouve.] Cette densité peut toutefois être ajustée. C'est là une chose et en voici une autre.

Yawee, nous avons discuté ensemble de quelque chose de personnel qui n'est pas confidentiel. Dans l'une de nos communications, je vous ai demandé de mettre de côté vos expériences sur l'énergie libre. Vous vous rappelez ?

– Oui.

– *Je vous ai dit qu'il y avait deux raisons de le faire. La première, c'est que vous avez d'abord du travail à accomplir dans d'autres domaines, et je vous ai donné des devoirs. [Les tonalités pinéales du chœur lémurien.] La seconde, c'est que vos espoirs ne se concrétiseraient pas. L'énergie libre n'existe pas. C'est simplement de la physique redirigée. Maintenant, ralentissez, cher partenaire. [Kryeon demande à Lee de ralentir son débit.] Si vous créez de l'énergie, elle devra provenir d'une structure atomique. Une structure atomique est maintenue par sa source énergétique. La modification de la structure atomique d'un objet n'occasionnerait-elle pas une libération d'énergie ? Comprenez-vous qu'il y aurait un ajustement énergétique si vous modifiez une intrication ou un verrouillage ?*

– Oui.

– *C'est l'un des secrets. Voici un autre indice. Les physiciens doivent tenter de nouvelles expériences énergétiques dans un lieu spécial : en orbite. Ils y auront la froide température nécessaire sans avoir besoin de la créer par une énergie additionnelle. Je vous laisse deviner pourquoi. C'est une partie du secret. L'énergie employée pour créer un état affecte ce dernier.*

La modification du verrouillage d'un objet libère beaucoup d'énergie d'une manière que vous n'avez encore jamais vue. C'est un phénomène quantique qui reflète deux nouvelles lois inconnues, celles de la force forte et de la force faible multidimensionnelles. Ce n'est pas la libération de l'énergie nucléaire. Il s'agit de la libération de l'énergie verrouillée dans la structure d'un objet lorsque l'on en change la densité. Cet objet n'atteint pas une masse critique et n'explose pas. Il canalise simplement l'énergie ailleurs, ce que l'on ne peut pas bien voir dans la tridimensionnalité. L'énergie multidimensionnelle est très réelle, même que vous l'appelez "l'énergie sombre". Elle maintient la galaxie.

Un superrefroidissement est nécessaire pour la déverrouiller. Le paradoxe, ici, c'est qu'il faut beaucoup d'énergie pour "superrefroidir" quoi que ce soit, mais non dans l'espace. Une autre fois, je vous donnerai des indices sur la façon de créer la température dont vous avez besoin dans l'espace. [Voir les réponses de Kryeon aux questions plus bas.]

Finalement, voyez-vous comment vous pourriez créer un cercle énergétique à partir de ce processus ? Si vous pouvez établir une masse/densité constamment changeante, elle libérera de l'énergie chaque fois que la conformation de l'objet changera. Rappelez-vous que la masse veut toujours retourner à un "état conforme". Si vous la modifiez en déverrouillant la symétrie quantique, elle retrouvera sa densité naturelle lorsque vous libérerez le "moteur" du déverrouillage. Ce sera alors une énergie attractive et répulsive. Elle pourra s'exploiter et une partie sera réutilisable pour garder actif le superrefroidissement. Vous aurez alors un moteur se faisant fonctionner lui-même et libérant en même temps plus d'énergie qu'il n'en utilisera. Ce ne sera pas de l'énergie libre, mais de l'énergie redirigée. Cette énergie est beaucoup plus grande que vous ne pourriez le soupçonner car elle vient du cœur même de la matière et il n'existe aucune formule connue pour la mesurer.

Vous êtes habitués à considérer l'énergie comme étant de la chaleur. L'énergie redirigée est quantique et invisible. Vous aurez donc besoin d'une invention quantique pour la saisir. »

(Canalisation de Kryeon intitulée « La science », donnée à Sedona, en Arizona, le 11 juin 2012.)

En résumé, Kryeon explique que l'on peut reconcevoir la structure atomique d'un objet après l'avoir superrefroidi. Le seul problème, c'est que nous ne savons même pas encore comment procéder. La structure atomique demeure un grand mystère. Par exemple, à l'intérieur d'un rocher existe un schème quantique qui fait que c'est un rocher, dont l'une des caractéristiques est sa densité [la distance entre les atomes]. Une partie du schème quantique est 1) la densité de la matière (la masse) et 2) ce qui la maintient pour faire un rocher. Dans notre conception de la gravité, la masse égale le poids ; le magnétisme de marque pourrait reprogrammer la densité d'un objet pour le rendre presque sans pesanteur. Pouvez-vous imaginer les applications pratiques possibles de cette technologie ?

Q. : Si une intrication peut se produire entre deux objets, quels qu'ils soient, il serait théoriquement possible d'intriquer un laboratoire à l'espace, ce qui permettrait de superrefroidir des objets sans employer beaucoup d'énergie. Pourriez-vous nous donner quelque information à ce sujet ?

Kryeon. : Un laboratoire n'est pas un objet. L'intrication requiert un « réarrangement de marque » de la structure atomique d'une substance. On peut intriquer l'énergie et la masse, mais non des mélanges complexes d'objets.

Gaia en tant que conscience est enchevêtrée avec le centre de la galaxie. Gaia en tant que rochers, eau et air ne l'est pas. Par contre, un rocher pourrait l'être. L'intrication requiert une confluence de symétrie de chaque côté de l'équation. Vous finirez par le comprendre.

Q. : Peut-on réaliser le superrefroidissement sur la Terre sans d'énormes dépenses d'énergie, par exemple en utilisant la céramique?

Kryeon. : Oui, mais pas avec de la céramique seulement. Une substance chimique que vous n'avez pas encore découverte vous aidera à superrefroidir les objets si vous les mettez d'abord à une certaine température froide. C'est pourquoi le sommet des montagnes convenait particulièrement à la technologie lémurienne. C'était un excellent point de départ, sans aucune autre énergie requise que celle qui était nécessaire pour s'y rendre (- 35 °C).

La chimie n'est généralement pas une solution pour contrôler la température ou pour créer une énergie zéro, mais elle peut l'être dans cette situation afin de superrefroidir quelque chose qui est déjà gelé, en employant un petit peu d'énergie supplémentaire. La chute de température supplémentaire de 240 degrés qui est nécessaire pour atteindre le zéro absolu serait insignifiante, mais on n'a pas réellement besoin du point zéro pour le simple verrouillage quantique (voir la question suivante).

Vous réalisez déjà ce processus en laboratoire, mais non sur une grande échelle. Alors, développez-le!

Recherchez une formule chimique qui attire la chaleur et la « retire » de presque tout. Comme l'osmose à travers une membrane semiperméable, la chaleur peut aussi être « retirée » d'un endroit où elle est très concentrée, pour être placée dans un endroit où elle l'est moins. Ce sera la base éventuelle pour fabriquer des réfrigérateurs portables et garder froide la nourriture quand vous serez hors du réseau électrique. Une pile maintiendra « active » la substance chimique.

Donc, par la combinaison de 1) la température froide de départ, 2) l'emploi d'une nouvelle substance chimique et 3) de nouveaux matériaux, vous serez en mesure de superrefroidir des objets sans utiliser beaucoup d'énergie.

Q. : L'intrication quantique se fait-elle par la conscience des objets physiques quantiques? En est-il de même pour l'amour? Kryeon affirme que l'espace entre le noyau des atomes et le brouillard électronique est rempli de conscience et d'amour. Quel est le lien avec la physique?

Kryeon. : D'abord la dernière question. Nous vous avons dit que l'un des premiers mystères quantiques qui vous échoiront lorsque vous aurez enfin un « appareil de mesure du champ quantique » sera la découverte d'un autre genre de vie. Cet instrument vous révélera de la vie partout! Ce sera de la vie quantique! Une vie dotée de conscience, mais sans mort ni reproduction. Il vous faudra réviser votre définition de la vie pour inclure la vie quantique dans votre réalité. Elle vous sera visible et vous pourrez vous connecter à elle tridimensionnellement, ce qui rendra la chose particulièrement intéressante.

Par conséquent, vous devrez considérer la conscience et l'amour (lequel est créé par une conscience structurée) comme une force vitale quantique car ce nouvel instrument vous fera voir la vie dans sa multidimensionnalité. Un édifice possède une structure tridimensionnelle, mais la force vitale qui varie à chaque instant possède une structure fondée sur la potentialité, une structure quantique.

La force multidimensionnelle forte et la force multidimensionnelle faible sont les deux lois manquantes de la physique. Quand on s'en rendra compte, on comprendra que l'espace entre le noyau de l'électron et le brouillard électronique n'en est pas du tout, mais qu'il est plein d'une réalité et d'une structure toutes deux fondées sur la potentialité. Son énergie l'expliquera, comme elle expliquera l'énigme de la matière sombre de la galaxie (qui n'est pas la variante d'une fonction newtonienne). Ainsi, les nouvelles connaissances en physique incluront désormais l'amour et la conscience comme des facteurs structurels, sans compter que ce sont aussi des facteurs d'intrication

Par conséquent, la possibilité de la présence de la conscience et de l'amour dans ce mystérieux espace atomique aura plus de sens pour vous qu'à l'heure actuelle. Ce sont la « colle » de Dieu ainsi que la raison pour laquelle la structure atomique possède une « attitude » et une « conception intelligente ».

Première partie de la question. *L'intrication physique est une illusion. Dans la troisième dimension, vous ne voyez que l'aspect physique. Les lois manquantes de la physique sont les véritables facteurs qui jouent ici et leurs cordes invisibles ont plusieurs formes et plusieurs couleurs. L'intrication est donc un ensemble de nombreuses caractéristiques et variables, et il existe sous plusieurs formes, de l'élémentaire à la plus complexe.*

Le verrouillage quantique n'est qu'une intrication partielle et une forme élémentaire. Il peut se voir dans la tridimensionnalité. Il est créé par le magnétisme de marque et par l'altération de marque de la structure atomique (le superrefroidissement). C'est un début d'intrication qui suppose de l'énergie et un objet, mais la distance demeure un problème et ce n'est donc pas une intrication complète.

La conscience est énergie et on peut la « verrouiller » à un objet. L'amour (qui est de la conscience façonnée) est énergie et on peut le verrouiller à un objet ou à toute autre énergie. Les objets sont de l'énergie exploitée et ils peuvent être verrouillés ensemble en grand nombre. Dans ces deux cas, il y a beaucoup plus que le magnétisme et le superrefroidissement qui entrent en ligne de compte. En fait, il manque un moteur quantique non encore découvert qui « lance » les cordes et crée une confluence de structures atomiques cohérentes. Les deux objets sont alors verrouillés en une seule réalité et ils partagent le même espace sur le plan atomique. Il s'agirait là d'une intrication complexe.

L'intrication complexe requiert beaucoup plus d'énergie que vous ne pourriez le croire et même davantage que la substance chimique évoquée lors de la question précédente. L'intrication quantique n'en requiert pas. C'est pourquoi est possible l'intrication complète et complexe que l'on observe dans la structure atomique (infinitésimale) ainsi que dans le mouvement galactique (macroscopique). Les deux puisent à même d'énormes ressources énergétiques quantiques. Dans le cas de la structure atomique, c'est l'énergie de l'atome lui-même, que l'on pourrait considérer comme de minuscules trous de ver reliés quantiquement à une énergie infinie. Dans le cas du mouvement galactique (une découverte de Vera Rubin, astronome américaine), il tire son énergie du centre de la galaxie.

Comme on ne voit pas beaucoup d'intrication complexe dans la « réalité tridimensionnelle intermédiaire », il est difficile de savoir comment l'utiliser ou la reproduire en laboratoire sans une source d'énergie prodigieuse. Vous y arriverez lorsque vous réaliserez la fusion froide. Son utilisation sera plus viable et plus agréable.

Les lois manquantes de la physique

Par définition, la physique est la science de l'énergie et de la matière, ainsi que de leurs interactions mutuelles. Tout ce qui nous entoure est fait d'énergie et de matière, et nous également. La physique nous aide à comprendre notre monde extérieur et notre monde intérieur. C'est notre science la plus fondamentale et voici ce qu'en dit la Société américaine de physique :

> La physique défie l'imagination avec des concepts comme la relativité et la théorie des cordes. Elle conduit à de grandes découvertes, tels les ordinateurs et les rayons lasers, menant à des technologies qui changent nos vies, qu'il s'agisse de guérir des articulations ou un cancer, ou de développer des solutions énergétiques durables.
>
> La physique englobe l'étude de l'univers, des plus immenses galaxies aux plus infimes particules subatomiques. En outre, elle constitue la base de plusieurs autres sciences, dont la chimie, l'océanographie, la séismologie et l'astronomie (et elle peut s'appliquer à la biologie ou à la science médicale).
>
> Source : http://www.aps.org/programs/education/whystudy.cfm

La physique est également considérée comme une analyse générale de la nature, en raison de son étude des phénomènes naturels fondamentaux et de l'interaction des forces naturelles. Quatre forces fondamentales connues existent : la gravité, la force électromagnétique, la force forte et la force faible. L'étude de la gravité et de l'électromagnétisme relève de la physique classique tandis que l'étude des deux autres forces appartient surtout à la physique quantique. Jusqu'ici, la physique quantique a porté principalement sur l'étude des particules subatomiques, comme les électrons.

Toutefois, la physique fait face à une énigme. Les scientifiques font des observations qui ne correspondent pas aux forces fondamentales connues. Se pourrait-il qu'il en existe d'autres que nous n'avons pas encore découvertes? Absolument! Kryeon a indiqué qu'il reste encore deux autres lois de la physique à découvrir. Divers messages canalisés ont fait état des lois manquantes de la physique. L'extrait qui suit nous aide à comprendre ce qu'il tente de nous dire.

Les nouvelles lois de la physique

Parlons maintenant de physique et d'une énigme scientifique. Je vous livrerai des informations inédites.

Le physicien Newton a conçu une très belle loi qui explique le mécanisme orbital de votre système solaire. C'est la deuxième loi de Newton et elle est descriptive. Va lentement, cher partenaire. [Kryeon demande à Lee d'être très clair.] Dans une formulation fondamentale, cette loi décrit la force, la matière et l'accélération expliquant le mouvement des planètes ainsi que l'inertie. Elle le fait si bien qu'elle sert à tous les calculs que vous faites pour placer des satellites dans l'espace et envoyer des sondes dans le système solaire. Toutes les mathématiques centrées sur la deuxième loi de Newton sont exactes.

Newton a constaté que les planètes [des objets dont la masse est constante] qui sont plus proches de l'influence gravitationnelle du Soleil ne se déplacent pas à la même vitesse que celles qui en sont plus éloignées. C'est devenu la formule de la deuxième loi de Newton et elle est toujours vraie à ce jour. Du moins jusqu'à tout récemment, alors que vos scientifiques se sont heurtés à une difficulté.

Ils se sont d'abord aperçus que cette loi ne s'appliquait pas aux particules atomiques. C'est ce qui a donné naissance à la physique quantique, qui tente d'expliquer l'infiniment petit par des théories particulières, y compris des hypothèses multidimensionnelles. Selon ces nouvelles théories, l'interaction entre les objets n'était pas la même quand il était question de l'infiniment petit. Certains expliquaient cela en disant que les particules atomiques n'avaient pas une masse constante, contrairement à la Lune et aux planètes. Ce n'était pas trop difficile à concevoir pour un esprit scientifique. De plus, simple histoire d'observer ce qui se produit, les humains font des expériences sur l'infiniment petit avec des accélérateurs atomiques où les protons et les antiprotons se heurtent à une vitesse proche de celle de la lumière. On pouvait donc vérifier les nouvelles lois au niveau subatomique, et quelque chose s'est alors passé.

Avec l'avènement des nouveaux «yeux» de la Terre, c'est-à-dire les miroirs contrôlés par ordinateur sur des tableaux télescopiques, vous avez commencé à voir clairement les galaxies lointaines et à les étudier. À leur grande surprise, les astronomes ont vu les étoiles graviter autour du centre de la galaxie tout comme les planètes de votre système solaire tournent autour du Soleil, mais avec une très grande différence : elles ne suivaient pas la loi de Newton!

Ces étoiles tournant autour du centre galactique étaient en «mode de rotation plate». Je vous explique. Va lentement, cher partenaire... Si vous mettez des cailloux sur un disque, certains loin du pivot [le centre] et d'autres plus près, puis que vous faites tourner lentement le disque, vous verrez que tous les cailloux tournent ensemble en conservant la même relation entre eux. Autrement dit, aucun ne tourne plus vite ni plus lentement que les autres malgré la différence de distance les séparant du centre. Cela s'appelle la rotation plate et il en est ainsi dans les galaxies.

Soudain, la deuxième loi de Newton ne s'appliquait pas! Les étoiles ont une masse constante et pourtant elles ne suivent pas les règles de la mécanique orbitale. La loi newtonienne s'appliquait aux systèmes solaires, non aux galaxies. C'est ce qui a créé la controverse, mais les astronomes sont sur le point de faire une découverte.

Dans les calculs mesurant l'énergie présente dans l'univers, les scientifiques affirment qu'une énergie invisible pousse sur la matière et affecte ainsi la loi de Newton. Ils disent ne pas la voir et ne pas savoir ce qu'elle est. C'est une énergie invisible qui crée un nouveau type de système orbital dans toutes les galaxies et qu'ils appellent « matière sombre », une matière mystérieuse exerçant une influence sur tout.

La « matière sombre » n'est pas réellement sombre. Ce n'est là qu'une expression scientifique pour désigner l'énergie manquante. Quelque chose repousse et attire sans obéir à la mécanique orbitale de la loi classique de Newton. Comment est-ce possible? Voilà l'énigme. Ni l'infiniment petit ni l'infiniment grand ne suivent la loi, tandis que votre système solaire semble la suivre parfaitement. Quelqu'un étudie cette énigme en ce moment et je dois le mentionner. Mettez-vous donc en mode ésotérique pour un instant. Newton avait un assistant qui était très impliqué dans son travail. Cet assistant est vivant aujourd'hui et il est bien sûr astronome. Il s'est réincarné avec la passion gravée dans sa structure cellulaire pour poursuivre le travail et il est près de trouver la solution de l'énigme.

Pourquoi cette énigme existe-t-elle? Je ferai de mon mieux pour le dire à mon partenaire de la façon la plus succincte possible afin que vous compreniez bien. Ce qui suit n'a jamais été révélé de cette manière. Vous ferez bientôt une découverte dans l'éther. Je ne vous divulgue rien que l'humain ne peut découvrir de lui-même. La réponse est inhérente au système et il ne vous reste qu'à la découvrir.

Des ajouts aux forces de l'univers connues

Quand elle sera démontrée, la nouvelle théorie fera l'objet d'une forte résistance scientifique et voici pourquoi : vous devrez ajouter deux forces aux quatre forces de l'univers. [Quoi? Modifier le nombre des forces connues? Lee respire fort en ce moment.] Voici quelles sont les quatre forces connues de la science. Je ne les expliquerai pas car ce n'est pas le sujet de l'entretien d'aujourd'hui. Les scientifiques affirment que quatre forces seulement régissent tout ce qui existe. La première est la gravité, que l'on appelle la force faible. La deuxième est l'électromagnétisme, que l'on appelle la force forte. Elles forment une paire, tout comme les deux autres. La troisième est la force nucléaire faible et la quatrième est la force nucléaire forte. Ces quatre forces sont censément responsables de tout ce qui se produit, mais voici soudain qu'apparaît une énigme : de l'énergie manque! Ne pourrait-il pas y avoir six forces au lieu de quatre?

Regardez la nature sur votre planète. Presque tout y existe en facteur de 12. Si vous êtes un mathématicien, vous connaissez les facteurs de 12. [Il y en a six.] Les facteurs de 12 les plus communs dans la nature sont le trois, le quatre et le six. Quand vous cristallisez de l'eau, elle se manifeste dans un motif à six branches [un flocon de neige]. Les formations de cristallisation sont de base 12. Les facteurs de 12 sont clairement apparents, surtout le six. Nous vous répétons depuis plusieurs années que cette science ingénieuse qu'est la physique devrait être de base 12. Les mathématiques multidimensionnelles comportent un zéro qui ne veut pas dire rien ni l'infini. En mathématiques universelles de base 12, le zéro représente les potentialités de toutes les solutions possibles. Ce ne sont pas des mathématiques empiriques comme celles de la tridimensionnalité, mais elles vous feront comprendre certaines choses lorsque vous les utiliserez. Par exemple, trouvez-vous sensé que l'une de vos plus importantes équations, celle du cercle – appelée pi [π] –, soit un nombre irrationnel? [En mathématiques, un nombre irrationnel est un nombre dont l'expansion est infinie et non récurrente quand elle s'exprime en décimales.] Il est illimité! Est-il sensé qu'il en soit ainsi pour l'une des plus importantes formules de l'univers? Nous savons que vous avez inscrit le nombre pi sur la paroi d'un vaisseau que vous avez envoyé dans l'espace afin de communiquer avec quiconque le découvrirait. C'est comme une communication mathématique, au cas où une vie intelligente la trouverait et se dirait alors : « Oh! Les humains ont le nombre pi. Ils sont donc intelligents. » Voici ce que des êtres intelligents en déduiraient plutôt : « Ces créatures volent dans l'espace et elles n'ont même pas la base 12! Voyez ce que représente pour elles le nombre pi. Elles doivent être encore en base 10. » C'est comme découvrir une civilisation avancée qui n'aurait que la télé en noir et blanc. Exprimé en base 12, π n'est pas un nombre irrationnel.

Il existe six forces de la nature. Bien que quatre soit un facteur de 12, six et douze sont les plus fréquents. Les facteurs de 12 sont omniprésents dans l'ADN. Avant de vous indiquer quelles sont les deux autres forces, je précise que je leur donnerai des attributs plutôt que des noms car la science les nommera plus tard comme elle voudra. Elles expliqueront alors la matière sombre.

Il y a une grosse différence entre la galaxie et le système solaire. Newtoniens, écoutez bien. Au milieu du système solaire se trouve une masse ordinaire. Quelle que soit la taille de l'étoile d'un système solaire, sa masse est stable. Quant aux systèmes géants comme les galaxies, c'est là que réside le mystère et qu'il y a des découvertes à faire. Nous vous avons déjà dit, et ce, bien avant que la science ne s'en rende compte, que ce qui était au centre de chaque galaxie causait la rotation. Le centre galactique est multidimensionnel : un trou noir. Quelques années plus tard, nous vous avons livré le reste de l'histoire. Nous vous avons dit qu'il y avait des forces jumelles au milieu de chaque galaxie. Il s'agit d'un système d'attraction/répulsion d'énergie multidimensionnelle. C'est la pièce manquante des forces de l'univers.

Restez maintenant avec moi [cela s'adresse surtout à Lee]. Je vais vous présenter des images mentales. Les lois de Newton ne s'appliquent pas à cette énergie multidimensionnelle puisque le centre galactique n'est pas une masse ordinaire. Cette énergie multidimensionnelle est cohésive, ce qui crée dans la galaxie une rotation plate. Il faut développer un ensemble de lois nouvelles pour ces forces multidimensionnelles forte et faible. Ce sont les deux dernières forces et vous en avez donc maintenant six : la gravité, l'électromagnétisme, les forces nucléaires forte et faible, et les forces multidimensionnelles forte et faible.

Nouvelle information sur le centre des galaxies

Toute galaxie possède donc en son centre un système d'attraction/répulsion. C'est un système énergétique double, dont vous n'êtes conscients que de l'un des deux aspects. Vous êtes convaincus qu'il est invisible et que c'est un trou noir. Aucune lumière ne s'en échappe, mais vous pensez qu'il n'y a là qu'une seule force. Vous êtes tellement tridimensionnels! [Rire.] Il n'y en a pas qu'une. Cette aiguille possède deux chas. Écoutez bien. Quand vous cartographierez l'univers et que vous verrez comment les galaxies sont réellement distribuées, vous saurez que leur distribution n'est pas aléatoire. N'est-ce pas intéressant ? Vous croyez que le big-bang a distribué au hasard, à partir de presque rien, tout ce qui existe. Pourquoi alors y a-t-il un schème ? C'est cela qui est magnifique, cher être humain. Il y a un schème dans l'apparent chaos de l'événement multidimensionnel que fut le big-bang. Comme nous vous l'avons déjà dit, ce big-bang fut en réalité une grosse collision multidimensionnelle avec une autre force multidimensionnelle. La multidimensionnalité est un chaos apparent qui comporte un schème caché.

Imaginez une aiguille géante et deux fils géants. L'un entre dans le trou noir et l'autre en ressort. Ces fils sont des cordes de force multidimensionnelles qui se connectent aux autres galaxies, passant par leurs centres et en ressortant, lesquels centres sont tous des trous noirs à deux extrémités. Une force multidimensionnelle attractive/répulsive que vous n'avez pas encore découverte et qui relie les galaxies.

Imaginez maintenant que cette courtepointe est symétrique et dotée d'une fonction. Si vous pouviez voir le milieu de l'univers sous un certain angle, vous y verriez la symétrie d'un mandala. Les galaxies sont magnifiquement reliées entre elles en une danse gracieuse. Cette symétrie a un sens et elle est de base 12. Nous vous mettons au défi de faire cette découverte. Ces fils de force qui relient les galaxies par leur centre forment un treillis symétrique doté d'une fonction, le treillis cosmique [décrit par Kryeon il y a plusieurs années]. Il est beau et il constitue l'énergie manquante de l'univers pour ceux qui la cherchent. La matière sombre ne se trouve pas dans les espaces vides entre les objets, mais dans les cordes de la force multidimensionnelle existant entre les galaxies. Quel système merveilleux ! Vous voulez que la matière sombre ait un sens tridimensionnel, mais c'est impossible. Elle est liée aux forces de l'univers, qui sont quantiques et qui échappent par conséquent au temps et à vos formules tridimensionnelles.

La prochaine grande découverte : la vision quantique

D'accord, il en reste encore une, et voici un indice. Encore une fois, cette information se trouve dans l'éther. Elle est donc disponible pour une découverte imminente. Les humains doivent faire ces découvertes par eux-mêmes, mais nous vous donnons des indices. Quand elles auront lieu, vous vous rappellerez où vous en avez entendu parler pour la première fois. [Sourire de Kryeon.]

C'est une question technique. Ne vous inquiétez pas, cher partenaire. Je vais vous en tracer une image. Pendant des années, les astronomes ont mis des lentilles spéciales à leurs télescopes pour obtenir différentes vues de l'univers au-delà de la lumière normale. Pour la véritable astronomie, la lumière ordinaire appartient au passé. Les astronomes désirent maintenant capter le rayonnement. Ils veulent obtenir la spectrométrie afin d'analyser la composition des objets. Ils désirent mesurer la vitesse des objets afin d'avoir un signal bleu ou rouge leur indiquant si ces objets s'approchent ou s'éloignent de l'observateur. Pendant des années, ils ont donc mis des lentilles spéciales à leurs télescopes afin d'analyser ce que la lumière ordinaire ne pouvait pas leur montrer. La plupart d'entre vous ne savent même pas que plus personne ne regarde dans les télescopes ! On recueille maintenant par ordinateur ce qui est caché dans la lumière ou ce qui est disponible par d'autres méthodes de mesure. On connaît alors la chaleur des objets, leur composition, leur destination et les anomalies de leur trajectoire.

Ne serait-ce pas merveilleux si quelqu'un inventait une lentille astronomique multidimensionnelle ? Qu'y verriez-vous alors ? Exactement ce que j'ai décrit. D'abord, vous verriez les doubles trous noirs qui semblent n'en faire qu'un. Une lentille multidimensionnelle permettrait de connaître la gravité et le temps ainsi que les schèmes formés par leur union.

Si vous observiez l'univers à travers une telle lentille, vous verriez comment les forces jumelles sont liées entre elles, leur pulsion, et leurs cordes unissant les galaxies. Ne serait-ce pas merveilleux ? Cela expliquerait l'énergie manquante, n'est-ce pas ? Les scientifiques auraient alors une raison d'accroître de deux le nombre des forces ! C'est faisable.

Je vais vous dire à quoi cette lentille ressemblerait presque. [Sourire de Kryeon.] Indice numéro un : vous ne regarderez pas à travers. Vous regarde-

rez plutôt l'appareil de réception. Dans le cas d'un télescope optique, il s'agit du miroir. Dans le cas d'un télescope numérique, il s'agit du globe oculaire numérique. Cette lentille ne peut percevoir que dans le plan focal. Ceux qui construisent des télescopes comprendront. Indice numéro deux : cette lentille n'est pas concrète. C'est du plasma. Le plasma se maintient par un magnétisme incroyablement puissant. De plus, il est très froid. Voilà pour les indices.

Quand vous l'aurez fabriquée et mise en service, puis que vous aurez opéré les ajustements nécessaires au magnétisme qui permet la cohérence plasmique, l'astronomie franchira une nouvelle étape. Ce sera à la fois une révolution et une révélation. La physique changera. Votre réalité changera. Laissez-moi vous dire pourquoi. C'est le dernier point scientifique dont je traiterai aujourd'hui avant de terminer ce message. Quand vous observerez des réalités multidimensionnelles, vous verrez ce à quoi vous vous attendez le moins : de la vie! La vie est omniprésente en raison de la force vitale. Vous observerez une galaxie et vous verrez que les étoiles qui y brillent [en employant le filtre] sont entourées de vie! Qu'en dites-vous? Tout le monde aura peur. [Rire.] Sachez que c'est inévitable. C'était là notre message scientifique.

(Canalisation de Kryeon intitulée « La physique et la science », donnée au mont Shasta, en Californie, lors du Congrès estival de la lumière de Kryeon, le 17 juin 2007.)

En résumé, la physique connaît actuellement quatre forces fondamentales :

- La force gravitationnelle forte.
- La force gravitationnelle faible.
- La force électromagnétique forte.
- La force électromagnétique faible.

Kryeon nous dit qu'il en reste encore deux à découvrir, ce qui en portera le nombre à six et sera plus conforme à la « base de 12 » de toutes choses. Selon Kryeon, les deux forces manquantes qui expliqueraient la matière sombre sont les suivantes :

- La force quantique forte.
- La force quantique faible.
- Ces forces manquantes ont des attributs multidimensionnels. Elles sont quantiques et elles expliquent certaines choses que nous n'avons pas encore comprises. Au cours d'une canalisation donnée à Philadelphie en 2012, Kryeon nous a fourni deux nouvelles informations au sujet des pièces manquantes du puzzle énergétique universel.

Information numéro un. *Les astronomes qui observent les galaxies, y compris celle-ci, ne comprennent pas pourquoi les étoiles tournent autour du centre galactique comme elles le font. Elles semblent toutes se déplacer à la même vitesse. Ce n'est pas newtonien, si vous avez remarqué. Cela n'a rien à voir avec la masse ou la gravité. Il en est de même dans toutes les galaxies spirales comme la vôtre. La raison : elles sont intriquées avec le centre. Autrement dit, le milieu de la galaxie contient ce que vous appelez la « potentialité de singularité ». Ce n'est pas un trou noir en soi, mais plutôt un événement quantique. Une énergie attractive/répulsive. Vous appelez cela un trou noir, mais nous l'appelons « les forces jumelles ». Il s'agit des forces quantiques forte et faible.*

Que les physiciens m'entendent bien ! Il y a là des découvertes à faire. L'intrication possède plusieurs niveaux, mais le plus que vous puissiez en percevoir, c'est que toutes les étoiles sont quantiquement verrouillées à la même vitesse, quelle que soit la distance les séparant du centre. Il se produit au milieu de la galaxie un « événement » si puissant qu'il vous fait tourner autour de lui. Vous lui êtes verrouillés. Que peut-il donc y avoir là ? Nous ne vous en dirons pas davantage pour l'instant, mais sachez que ce n'est pas là que vous rencontrerez Dieu. C'est plus grandiose encore. Peut-être y a-t-il là une communication avec autre chose ?

Information numéro deux. *Au sujet de l'information numéro un [ci-dessus] : n'est-il pas intéressant que les astronomes et les physiciens aient décidé que* *la seule simulation possible pour résoudre le mystère des étoiles se déplaçant toutes à la même vitesse autour du centre galactique soit d'ajouter une énorme quantité d'énergie inconnue qu'ils appellent la matière sombre ? Ce n'est pas du tout de la matière. C'est l'effet d'une loi quantique de la physique qui crée l'intrication. L'énergie quantique ne peut se définir par des attributs tridimensionnels. La matière sombre n'existe pas.*

Quand les physiciens et les astronomes connaîtront l'énergie d'attraction/répulsion qui a créé l'univers et qui se trouve au centre de cette galaxie, ils comprendront que les forces multidimensionnelles forte et faible sont omniprésentes et qu'elles expliquent tout. L'énigme sera résolue sans que vous ayez recours à la matière sombre. Des lois quantiques sont à l'œuvre. Je conjure donc les biologistes de regarder à l'intérieur de l'humain. Ce qui est présent dans le macrocosme et le microcosme l'est aussi chez l'être humain. Vous verrez de vos yeux le miracle de l'ADN quantique.

(Canalisation de Kryeon intitulée « Tout sur les grilles », donnée à Philadelphie, le 14 avril 2012.)

Que dit la science ?

Quand j'étais à l'université, on expliquait l'univers par la théorie du big-bang. L'une de mes objections à cette théorie est la suivante : comment tout a-t-il pu surgir de rien, puis s'étendre à une vitesse plus grande que celle de la lumière, à l'encontre de toutes les lois de la physique, pour créer la masse actuelle de l'univers en une nanoseconde ? Qu'on me comprenne bien : le big-bang a eu lieu, mais je ne crois pas qu'il ait été issu de rien !

Selon l'information donnée par Kryeon, le « big-bang » est en réalité un événement quantique, ce qui veut dire qu'il se produit toujours car il n'existe pas de durée au niveau quantique. Cela explique l'énergie de l'expansion universelle. Toutefois, la science doit encore découvrir les deux lois manquantes de la physique tandis que les scientifiques essaient de plier leurs observations aux lois newtoniennes tridimensionnelles. À mon avis, ce n'est qu'une question de temps avant que l'on découvre les éléments manquants de l'énigme du big-bang. Quand nous les aurons découverts, nous pourrons dire en souriant : « Je le savais ! Kryeon nous l'avait dit il y a plusieurs années ! »

Déjà, des cosmologues non orthodoxes qui pensent avoir trouvé la réponse évoquent un « univers cyclique ». Paul Steinhardt et Neil Turok avancent une idée radicale : notre univers tridimensionnel ne serait qu'une infime partie d'un « multivers ». Ils affirment que le big-bang résulterait d'une collision entre la membrane de notre réalité et celle d'une autre. Ils disent également qu'il ne serait que la plus récente d'une série de collisions cosmiques s'étendant à l'infini dans le passé et dans l'avenir. Chaque collision créerait un nouvel univers. Ainsi, le temps et l'espace seraient infinis.

Qu'est-ce qui empêche les cosmologues d'accepter ce nouveau modèle ? L'une des raisons est la suivante : au moment d'une collision, la dimension supplémentaire passe de l'infime à zéro, ce qui crée ce que les physiciens appellent une singularité, un point où les lois de la physique ne s'appliquent plus. Cela leur a créé un problème. Malgré ce problème, David Spergel, un astrophysicien de Princeton, affirme que le modèle présenté par Steinhardt et Turok « a toutes les chances d'être exact ». Kryeon nous a déjà donné la réponse en affirmant que la singularité n'existe pas.

J'interromps cet exposé scientifique pour vous offrir une canalisation de Kryeon où ce dernier nous explique comment les univers sont créés.

Salutations, très chers. Je suis Kryeon, du Service magnétique. Pourquoi une entité angélique appartenant à l'autre côté du voile aurait-elle choisi ce nom ? Le nom même de Kryeon est étrange, mais ce n'est pas mon nom. C'est simplement la vibration que je voulais que vous entendiez dans l'air en le prononçant, afin que vous me perceviez d'une certaine façon. Nous ne voulons pas être perçus trop superficiellement. [Humour de Kryeon.] Sinon, nous serions immédiatement acceptés ou rejetés par les gens qui aiment ou n'aiment pas le superficiel.

Nous devons constamment tenir compte de la perception des êtres tridimensionnels. Votre perception est teintée par votre dimension et par votre expérience de vie. Le monde tridimensionnel n'est donc qu'un fragment de la réalité, même pour les plus grands penseurs de cette planète. Leur perception est limitée. Ils n'y peuvent rien, mais cela rend plus difficile le fait de communiquer avec vous. Ce l'est également pour vous car vous tentez sans cesse de percevoir l'univers multidimensionnel selon des critères tridimensionnels. La perception tridimensionnelle contrôle les concepts mêmes que vous mettez en question. Elle gouverne vos croyances. Vous ne pouvez pas savoir ce que vous ne savez pas et vous ne pouvez donc même pas poser de questions judicieuses au sujet de ce que vous ignorez. Vous êtes conditionnés par la troisième dimension et vous n'y pouvez rien puisque c'est là votre réalité. Nous comprenons tout cela.

L'univers est en expansion, en raison d'une énergie invisible qui échappe à vos perceptions tridimensionnelles. Son expansion est plus rapide que les équations tridimensionnelles ne pourraient l'établir en considérant la masse. Cela devrait vous indiquer qu'il se passe quelque chose en dehors de la tridimensionnalité. Peut-être ne pourriez-vous même pas l'expliquer selon vos connaissances. J'y reviens donc car je livre cette information depuis déjà un bon moment.

Certains émettent l'hypothèse d'une énergie sombre car ils commencent à s'interroger sur l'énergie invisible qui imprègne l'univers. Si vous tentez de l'intégrer au système newtonien, une incroyable quantité d'une énergie invisible qui meut toutes choses doit alors exister. Se pourrait-il toutefois qu'elle vienne d'ailleurs? Vous faites toutes sortes de conjectures et je vous dis donc ceci : la force qui crée le big-bang, si vous voulez l'appeler ainsi, est à l'œuvre dans votre univers en expansion; elle est même la cause de cette expansion.

Votre univers coexiste avec d'autres réalités dimensionnelles ou d'autres univers. D'autres dimensions chevauchent la vôtre. Elles n'entrent pas en interférence avec elle, mais, à l'occasion, une caractéristique d'une autre dimension s'approche suffisamment de la vôtre pour l'affecter énergétiquement. Elle tire sur elle et crée une énergie étrange qui ne correspond pas aux lois tridimensionnelles de la physique. Vous êtes en expansion rapide à cause du chevauchement dimensionnel qui va dans ce sens. Finalement, le phénomène s'accélérera de plus en plus. Vos scientifiques l'observent. Dans des milliards d'années, un autre univers sera créé parce que la membrane d'une autre dimension se rapprochera trop de votre taux vibratoire. Un autre big-bang se produira alors dans une autre sphère de la réalité.

Évidemment, le big-bang tel que vos scientifiques le décrivent n'existe pas. Quelque chose ne peut naître de rien, et pourtant c'est cette croyance qui prévaut. Au début, il devait y avoir au moins une énergie. Donc, au lieu de dire qu'une énergie est passée soudainement de l'inexistence à l'existence, ne serait-il pas plus raisonnable de penser, même dans la tridimensionnalité, qu'il existait peut-être déjà quelque chose? Le système qui crée les univers est magnifiquement ingénieux. Votre univers est né ainsi. Il a débuté par un changement dimensionnel. Vous devez alors vous demander par quoi ce changement a débuté… Nous vous répondons ceci : « Vous êtes tellement humains! » Il n'y a pas eu de commencement. Tout est circulaire.

Il y a aussi autre chose qui est circulaire. Vous ne pouvez pas le comprendre car ce n'est pas linéaire. C'est le temps. Voici ce qui arrivera. Une potentialité de votre futur modifiera ce qui se passe en ce moment car elle tend à devenir une réalité. Elle exerce sur vous une attraction et c'est pourquoi nous n'hésitons pas à affirmer que la potentialité future de votre civilisation sur cette planète est positive. Le futur, dont vous croyez qu'il ne s'est pas encore produit, existe comme potentialité dans un état multidimensionnel et vous êtes attirés vers lui. Nous le voyons donc exister maintenant tandis qu'il est mystérieux pour vous. L'énergie existe-t-elle? L'état quantique existe-t-il? Les physiciens disent que oui. Par conséquent, les potentialités sont une réalité.

Si c'est le cas, se pourrait-il aussi que votre énergie présente attire l'énergie passée? Cette potentialité existe-t-elle dans les deux directions? Certains physiciens commencent à faire des expériences à ce sujet. Le temps est circulaire et cela signifie que les potentialités sont des catalyseurs. Des physiciens se posent maintenant la question suivante : « Est-il possible que le temps aille dans les deux directions? » Bien sûr que oui.

(Canalisation de Kryeon intitulée « La science dure », donnée à Sedona, en Arizona, le 21 juillet 2010.)

Kryeon répète souvent que le temps est circulaire. Il s'agit d'un concept difficile à saisir, mais il est vraiment important pour comprendre la vérité universelle. La science y vient lentement. Le 17 novembre 2010, le physicien Yakir Aharonov a reçu la Médaille nationale de la science, la plus haute distinction accordée par le gouvernement américain, en reconnaissance de son travail en mécanique quantique. Aharonov a démontré que des actions futures pouvaient influencer des mesures effectuées dans le passé.

Source : http://usatoday30.usatoday.com/tech/science/columnist/vergano/2010-11-21-physics-future_N.htm

Voici ce que dit la science au sujet de la rotation de la galaxie…

Kryeon nous a fourni une information précise sur la rotation de notre galaxie et il a précisé que toutes les galaxies spirales étaient en rotation de la même façon. Le premier astronome à le remarquer fut le docteur Vera Rubin, qui observe les étoiles depuis l'âge de dix ans. Pionnière des travaux sur la vitesse de rotation des galaxies, elle est célèbre pour avoir découvert, par l'étude des courbes de rotation galactiques, une contradiction entre le mouvement angulaire galactique prédit et le mouvement observé.

Les découvertes du docteur Rubin semblent présenter des défis aux lois newtoniennes existantes. Une autre théorie scientifique a été proposée par Mordehai (Moti) Milgrom. Il s'agit de la Dynamique newtonienne modifiée (MOND), présentée comme une solution pour expliquer le problème relatif à la rotation galactique. Cette théorie a reçu peu de soutien parmi la communauté scientifique, mais le docteur Rubin la défend ainsi :

« S'il n'en tenait qu'à moi, j'aimerais bien apprendre que les lois de Newton doivent être modifiées de manière à décrire correctement les interactions gravitationnelles sur de grandes distances. C'est plus attrayant qu'un univers rempli d'un nouveau type de particules sous-nucléaires. »

La science finira par découvrir que les lois de Newton n'ont pas besoin d'être modifiées. Les deux lois manquantes concernant les forces quantiques d'attraction/répulsion forte et faible jetteront la lumière sur un sujet autrement obscur !

Ce que dit la science au sujet des lois de l'univers…

Une équipe d'astrophysiciens australiens et britanniques a fait une étonnante découverte. Elle a établi la preuve que les lois de la physique ne sont pas les mêmes dans toutes les parties de l'univers. Le résultat de ces recherches a été publié dans le numéro du 31 octobre 2011 de *Physical Review Letters*, le bulletin scientifique de la Société américaine de physique.

Selon ce rapport, l'observation de plus de 300 corps célestes montre que la force de l'électromagnétisme n'est pas la même partout dans l'univers.

« Un changement en alpha génère une empreinte unique dans le motif des lignes d'absorption », a déclaré le principal auteur de l'article, John Webb, à l'Université de Nouvelle-Galles du Sud.

Étrangement, les différences des lignes spectrales n'étaient pas cohérentes. Les quasars de l'hémisphère Nord semblaient avoir une valeur légèrement inférieure pour alpha tandis que ceux de l'hémisphère Sud avaient une valeur légèrement supérieure.

« Nous avons découvert que l'une des lois de la physique semblait varier dans tout l'univers », a dit Webb.

Il s'agit là d'une déclaration qui pourrait avoir des conséquences importantes. Dans leurs conclusions, les chercheurs affirmaient qu'il y avait peut-être là une preuve de l'existence d'univers multiples. Ces résultats « pourraient signaler l'existence d'un univers très grand ou infini dont notre volume de Hubble "local" ne représenterait qu'une infime fraction, avec des variantes d'une grandeur correspondante dans les constantes physiques ». Les membres de l'équipe ont aussi affirmé que cette découverte pourrait indiquer pourquoi les lois de l'univers semblent si parfaitement réglées pour soutenir la vie.

Ces résultats vont à l'encontre du principe d'équivalence depuis longtemps établi, qui stipule que les lois de la physique sont constantes dans tous les endroits de l'univers.

Je pense que nous vivons une époque captivante ! Une conscience nouvelle est née sur notre planète. De vieilles âmes se réveillent et créent une société plus éclairée, ce qui conduit au progrès de la science et à de nouvelles découvertes, inventions et technologies. Voyez-vous comment tout est lié ?

Q. : À quels changements devons-nous nous attendre lorsque l'existence des forces manquantes aura été découverte et acceptée par la communauté scientifique ?

Kryeon. : L'acceptation des deux dernières forces (qui portera leur nombre à six) suscitera une totale reconnaissance de la limitation des lois de Newton à la tridimensionnalité. Les milieux de la physique se diviseront entre newtoniens et non-newtoniens lorsque cette nouvelle réalité sera démontrable. Même devant l'évidence, la vieille garde préférera modifier les vieilles lois en des modèles improbables plutôt que d'accepter les nouvelles lois quantiques fondées sur la potentialité.

Les humains aiment les structures, et la tridimensionnalité leur en donne. C'est quand ils ont affaire aux courbes de probabilité de l'énergie en un état chaotique que les scientifiques se détournent. Ils veulent que les formules fonctionnent de la même façon chaque fois et que les mathématiques correspondent toujours aux prédictions des tableaux. L'idée que les solutions peuvent être modifiées par des facteurs extérieurs est étrangère à la pensée linéaire.

Dans le monde linéaire : si une poule traverse une route à deux kilomètres/heure et que cette route mesure 16 mètres, vous pouvez calculer le temps que cela lui prendra pour la traverser. Dans le monde linéaire, cette solution est toujours la même.

Dans le monde quantique : la poule traverse la route à deux kilomètres/heure et voit venir un coq. La solution est maintenant variable puisque la poule peut changer de vitesse. Il doit donc y avoir un facteur « coq » dans l'équation. Vous voyez ce que je veux dire ? Les potentialités sont importantes dans la solution de problèmes complexes impliquant un mélange quantique d'énergie et de masse sans cesse changeant, que vous appelez la structure atomique.

Vous n'avez observé les atomes que dans la tridimensionnalité, où l'espace qui les sépare ne contient rien. Et si vous pouviez voir que l'espace est modifiable? La structure atomique pourrait alors changer également. Bienvenue dans un monde où les choses bougent. Si c'est le cas dans votre conscience, pourquoi ne le serait-ce pas en physique?

Il existe un effet «coq» dans chaque atome, selon des variables que vous pouvez contrôler.

Chapitre trois

Les grilles énergétiques de la Terre

C'est mon intérêt pour les grilles de la Terre qui m'a incitée à écrire ce livre. Pendant plusieurs années, j'ai cherché de la documentation sur les grilles énergétiques dont parle Kryeon dans ses messages, mais plus je cherchais, plus ma frustration augmentait. La plus grande partie de l'information que j'ai pu trouver provenait des travaux de William (Bill) Becker et Bethe Hagens, publiés sous le titre «La Grille planétaire»; d'articles sur les lignes Curry, découvertes par les docteurs Manfred Curry et Wittmann; d'études sur le réseau Hartmann, ou lignes Hartmann, du nom du docteur Ernst Hartmann; et d'articles sur les lignes telluriques et les portails existant sur la Terre (dont aucun ne corroborait les révélations de Kryeon). Je n'ai pu trouver nulle part ailleurs de l'information sur les grilles de Gaia en relation avec l'humanité. En raison de ma passion innée pour l'environnement et de ma découverte subséquente des aspects ésotériques (spirituels) de la vie, j'ai éprouvé l'intense désir de rendre cette information disponible sous forme de livre. Je voulais que les vieilles âmes qui s'éveillent à l'heure actuelle sur la planète puissent trouver en un seul volume toute l'information relative au système de Gaia afin de ne pas avoir à chercher dans divers messages tous les propos émis par Kryeon sur le sujet depuis vingt-trois ans.

J'espère vivement que plusieurs verront notre planète différemment après avoir découvert tout ce que Gaia fait pour l'humanité. Je souhaite particulièrement que les environnementalistes et les gens qui pensent comme je pensais auparavant (que les humains sont à l'origine de tout le mal existant sur la Terre) voient l'ensemble du tableau et se rendent compte que chaque âme qui s'éveille sur la planète et qui fait preuve de compassion au quotidien dans ses actes exerce sur la Terre une influence grandiose.

La planète Terre possède plusieurs grilles énergétiques, mais il y en a trois principales qui existent pour l'être humain divin. Elles ont été créées en même temps que l'ensemencement de l'humanité avec l'ADN pléiadien. Ces trois grilles sont la grille magnétique, la grille de Gaia (ou de la conscience de Gaia) et la grille cristalline. En numérologie, le nombre trois est un catalyseur. Les trois grilles sont interactives et intriquées. Elles n'en font donc qu'une, de sorte que ce qui en affecte une les affecte toutes. La conscience humaine les influence. Les changements qui surviennent dans ces grilles suscitent des changements chez les humains. Cette interaction est inhérente au magnifique système s'appliquant à notre galaxie et le reste de l'univers (voir le chapitre 7, « Gaia et l'univers »).

Chaque grille a une fonction spécifique que Kryeon décrit ainsi :

Le système de grilles de la Terre remplit une fonction particulière : l'organisation humaine. Vous pourriez penser qu'il s'agit simplement d'une caractéristique géologique, mais c'est bien plus. Il s'agit du moteur de livraison de l'ADN ! Les grilles communiquent avec chaque humain personnellement. Elles contribuent à la fois à vous séparer et à vous unir. Elles vous fournissent des défis, des solutions et de l'amour. Certains d'entre vous attribuent même leurs effets à Dieu ! Il s'en trouvera pour dire qu'ils n'aiment pas l'idée de faire intervenir la physique dans le domaine spirituel, d'associer la grille de la Terre à la spiritualité. À ceux-là, je répondrai qu'il en est tout simplement ainsi ! Vous êtes des créateurs et vous avez créé tout ce que vous connaissez, y compris le test, la dualité, et le moteur de la réalité qui les font passer dans votre structure cellulaire. Vous ne pouvez pas séparer l'Esprit et votre réalité. Vous aimeriez croire qu'il se trouve au-dessus du monde physique, mais, en vérité, il réside au sein de ce dernier. Vous ne pouvez exclure Dieu de quoi que ce soit !

(Canalisation de Kryeon intitulée « La grille et l'ADN », donnée à Breckenridge, au Colorado, lors du Congrès annuel de la lumière d'été de Kryeon, le 14 juillet 2001.)

La grille magnétique

Dans un article de *NASA Science: Science News* intitulé « Le champ magnétique inconstant de la Terre », on décrivait ainsi le champ magnétique terrestre :

> Le champ magnétique de la planète est produit très loin au centre du globe. Le « noyau interne » de la Terre est une boule de fer solide aussi chaude que la surface du Soleil. Sa largeur est de 70 % de celle de la Lune. Il a sa propre vitesse de rotation, légèrement plus rapide que celle de la planète, et il possède son propre océan, constitué d'une très épaisse couche de fer liquide que l'on appelle le « noyau externe ».
>
> Le champ magnétique provient de cet océan de fer, un fluide électriquement conducteur en mouvement constant. Enrobant le noyau interne, ce noyau externe liquide bouillonne avec turbulence comme de l'eau en ébullition dans une casserole. Il a aussi ses « ouragans », c'est-à-dire des tourbillons alimentés par la force de Coriolis de la rotation terrestre. Ces mouvements complexes génèrent le magnétisme de notre planète par un processus que l'on appelle l'effet dynamo.
>
> Source : http://science.nasa.gov/science-news/science-at-nasa/2003/29dec_magneticfield/

Selon les chercheurs, le champ magnétique de notre planète varie sans cesse, et ils commencent à comprendre pourquoi. Les changements qu'ils ont détectés à la surface de la planète résultent de ce qui se passe à l'intérieur. Leurs observations les ont conduits à croire que le chaos y règne. Ils se rendraient peut-être compte qu'il s'agit plutôt là d'un système intelligemment conçu – « de conception bienveillante », comme dit Kryeon – s'ils connaissaient les interactions entre les trois grilles et la conscience humaine.

On donne souvent à Kryeon le surnom de « maître magnétique ». Il a commencé à livrer ses messages à la planète en 1989, au moment où son entourage modifiait la position de la grille. Il est venu ici parce que la conscience humaine subissait un changement. L'un de ses messages nous informait que la grille magnétique de la planète se déplacerait davantage au cours des dix années suivantes qu'elle ne l'avait fait en un siècle. C'est exactement ce qui s'est produit en 2002 et cet effet est mesurable à l'aide d'une simple boussole. Ce changement fut le résultat direct de l'intention humaine de créer une nouvelle réalité. La conscience collective des humains ayant élevé la vibration planétaire, le magnétisme s'est modifié.

L'actuelle position de la grille ne résulte donc pas simplement d'un changement survenu dans le magnétisme mesuré par une boussole. La grille magnétique est en interface avec la grille cristalline et la grille de Gaia, qui ont donc aussi subi une modification. Au lieu de disparaître, l'humanité a créé une nouvelle configuration et une nouvelle potentialité planétaire.

Kryeon affirme que la grille magnétique est celle de la communication. On pourrait même dire qu'elle est le moteur de la communication cellulaire. La grille magnétique de la planète est complexe, mais, en termes simples, elle constitue un système de livraison à l'humanité. Elle est restée la même pendant plusieurs années parce que l'humanité n'a jamais émis l'intention de réclamer le pouvoir contenu dans l'ADN. Ce n'est que récemment qu'elle a décidé de transformer sa réalité.

Vous vous demandez peut-être comment s'établit cette communication avec la grille magnétique. La réponse se trouve dans notre ADN : il est magnétique. Nous pouvons le modifier magnétiquement et ces modifications affectent aussi la grille cristalline. Le plus grand changement qui se produira dans la grille cristalline sera la réécriture du passé, un concept difficile à saisir en raison de notre pensée linéaire. Nous pensons que le temps s'écoule en ligne droite : le passé, le présent et le futur. En réalité, le temps est circulaire, et c'est pourquoi nous pouvons modifier le passé et le futur. Même les physiciens commencent à le concevoir.

Des scientifiques mesurent toutes les heures le magnétisme de la Terre. Ils ont découvert que le champ magnétique terrestre se renforce ou s'affaiblit au gré des grands événements qui surviennent dans l'humanité. Lors du tsunami du 26 décembre 2004, le magnétisme fut à son apogée. Durant les événements du 11 septembre 2001, il s'est profondément modifié. Dans l'heure même où les avions ont frappé les tours jumelles du World Trade Center, l'Administration nationale océanique et atmosphérique des États-Unis a mesuré un changement dans le champ magnétique. Lors du sauvetage de 33 mineurs chiliens en 2009, le magnétisme a changé également. La conscience humaine est liée à Gaia.

Le phénomène est incroyablement important : les événements qui suscitent la compassion élèvent la vibration de la planète. Voici une déclaration de l'Université de Princeton :

> Le projet de Conscience globale est une collaboration internationale et multidisciplinaire entre scientifiques et ingénieurs. Nous recueillons sans cesse des données à partir d'un réseau planétaire de générateurs de nombres aléatoires, situés en 70 points du monde.
>
> Quand la conscience humaine devient cohérente et synchronisée, le comportement des systèmes aléatoires peut changer. Lorsqu'un événement majeur synchronise les sentiments d'un million de personnes, notre réseau de senseurs devient subtilement structuré. La possibilité que cet effet soit dû au hasard est de une sur un milliard.
>
> Source : http://noosphere.princeton.edu

Le magnétisme aide la conscience humaine. Certains endroits de la planète sont neutres. Il n'existe pas de polarité à l'équateur et il est plus difficile aux humains qui y vivent de découvrir leur divinité. Plus précisément, ils ont plus de difficulté à éliminer en eux la peur et la négativité. L'équateur n'est pas un lieu facile à vivre. Partout sur le globe à l'équateur règnent la guerre, la peur et l'inhumanité. Les gens qui y vivent sont les derniers à s'éveiller. Les quelques-uns qui y sont déjà éveillés éveillent quantiquement les autres. J'aimerais les féliciter de répandre leur lumière en des circonstances aussi difficiles. J'ai eu la chance de rencontrer un groupe de travailleurs de la lumière en Équateur. Je désire les encourager et les remercier de contribuer à l'élévation de la vibration planétaire.

La grille magnétique constitue aussi l'antenne de la planète sur l'univers. Elle communique avec le magnétisme du système solaire. Le magnétisme est nécessaire à l'intrication, qui procède de l'énergie quantique. Le champ magnétique est donc une partie du moteur de notre intrication au centre de l'univers (voir le chapitre 5, « Gaia et l'univers »).

> « Le champ magnétique terrestre s'inverse tous les 250 000 ans. Le pôle Nord magnétique devient le pôle Sud, et vice-versa. Les scientifiques n'ont aucune théorie pour en expliquer la raison. Plusieurs croient qu'un nouveau renversement des pôles aurait déjà dû se produire depuis longtemps. »
>
> Source : http://www.universetoday.com/27005/earths-magnetic-field/

Q. : Que pouvez-vous nous dire au sujet du cycle d'inversion du champ magnétique et de la raison pour laquelle les pôles s'inversent ?

Kryeon. : Les renversements magnétiques sont normaux et ils ont lieu sur Gaia tous les demi-millions ou millions d'années. Ils sont lents à survenir et il faut parfois des milliers d'années pour que le processus s'effectue.

La cause n'est nullement un mystère. Les pôles magnétiques sont générés par le cœur en fusion de la planète, dont la vitesse de rotation diffère de celle de la Terre, ce qui produit le champ magnétique. C'est comme un moteur électrique créant un champ géant. Le cœur en fusion est volatil et sujet à des anomalies (car il est toujours en interaction avec le champ magnétique du Soleil). Il en résulte un « chaos magnétique » occasionnel et un renversement des polarités.

Vous êtes à des milliers d'années d'un autre renversement total, mais le processus est déjà amorcé. Le dernier a eu lieu il y a presque trois quarts de million d'années. C'est précisément pourquoi je suis venu ici car le début du renversement aide à ajuster la conscience. Tout cela est contrôlé par Gaia selon le cycle d'oscillation terrestre de 26 000 ans.

À propos, il ne se passe rien de concret sur la planète lorsque les pôles s'inversent. C'est seulement la polarité électrique qui change. Certains l'ont mal compris et croient que le globe se tourne à l'envers. Évidemment, si c'était le cas, ce serait la fin de l'humanité, ce qui va à l'encontre de l'Esprit. [Sourire de Kryeon.]

La grille de Gaia

Durant mes nombreuses années de service comme agente de la faune, j'ai pu visiter des lieux isolés et vierges où peu d'humains avaient mis les pieds. La vue y était souvent d'une beauté spectaculaire : de magnifiques chaînes de montagnes, des plages s'étendant à perte de vue, des forêts baignant dans la paix et la tranquillité. Avez-vous déjà visité de tels endroits? Je l'espère pour vous, sinon peut-être pourriez-vous y songer.

Quand j'étais à l'emploi de Parcs Victoria, l'organisme avait ce slogan : «Des parcs sains pour des gens sains.» La plupart des organismes environnementaux directement impliqués dans la conservation et la protection des réserves et parcs nationaux commencent à repenser et à réévaluer le lien entre les parcs et les gens. Ce changement d'attitude est dû en partie au livre de Richard Louv, Last Child in the Woods («Le dernier enfant de la forêt»), dans lequel il a créé l'expression «trouble de déficit de la nature». Il ne s'agit pas d'une condition médicale, mais simplement du manque de relation de la société avec son environnement. En mes termes personnels, je dirais qu'il s'agit de la déconnexion de l'humanité d'avec Gaia. Les Anciens comprenaient parfaitement cette connexion et plusieurs peuples indigènes la connaissent encore de nos jours. Dans son ouvrage suivant, *The Nature Principle* («Le principe de la nature»), Louv a identifié sept concepts fondamentaux pouvant nous aider à remodeler notre existence.

« En puisant dans le pouvoir restaurateur de la nature, nous pouvons stimuler l'acuité mentale et la créativité, promouvoir la santé et le bien-être, construire des entreprises, des communautés et des économies plus intelligentes et plus durables, et finalement renforcer les liens entre les humains [...].

« Nous entrons dans la période la plus créative de l'histoire. En fait, le vingt et unième siècle sera celui de la restauration de la nature. »

N'est-il pas intéressant de voir privilégier ainsi la reconnexion des humains avec la nature ? Et que veut dire Louv quand il parle du pouvoir restaurateur de la nature ? Se pourrait-il qu'il fasse allusion à un type particulier d'énergie existant dans la nature ? Serait-ce la conscience de Gaia ? N'est-il pas logique que des individus qui vont dans des endroits où Gaia est pure ressentent intensément une douce énergie d'amour ? Qu'ils y éprouvent une sensation de paix et se reconnectent à leur être divin ?

Les Anciens savaient intuitivement que Gaia, souvent appelée la Terre-Mère, avait une conscience. Ils reconnaissaient leur alliance avec elle. Quand on étudie les nombreuses civilisations indigènes toujours existantes, on voit qu'elles sont conscientes de leur connexion avec Gaia et qu'elles communiquent quotidiennement avec la planète. Elles ne se considèrent pas comme séparées de la Terre. Quand j'étais agente de la faune, il était important qu'un représentant aborigène soit présent aux événements significatifs. Ce représentant reconnaissait toujours que ses ancêtres étaient les propriétaires originels de ce territoire, et il nous livrait un message de « bienvenue au pays ».

La grille de Gaia est liée à la vie planétaire. La conscience de Gaia est liée à l'humanité. Gaia est donc la grille de la vie. Pendant plus de quinze ans, sa principale voix fut celle des messages canalisés par Pepper Lewis, une auteure de renommée mondiale ainsi qu'une instructrice qui a porté la sagesse et la guidance de Gaia dans tous les coins du globe. Si vous désirez en savoir davantage sur les messages de Gaia, rendez-vous sur le site de Pepper Lewis à www.pepperlewis.com

Gaia porte l'Akash en elle. La vie porte l'Akash en elle. Toute vie sur Gaia comporte ses propres Archives akashiques. L'Akash de l'humanité se trouve en deux endroits : dans son ADN et dans la Caverne de la Création, à l'intérieur de Gaia.

Kryeon nous a livré une information très succincte sur l'interaction de Gaia avec notre Akash.

Parlons maintenant de Gaia et de l'Akash. Vous avez peut-être entendu dire que Gaia était une énergie, celle de la planète Terre. Gaia est sensitive [consciente] ; elle possède une intelligence innée et elle a donc une conscience intelligente qui vous « connaît ». Elle peut converser avec vous de la même façon que Kryeon le fait.

Elle vous parle de plusieurs façons, entre autres quand vous consultez l'Akash. Si vous lui demandiez ce que c'est, elle le définirait comme « la force vitale de la planète », ce qui inclut tout ce qui vit, y compris ce que vous croyez inerte. Le concept de l'Akash est donc énorme. Ce soir, toutefois, je désire parler spécifiquement de l'Akash de l'être humain en relation avec la Terre. Il sera question de la coopération de Gaia avec l'expérience spirituelle humaine. Tout est lié à l'être humain, même le but de la planète.

Si nous commençons par le début, en donnant des explications simples, nous dirons qu'il existe un système destiné à suivre la trace de tous les vivants. Vous pensez peut-être que l'Esprit n'a pas besoin de système et vous avez raison, mais Gaia en a besoin, pour une raison précise. Toute âme humaine qui vient sur la planète Terre constitue une énergie unique qui modifie la force vitale de Gaia. Quand l'âme arrive, Gaia crée un registre et bien plus encore. En voici les détails.

La Caverne de la Création

Je vous ai souvent parlé de ce concept. Dans les tréfonds de la planète existe une caverne multidimensionnelle que l'on ne découvrira jamais. Elle possède des propriétés tridimensionnelles qui la relient à la réalité terrestre, mais elle est également multidimensionnelle. Il est difficile de vous en parler puisque vous ne percevez la réalité que dans la tridimensionnalité. Je pourrais tout vous expliquer, mais vous ne comprendriez pas. Ce serait comme si je vous parlais d'abord dans votre langue pour continuer soudain dans une langue inconnue, avec des mots agencés d'une façon non linéaire. Non seulement vous ne comprendriez rien au message, mais le son même des mots vous irriterait. Le multidimensionnel ne peut que vous paraître chaotique. Je vais au moins vous fournir l'information le mieux possible afin que vous sachiez de quoi il s'agit, à défaut de comprendre.

La Caverne de la Création est l'un des seuls lieux concrets de cette planète qui soit d'une nature dimensionnelle hybride. Autrement dit, elle a des propriétés tridimensionnelles que vous pourriez voir et comprendre si elle était visible, ce qui n'est pas le cas étant donné qu'on ne peut ni la détecter ni la découvrir. Dans ce lieu multidimensionnel se trouve le registre de votre identité renouvelée.

Quand vous arrivez sur la planète, c'est le premier lieu que vous visitez, même avant de traverser le canal de la naissance. Quand vous quittez la planète, c'est le dernier lieu que vous visitez avant de rentrer au foyer. C'est donc le dépositaire des archives de l'humanité, soit toutes les vies qui ont été vécues, l'essence de chacun de vous. Ce sont les Archives akashiques. Voici davantage d'information sur leur fonctionnement.

Chaque âme est unique. Prenons la vôtre pour exemple. Quel est votre nom spirituel? Ce n'est pas un mot que vous pouvez prononcer, mais plutôt une énergie. Ce nom énergétique est en partie celui de Dieu et il est enregistré métaphoriquement dans la Caverne de la Création sous la forme d'une strie sur un cristal qui conserve la vibration de votre identité passée. Quand vous venez sur la planète pour la première fois, un cristal vous y est destiné (puisque la potentialité de votre venue est connue). Lorsque vous vivez sur la planète Terre, Gaia et le système entier «savent» qui vous êtes. Vous passez ensuite de l'autre côté du voile. Quand vous partez, vous repassez par la caverne et vous ajoutez à ce cristal l'énergie de tous vos actes ou de toutes vos expériences. Vous quittez alors la Terre, mais le cristal contenant votre information y demeure.

Supposons maintenant que vous revenez sur la Terre pour y vivre une autre existence sous un autre nom. Avant votre passage dans le canal de la naissance, une autre strie s'ajoute à votre cristal. Notez bien qu'il s'agit de la même âme, mais elle est cette fois liée à la deuxième strie. La caverne ajoute une strie chaque fois que l'âme revient. Il y a donc un cristal pour chaque âme, non pour chaque vie. Certaines âmes ont un cristal portant un millier de stries ! Il y a donc moins de cristaux que vous ne le pensiez peut-être : un pour chaque âme, non pour chaque vie.

De vieilles âmes écoutent le message dans cette salle ou lisent ce livre. Même ceux et celles qui ne sont pas nécessairement venus ici pour entendre ce message, mais seulement pour accompagner quelqu'un, sont de vieilles âmes. On peut être une vieille âme sans connaître les réalités spirituelles. Plusieurs vivent sur cette planète sans jamais s'éveiller à leur nature véritable, mais c'est là leur libre choix. Néanmoins, certains humains qui viennent souvent assister à des rencontres de ce genre ressentent l'appel de participer à un changement planétaire, à la fin d'une ère et au début d'une autre. Ce sont ceux et celles qui ont les yeux rivés sur cette page en ce moment.

Les mystérieuses fonctions de la grotte

La Caverne de la Création renferme donc les archives de Gaia sur tous les humains vivant ou ayant vécu sur la planète. C'est là l'aspect physique. C'est toutefois l'aspect multidimensionnel qui déroute l'être humain. Cette caverne est statique sur le plan tridimensionnel, mais dynamique sur le plan multidimensionnel. En d'autres mots, aucun cristal n'y est jamais ajouté ni retranché. Il existe une structure cristalline pour chaque être humain qui vivra sur la planète Terre. Bien sûr, vous pourriez dire que c'est insensé, que cela ressemble à la prédestination si l'Esprit connaît déjà tous ceux qui s'en viennent… Ce n'est pourtant pas le cas et ce n'est pas de la prédestination. Cette caverne est plutôt prédisposée, sur un mode quantique, à être complète à chaque instant. L'énergie quantique est une question de potentialités, non de caractéristiques empiriques [absolues]. Par conséquent, lorsque des changements surviennent sur cette planète, la caverne change sur le plan quantique, mais non sur le plan physique. Le nombre de cristaux reste le même. C'est un événement quantique ; je ne peux rien dire d'autre. La caverne est toujours complète.

L'humanité entière y est toujours présente. Elle est connectée au passé, au présent et au futur.

Ce qui vous rend perplexes, c'est que vous êtes en interaction avec ceux et celles qui ne sont pas encore ici. Je ne saurais vous l'expliquer mieux car votre mental tridimensionnel n'est pas prêt à effectuer ce cheminement. Sachez toutefois ceci : cette caverne est complète. Elle est sacrée. Elle est scellée à jamais. Les cristaux des âmes se souviennent de vos vies et de leur énergie respective. Les énergies des âmes sont en interaction mutuelle. Les vies que vous vivez modifient l'énergie de la caverne et, par conséquent, Gaia est là puisque cette caverne réside en elle sur le plan multidimensionnel.

En résumé, cette caverne devient le registre des âmes, de leurs nombreuses existences et de l'énergie qu'elles créent. Maintenant, écoutez bien car voici l'essentiel de ce message. Quoi que vous fassiez sur la planète, quelle que soit l'énergie vibratoire que vous y créez, elle s'imprègne dans ces cristaux. Cette existence demeure à jamais archivée dans ce cristal avec la vibration qui l'accompagne.

Marie et Georges

Imaginons que vous êtes Marie et que je vous parle. Quand vous traversez de l'autre côté, vous passez par la caverne. Le voyage dure trois jours. Marie, chère vieille âme, ce n'est pas la première fois et vous y allez donc avec joie. Vous savez que vous rentrez au foyer! La mort n'a rien de désagréable. Il peut y avoir un brouillard temporaire lors de la reconnexion multidimensionnelle, mais vous vous souvenez de la joie que vous éprouverez ensuite. Vous savez bien, Marie, que nous vous prendrons tous par la main et que vous en serez heureuse. La mort de l'être humain n'est qu'un phénomène transitoire et non final. Il n'y a pas de «fin», mais plutôt un passage énergétique que vous vous rappelez à votre dernier souffle.

Supposons que Marie soit une guérisseuse dont la présence sur cette planète en a élevé la vibration. La Terre se souvient de cette présence. Supposons également que Marie soit en contact avec son Soi supérieur, ce qui lui a permis de créer un miniportail, et qu'elle trépasse.

Ses amis et sa famille se rassemblent dans la tristesse. Ils sont très malheureux de la voir disparaître car c'était une femme et une mère merveilleuse. Ils pleurent et se réconfortent mutuellement. Or, voici la vérité sur le plan métaphysique : Marie est allée dans la Caverne de la Création, où le portail qu'elle a créé est imprégné dans le cristal associé à son âme. Ce portail subsiste ensuite parce que Marie a vécu! La présence de cette femme et de cette mère merveilleuse n'est pas perdue! Son énergie est inscrite à jamais dans Gaia grâce à la Caverne de la Création. À jamais! Elle s'intègre à la conscience de la force vitale terrestre.

Puis Marie revient sous le nom de Georges.

[Rire.]

Vous pouvez rire, mais ce beau processus est bien réel. Vous êtes prêts? Quand Georges arrive, il prend le dossier de Marie! Lui et Marie passent alors au stade suivant de l'enseignement akashique, le deuxième des quatre dont nous vous entretenons aujourd'hui. Le système continue.

L'Akash présent dans votre ADN

Tout le contenu de votre cristal qui se trouve dans la Caverne de la Création se transfère dans votre ADN à votre naissance. C'est pourquoi vous passez par là. Cela devient votre Akash personnel : toutes vos vies, tous vos actes sont présents dans votre ADN. Comme nous l'avons déjà mentionné, cet Akash est, sur le plan multidimensionnel, dans chaque double hélice, représenté par les milliards de substances chimiques qui composent les 90 % de l'ADN que la science appelle l'ADN poubelle! Aux yeux tridimensionnels de la science, cette partie de l'ADN semble grandement complexe, sans aucun ordre ni aucune symétrie. C'est vrai qu'elle est multidimensionnelle au max! Nous vous avons déjà dit que ce système était magnifique, mais peut-être n'en avez-vous pas saisi toutes les implications.

Réfléchissez. Marie est présente dans l'ADN de Georges, mais seul le corps de ce dernier est présent sur la planète. Que fera Georges avec la vie de Marie dans son ADN? C'est simple. Tout ce que Marie a appris lui est disponible. Marie et Georges sont une seule et même âme qui a pris deux formes différentes sur Gaia. Leur Soi supérieur est également le même puisqu'il constitue l'énergie animique. Par conséquent, Georges n'a pas à apprendre de nouveau tout ce que Marie a déjà intégré! C'est dans son ADN. Même la mère aimante et compatissante y est présente. Le cheminement spirituel de Marie y est présent, à un niveau où les genres n'ont aucune pertinence. L'amour divin y est présent, créé par le passage d'une âme humaine sur la planète Terre.

Écoutez bien. Vous êtes venus dans cette vie et vous écoutez présentement ce message dans cette salle ou bien vous lisez ce livre chez vous. Vous apprenez aujourd'hui des vérités spirituelles. Peut-être croyez-vous qu'il existe une courbe d'apprentissage car il y a énormément de choses à apprendre. Peut-être que tout cela est nouveau pour vous et que cette information vous dépasse. Chère vieille âme, permettez-moi de vous dire que vous vous éveillez simplement à ce que vous savez déjà. Avec l'intention, vous vous en souviendrez!

Si vous êtes une très vieille âme, votre ADN contient la sagesse des Anciens. Vous pouvez donc dire, à chaque livre de Kryeon que vous lisez : « Je me souviens de ça! C'est vrai! Ce n'est pas nouveau pour moi, mais j'aime bien le lire dans un ouvrage! »

[Sourire de Kryeon.]

Examinons maintenant les deux principales caractéristiques de l'Akash de l'humanité. 1) La Caverne de la Création constitue un dossier de toutes les âmes qui passent sur la planète. Cette énergie subsiste sur la Terre et contribue à l'élévation de la vibration planétaire. 2) L'ADN de chaque humain contient le dossier individuel d'une âme et aide chacune de ses incarnations [expressions humaines terrestres] à devenir plus consciente si c'est là son choix.

La première caractéristique est liée à Gaia. La Caverne de la Création est située dans les entrailles de Gaia. Vous êtes donc tous « connus de la Terre » et elle vous aime. Ceux et celles parmi vous qui sont proches de la nature, des animaux et même du monde minéral le sentent. Ils peuvent le percevoir en certains lieux où l'intelligence de Gaia leur parle! Une énergie les enveloppe en leur disant : « Je vous connais, vous êtes ici chez vous, votre présence sur la planète est appropriée. » Sachez donc, chers humains, que ce que vous faites sur cette planète finira par modifier l'univers. Avez-vous déjà senti la compagnie des arbres en marchant seuls dans la forêt ? Elle est bien réelle !

(Canalisation de Kryeon intitulée « Le système akashique », donnée à Syracuse, New York, le 11 septembre 2010.)

Si vous avez perçu l'énergie de Kryeon pendant ce message et si vous avez bien assimilé celui-ci, vous voyez maintenant comment Gaia est intriquée à l'humanité. Or, plusieurs d'entre nous, surtout ceux et celles qui vivent dans les villes, oublient souvent de remercier Gaia. Personnellement, je dis mentalement deux petites phrases le plus souvent possible : « Merci d'être là, Gaia. Merci de nous aimer. » Nous sommes si souvent pris par nos occupations quotidiennes ou par notre propre cheminement d'éveil que nous oublions de reconnaître notre relation avec Gaia, la Terre-Mère qui aime et qui donne, et qui est toujours prête à renouveler sa relation avec nous si nous le désirons. Au cours d'une canalisation donnée au mont Shasta en 2010, Kryeon nous a invités à nous reconnecter à Gaia.

Le message de ce soir porte sur votre relation avec Gaia ainsi que sur des choses qui se passent sur la planète et que vous ne comprenez peut-être pas ou dont vous n'avez peut-être pas entendu parler. Commençons par l'énergie du souvenir.

Les anciens indigènes vénéraient la planète sur laquelle ils vivaient. Elle était pour eux une mère ou un père et ils la considéraient comme la source de tous les bienfaits. Elle leur fournissait leur nourriture, autant par la forêt que par le sol [la chasse et l'agriculture]. Elle leur procurait de l'eau et les abritait, même quand elle semblait en colère. Une mythologie s'est développée à ce sujet et de nombreuses histoires ont perduré. Plusieurs des dieux de l'Antiquité symbolisaient l'énergie de Gaia. Au lieu de tout concentrer en une seule représentation, on divisait la divinité en plusieurs énergies : celles de la mer, de l'air, de la terre, des récoltes, du soleil, de la chaleur et du froid. Cela se faisait toujours dans le plus grand respect. Il s'agit de la plus ancienne conception du divin et elle existait encore il y a à peine quelques siècles.

Les Lémuriens furent parmi les premiers à établir un protocole avec Gaia, qu'ils considéraient comme une énergie consciente que vous avez ensuite baptisée Mère Nature. C'est de cette conscience que nous désirons vous entretenir aujourd'hui.

Les Lémuriens ont découvert qu'ils pouvaient réaliser un équilibre avec la nature en prenant d'elle et en lui donnant en retour. C'est un peu comme quand vous rendez visite à un ami et que vous lui apportez un cadeau. Gaia a toujours reçu des offrandes de la part de ceux qui considéraient que la nature possédait une conscience. Quand on prenait quelque chose à la terre, on lui rendait quelque chose en retour; quelque chose de simple, mais de personnel, et doté de l'énergie du donneur.

Aujourd'hui, dans votre civilisation moderne et même chez les travailleurs de lumière, cette coutume n'est plus. Vous ne faites pas d'offrande à Gaia en vous levant le matin. Vous parlez peut-être à vos cellules et vous avez peut-être des visions associées à votre Soi supérieur, mais vous oubliez Gaia.

Par ce message, je vous invite donc à rétablir votre connexion à l'énergie de la Terre. Vous reconstruirez ainsi le pont de conscience unissant l'être humain à Gaia. Elle est au service de l'humanité et votre conscience l'influence. Vous vous rappelez ce que nous vous avons dit il y a longtemps? La conscience de l'humanité sur la Terre pénètre dans le sol [la grille cristalline]. Elle s'y emmagasine et la Terre réagit. Ce n'est pas la matière terrestre qui réagit, mais Gaia. On pourrait donc dire que les humains sont responsables des changements subis par la Terre.

Si vous comprenez bien cela, vous exercerez un excellent contrôle sur ce qui se passe sur la planète. Il faut toutefois être d'abord en relation avec elle. En ce moment, des humains en proie à la peur devant les bouleversements planétaires se demandent ce qui se passe. Les humains ne comprennent pas trop ce qui arrive et, pourtant, ils en sont la cause! Non pas par des actes ayant trait à l'environnement, mais par un éveil de la conscience.

(Canalisation de Kryeon intitulée « La relation avec Gaia », donnée au mont Shasta, en Californie, le 24 avril 2010.)

Il y a encore beaucoup de choses importantes qu'il vous faut savoir au sujet de Gaia, mais je ne vous en parlerai pas tout de suite. J'aimerais d'abord vous informer sur la grille cristalline, puis vous préparer à une révélation inattendue qui vous expliquera peut-être pourquoi vous êtes amoureux des baleines et des dauphins de la planète [sourire], et pourquoi vous êtes attirés par certains endroits comme le mont Shasta et le mont Machu Picchu [plus large sourire].

Q. : Gaia lutte contre la pollution de plusieurs façons merveilleuses. Par exemple, l'océan et ses « habitants » se sont rétablis beaucoup plus rapidement que prévu du déversement de pétrole dans le golfe du Mexique en 2010. Cependant, comment composera-t-elle avec les déchets non biodégradables enfouis dans le sol ou emplissant les océans ? Chaque année, des centaines d'espèces marines meurent en conséquence directe des déchets qui polluent les océans, que ce soient des produits de plastique ou des filets de pêche à la dérive. Comment pouvons-nous aider Gaia à combattre ce problème ?

Kryeon. : C'est facile car Gaia est à la merci des humains. Vous souvenez-vous que vous avez cessé de fabriquer certains types de sacs parce que vos enfants s'étouffaient avec ces contenants ? Combien de temps avez-vous attendu avant de le faire ? Eh bien, c'est maintenant au tour de Gaia.

Pensez à des filets biodégradables qui se dissoudront quand ils seront immergés pendant plus de trente jours. Les déchets devraient passer un test Gaia avant d'être enterrés. Des plastiques qui se dissolvent dans l'eau salée avec le temps, etc. Vous disposez de la technologie nécessaire. Il suffit d'en prendre conscience et d'agir en ce sens, même au prix du développement. Un jour viendra où l'on appliquera la pensée altruiste à la Terre dans une mesure beaucoup plus large. Ce sera « connu » au niveau intuitif, un retour à la vision des indigènes pour qui la Terre était « la mère de toute vie ».

En ce moment règne la vieille énergie du profit comme motivation. D'autres motifs finiront par s'imposer, qui tiendront compte autant de l'environnement que de la sécurité des humains. C'est ce que nous entendons par changement de conscience. Si vous polluez la planète, vous vivrez moins longtemps.

Q. : Les anciens indigènes faisaient régulièrement des offrandes à Gaia ; ils étaient profondément liés à celle-ci. Devrions-nous faire comme eux ou bien notre intention de nous connecter à sa conscience est-elle suffisante ?

Kryeon. : L'intention suffit. Dans la nouvelle énergie en développement, vous vous liez à la planète d'une façon que vous ne pouvez imaginer. Les offrandes concrètes sont un beau rituel, mais la véritable offrande à faire à Gaia, c'est d'être conscient chaque jour de l'amour divin et de savoir que Gaia vous relie à une source supérieure. Retournez au « savoir » indigène, dans lequel Gaia avait un visage et où un magnifique système améliorait les humains qui le connaissaient. Voilà l'offrande que Gaia désire de la part d'une espèce humaine avancée.

La grille cristalline

La grille cristalline est la plus difficile à décrire. Avant d'entrer dans les détails, voyons comment les sociétés interagissent avec elle. Plusieurs d'entre nous sont fascinés par les anciens sites archéologiques. Des millions de personnes visitent les pyramides d'Égypte et les ruines d'Italie ou de Grèce. De nombreux archéologues, anthropologues et érudits cherchent des réponses aux questions qu'ils se posent sur les civilisations qui ont occupé ces lieux. Il y a aussi les sites qui attirent des millions de visiteurs en raison des qualités mystiques et spirituelles qui leur sont associées. Des endroits comme Stonehenge et Glastonbury, en Angleterre ; Lourdes, en France ; et le Machu Picchu, au Pérou. Mais qu'entend-on par « lieu mystique et spirituel » ? Pourquoi les gens vont-ils là ? Qu'y ressentent-ils, et pourquoi ? Les réponses varient en fonction des individus car nous ressentons tous les choses différemment, selon notre propre spiritualité, notre connexion à Gaia et notre maturité akashique.

J'aimerais vous faire part de ce que j'ai moi-même ressenti en certains endroits, afin de mieux vous expliquer ce qu'est la grille cristalline. Campant dans les Alpes australiennes où un hélicoptère m'avait déposée, je m'y sentais vraiment bien. L'endroit était joli et paisible, et la seule énergie présente était celle de Gaia, comme s'il ne s'était jamais rien passé dans ce lieu. Très peu d'humains se sont rendus dans cette région. En revanche, lorsque j'ai visité le site où les 33 mineurs chiliens prisonniers à 700 mètres sous terre ont été ramenés à la surface, j'ai ressenti une intense énergie de compassion. Cette énergie provenait directement de la grille cristalline. Par ailleurs, quand j'ai visité la prison historique de Port Arthur, en Tasmanie, Australie, j'y ai ressenti une lourde obscurité. Cet endroit fut en effet le théâtre de plusieurs horreurs subies par les prisonniers qui y avaient été enfermés ainsi que d'une tuerie collective commise par un tireur fou sous les balles duquel sont tombés plusieurs touristes et membres du personnel. Cet événement a profondément secoué la société australienne et conduit à une réforme de la législation sur les armes à feu. Cette énergie sombre que j'ai ressentie à Port Arthur venait directement de la grille cristalline.

Quelle est donc exactement cette grille cristalline qui crée cette énergie que nous ressentons dans divers lieux ? C'est Kryeon qui l'explique le mieux depuis une dizaine d'années. L'information qui suit provient de deux canalisations que nous avons fusionnées afin d'expliquer toutes les caractéristiques de la grille cristalline.

La grille cristalline est une métaphore. Vous ne pouvez pas la voir, mais vous pouvez la ressentir. Les cristaux retiennent les vibrations et ce sont les seuls minéraux de la planète qui possèdent cette capacité. La grille cristalline est donc une métaphore, et le fait que les cristaux retiennent les vibrations devrait vous donner une idée de sa fonction. Non seulement retient-elle les vibrations, mais elle emmagasine l'information.

C'est une grille ésotérique, ce qui veut dire qu'elle est de nature spirituelle et invisible. Précisons donc la définition ci-dessus. La grille cristalline de Gaia [la planète] est une grille terrestre ésotérique [spirituelle] qui emmagasine l'énergie de la force vitale de l'humanité, c'est-à-dire votre énergie. Elle diffère de la Caverne de la Création. Cette dernière est un dossier de votre identité et de vos actes. L'énergie de votre contribution à la Terre [quelle qu'elle soit] est remisée dans la caverne, devient une partie de la planète et y demeure. La grille cristalline est toutefois située au-dessus de la Terre. Imaginez-la recouvrant la planète. Cette grille est à l'extérieur. Vous ne pouvez pas la voir, mais elle est là.

Elle contient aussi votre empreinte énergétique spécifique aux lieux. Le meilleur exemple que je puisse vous donner est celui-ci. Quand vous voyagez en Europe, vous pouvez ressentir ce qui s'est passé là-bas. Il y a là de multiples couches de guerres. Certaines personnes ont même de la difficulté à y méditer. C'est parce que la grille cristalline renferme tout ce qui s'est passé là. Vous voyez ? C'est donc une grille qui emmagasine l'énergie humaine spécifique aux lieux. Fait-elle partie de Gaia ? Bien sûr. Elle recouvre Gaia comme une couverture énergétique de conscience humaine.

Avez-vous déjà remarqué que vous méditez mieux dans les endroits où il ne s'est presque rien passé d'important sur le plan historique ? Je vous pose une autre question. Pensez-vous qu'il y a là un rapport avec le lieu d'origine des spiritualistes ? D'où viennent tous les canalisateurs spirituels depuis une trentaine d'années ? D'endroits où n'a jamais sévi la guerre [plusieurs sont de la partie occidentale des États-Unis]. Y aviez-vous déjà songé ? Vérifiez. C'est parce qu'il est plus facile pour un humain d'être relié à l'essence pure de Gaia. Sa connexion spirituelle n'en est que plus grande. Encore une fois, connexion à Gaia et à la Terre. Pourquoi la Terre ? Parce que Gaia est un système de mesure vibratoire. Un jour viendra où l'on mesurera les caractéristiques vibratoires de la planète, qui sont dues aux actions humaines. Collectivement, toute l'expérience humaine s'étend à la surface et à l'intérieur de cette planète, créant une vibration mesurable par l'Esprit. Voilà ce qu'est la grille cristalline.

Chère vieille âme, tout ce que vous faites s'enregistre dans la grille cristalline, qui se souvient de votre vie. Chaque pas y est consigné. Dernièrement, sur un autre continent, nous vous avons dit que la grille cristalline commençait à « se souvenir » autrement. Elle se souvient avec une intensité diverse, selon les événements. Par exemple, si vous vous trouvez à proximité d'un ancien champ de bataille et que vous le percevez, vous direz qu'il s'agit d'un lieu de mort où se sont déroulées plusieurs horreurs. Comment les ressentez-vous ? Qu'est-ce qui vous parle ainsi du passé ?

C'est la grille cristalline, qui vous fournit une image multidimensionnelle au moyen de vos émotions et de vos actions. Jusqu'ici, la grille cristalline s'est souvenue des événements d'une façon très linéaire. La guerre, la guérison, la compassion s'y imprégnaient d'une manière égale.

Si vous allez en Europe, vous pouvez marcher dans les champs de bataille où des millions de soldats ont perdu la vie. Plusieurs civilisations y sont représentées en diverses couches dans le sol. Il est difficile de canaliser dans ces lieux. Demandez à mon partenaire [Lee Carroll]. C'est parce que l'énergie qui y règne est incompatible avec le portail clair qui doit s'ouvrir le plus grand possible pour effectuer une canalisation. C'est la meilleure preuve de l'existence de la grille cristalline. Elle se souvient des actes des humains.

Si c'est bien le cas, cela voudrait dire que cette « empreinte mémorielle » est sur le sol. Comme l'eau est toujours en mouvement, elle ne peut se prêter à une telle « impression ». Des événements ont eu lieu sur des sols recouverts d'eau par la suite et qui ne peuvent donc vous en fournir le souvenir. La plupart des souvenirs cristallins sont ainsi sur la terre ferme, et c'est là que vous les percevez.

Vous vous interrogez peut-être au sujet du Triangle des Bermudes puisqu'il est constitué d'eau. Il n'a rien à voir avec la grille cristalline. Nous n'en avons pas encore parlé au cours de ce message, mais il s'agit d'un phénomène lié au magnétisme. En ce moment, nous parlons des lieux où vous pouvez ressentir ce qui s'y est passé. C'est dû à la grille cristalline, avec laquelle la conscience humaine est en résonance.

Nous vous avons déjà dit que la grille cristalline était responsable de vos perceptions attribuées à la présence de fantômes. Comme ce n'est pas du tout ce que l'on vous a enseigné, il vous est difficile de saisir ce concept.

La grille cristalline est l'ultime instrument d'enregistrement et de reproduction des souvenirs événementiels. Elle les reproduit à volonté. Plus les évé-

nements sont importants, plus elle en transmet intensément le souvenir. Celui-ci est parfois si intense que vous pouvez mesurer vos émotions par le magnétisme et même par des variations de température. C'est parce qu'il est réel sur le plan quantique. Cette étrange énergie n'est pas celle d'entités résidant de l'autre côté ou emprisonnées dans l'invisible. Elle n'est que l'enregistrement d'une énergie passée. Les humains peuvent la capter à répétition. La grille cristalline diffuse toujours ce qui s'est passé dans les lieux. Comprenez donc que les fantômes sont réels, mais qu'ils ne sont pas ce que vous pensez. Ils sont la cohérence multidimensionnelle d'une énergie passée telle qu'elle a été captée par la grille, ce qui explique pourquoi vous percevez toujours la même énergie au même endroit.

Maintenant que la Terre change d'énergie, la grille cristalline s'ajuste sur la compassion. Sa façon d'enregistrer et de reproduire se modifie donc. Aux endroits où il y aura eu de la compassion, tout le monde pourra en percevoir l'énergie. Aux endroits où il y aura eu de l'obscurité, de la guerre et de la mort, il y aura moins d'énergie qu'auparavant. Ce changement signifie que la grille cristalline sera désormais silencieuse dans des lieux qui auparavant vous troublaient. En revanche, l'énergie sera présente à profusion dans des lieux où il y aura eu des guérisons! Aux endroits où règne l'amour de Dieu se trouvent des portails de gratitude. Même la plus petite guérison n'y passera pas inaperçue.

La grille est réorientée sur l'énergie mère. Nous l'appelons la Terre-Mère et il est temps qu'elle réagisse en conséquence. Le facteur souvenir de la grille cristalline est donc en train de changer. Désormais, l'énergie de la haine sera moins perçue car elle jette de l'huile sur le feu pour ceux qui vivent en certains lieux historiques de la planète. En certains endroits, les humains ne la ressentiront plus du tout et ne collaboreront plus avec elle.

Les systèmes de croyances vont s'assouplir. Vous verrez l'un des plus grands, le catholicisme, se réorienter. En une ou deux générations, cette Église changera. L'amour du Christ y sera toujours aussi important qu'il doit l'être, mais les règles issues de la vieille énergie s'écrouleront. L'Église ne disparaîtra pas. Elle n'a pas à le faire. Ne jugez pas de ce qui vous semble bon ou non pour les autres. Certains ont besoin d'une organisation, d'un endroit où aller se recueillir et auquel se rapporter linéairement. Ils ressentent l'amour de Dieu tout comme vous, mais ils ont besoin d'une structure. Certains y chantent des cantiques et se guérissent comme vous le faites ici [dans le système de croyances du nouvel âge], et s'en portent bien. Chacun a le droit de choisir sa façon d'aimer le créateur.

Si vous pouvez visualiser quelque chose pour cette grande Église, visualisez de la pureté, de la pertinence et de l'intégrité. Elle aura l'occasion d'y venir car la méthode mémorielle de la grille cristalline est en train de changer. Ceux qui vivent sur certains territoires sont alimentés quotidiennement par l'énergie de ce qui s'y est produit. En voyez-vous un peu les conséquences ? Si la grille se met à mieux se souvenir des événements heureux, c'est cette énergie qui s'en dégagera.

La grille cristalline n'a rien de symétrique. Les humains aiment fonctionner de manière symétrique et recherchent donc la symétrie en toutes choses. Si vous tirez des lignes entre ces lieux, vous ne découvrirez rien de révélateur. Ce sont les actions humaines qui créent les motifs de la grille en certains endroits et ils n'ont rien de symétrique.

(Canalisations de Kryeon intitulées « Le système akashique », donnée à Syracuse, New York, le 11 septembre 2010 et « Tout sur les grilles », donnée à Philadelphie le 14 avril 2012.)

J'ai mentionné plus haut que j'avais ressenti une profonde compassion sur les lieux du sauvetage de 33 mineurs dans le nord du Chili en 2009. Cet événement a également influé sur le magnétisme de la planète. Savez-vous qu'il fut suivi en direct par autant de gens que le fut l'atterrissage d'*Apollo* sur la Lune ? Presque un million de téléspectateurs. En étiez-vous ? Je me trouvais alors au Chili et je me souviens d'avoir pleuré de joie. Ce n'est que plus tard que j'ai réellement compris l'énorme signification de cet événement. Tous les événements générateurs de compassion ont une chose en commun : ce sont des tragédies. Le sauvetage de ces 33 mineurs fut cependant le premier événement de ce genre à susciter de la joie plutôt que de la tristesse.

Un très bon ami à moi, Jorge Bianchi, un Chilien, s'est intéressé de près à la numérologie liée à cet événement. Il a présenté divers faits significatifs lors de plusieurs séminaires de Kryeon en Australie, en Nouvelle-Zélande, en Bulgarie, en Russie, au Kazakhstan, en Ukraine, au Portugal, en Espagne, aux États-Unis, en Colombie, en Argentine, au Brésil, au Pérou et, bien sûr, au Chili. Voici ses propos.

Un événement de compassion qui a changé le monde

Par Jorge Bianchi

Nous étions en 2010 et le monde allait être témoin d'un événement inédit qui signalerait le début d'un temps nouveau : un tout nouveau cycle de l'histoire humaine. Cet événement est survenu dans le pays où sont les terres les plus australes du monde : le Chili. La série d'événements et les étonnantes coïncidences entourant l'accident, l'emprisonnement souterrain et le sauvetage dramatique des 33 mineurs démontrent clairement le pouvoir infini de l'esprit humain. Les propos qui suivent couvrent les principaux faits saillants de cet événement, mais ce n'est pas tout!

Le Chili : aucun lien avec le piment rouge

Commençons donc par le commencement. Tout d'abord, il n'existe aucun lien entre le pays qu'est le Chili et le piment rouge que l'on appelle aussi «chili». En fait, les Chiliens n'ont pas une alimentation très épicée. Le piment rouge ou chili est un légume mexicain! Par contre, le Chili est un pays tout en longueur; il s'étend sur presque 5 000 kilomètres du nord au sud. Sa largeur? Pas très grande : en moyenne 170 kilomètres. De très hautes montagnes s'élèvent à l'est : les Andes. Un vaste océan se trouve à l'ouest : le Pacifique. La population : 17 millions d'habitants, dont environ 40 % vivent dans la région de la capitale, Santiago.

L'espagnol est la principale langue de cette république âgée de deux siècles.

J'aimerais souligner la performance économique et commerciale du Chili. Ce pays s'est adapté au modèle occidental et il l'a appliqué avec constance. L'économie chilienne est l'une des plus ouvertes du monde. Au cours des dernières années, elle s'est classée parmi les dix premières dans l'Indice de liberté économique, un indicateur de prospérité. Elle a doublé en dix ans et elle est considérée comme la plus stable et la plus solide de l'Amérique latine.

Néanmoins, le peuple chilien ne semble pas vraiment content de sa performance économique. Les Chiliens ne sont pas particulièrement enthousiastes comparativement aux autres peuples latino-américains. Il semble qu'aucun taux de réussite économique ou matérielle ne puisse soulager une inquiétude atavique. Je peux me permettre de le dire puisque je suis moi-même chilien.

2008 : un message et un avertissement importants

Au cours des ans, je me suis toujours senti privilégié de participer aux événements de Kryeon et aux séminaires de Lee Carroll, à la fois comme organisateur, conférencier et instructeur. Les messages de Kryeon sont toujours très encourageants et stimulants pour la conscience, ce qui explique pourquoi les gens se rassemblent par centaines ou par milliers pour assister aux canalisations. Un événement m'a particulièrement marqué : la première ret pour que je puisse les raconter toutes, je me concentrerai plutôt sur deux messages importants de Kryeon. Généralement, Lee Carroll n'enregistre pas les messages de Kryeon qui sont livrés au cours de ces retraites. Les messages de cette retraite particulière ne le furent donc pas non plus. Toutefois, Eduardo Borrello, un merveilleux réalisateur argentin faisant partie de nos amis, avait demandé la permission de filmer quelques moments de la retraite pour les intégrer à un documentaire qu'il préparait. Nous étions loin de nous douter qu'il capterait ainsi un grand message prophétique de Kryeon. J'avais complètement oublié l'existence de cet enregistrement jusqu'à ce qu'Eduardo me contacte deux ans plus tard, en mars ou avril 2010, pour me dire que nous devrions visionner un segment en particulier de l'un des messages livrés par Kryeon lors de cette retraite de 2008. Je le transcris ici :

« Que se passe-t-il au Chili ? Certains d'entre vous l'ignorent, n'est-ce pas ?

Les Anciens l'avaient prédit. Cherchez. Vous saurez ainsi que Kryeon ne vous livre jamais de fausses informations.

À l'intérieur de Gaia, des lignes d'influence spirituelles circulent dans la masse terrestre.

Un grand changement se produit sur la Terre. Cette planète possède une kundalini.

C'est un terme spirituel, cherchez-le pour en connaître le sens car vous serez impressionnés. La kundalini est une énergie qui vibre quelque part et qui ensuite se déplace.

Quel que soit l'être qui l'habite, il ne peut rester immobile.

Les plus grands maîtres de la planète viennent souvent des pays où réside la kundalini.

Depuis la naissance de vos grands-parents, la kundalini a résidé en Inde. Elle se dirige maintenant vers le Chili. Il y aura toutefois un prix à payer !

Dans une telle situation, la Terre bouge davantage qu'à l'accoutumée.

Cela se passera surtout au sud d'ici. Préparez-vous à un changement !

Je ne suis pas le premier à vous en parler car ce fut écrit.

Les indigènes de la planète, qui suivent les événements spirituels, l'ont vu venir.

C'est écrit quelque part, trouvez où… au Chili.

Les implications du passage de l'énergie de la kundalini de l'hémisphère Nord à l'hémisphère Sud sont énormes, au point que le sujet mérite de faire l'objet de tout un livre (ce sera fait bientôt!). Pour l'instant, j'aimerais souligner quelques-unes des phrases ci-dessus :

La kundalini est une énergie qui vibre...
La Terre bouge davantage qu'à l'accoutumée.
Cela se passera surtout au sud d'ici.
Préparez-vous à un changement!»

Le 27 février 2010

On a d'abord rapporté que le séisme avait commencé à 3 h 33 du matin, puis on a rectifié en disant qu'il avait eu lieu à 3 h 34. Le 27 février 2010, un tremblement de terre d'une magnitude de 8,8 sur l'échelle de Richter a ébranlé le Chili. Ce fut l'un des plus violents séismes de l'histoire du monde, environ mille fois plus puissant que celui qui avait secoué Haïti au début de la même année. Les forces les plus destructives furent les tsunamis qui ont suivi, frappant la côte chilienne sur des centaines de kilomètres. Des tsunamis d'une intensité bien moindre ont frappé divers endroits, du Japon à la Nouvelle-Zélande.

Plusieurs rapports de recherche effectués à l'aide d'un GPS ont révélé que le séisme de 2010 avait déplacé la capitale du Chili, Santiago, de 30 centimètres vers le sud-ouest, et la deuxième plus grande ville du pays, Concepción, d'au moins trois mètres vers l'ouest. Quelques villes situées au sud de Concepción se sont élevées d'environ trois mètres.

Bien que la grande majorité des édifices et constructions modernes aient bien résisté au séisme, le Chili fut néanmoins dévasté. Le tremblement de terre et les tsunamis avaient été d'une telle ampleur que les dégâts étaient énormes. Le chaos régnait partout. Dans les régions les plus touchées, 20 % des maisons avaient été détruites ou grandement endommagées. Plus de 500 personnes avaient perdu la vie, soit un très petit nombre par comparaison à celui des victimes du séisme d'Haïti survenu la même année ou de celui du Japon en 2011. Néanmoins, la souffrance de toutes ces familles a frappé les Chiliens très profondément et le pays entier s'est mobilisé pour secourir ceux qui avaient besoin d'aide.

Je fus chanceux. Ma famille ne fut pas touchée et nos maisons n'ont pas subi beaucoup de dommages. Nous en avons été très reconnaissants. Nous les avons réparées – le toit de la mienne était troué – et nous avons aidé d'autres personnes dans le besoin. J'avais oublié le message de Kryeon datant de 2008 qui nous avait prévenus de l'événement. En fait, il nous avait indiqué où se trouverait l'épicentre : « Cela se passera surtout au sud d'ici. » Notre ami argentin, Eduardo Borrello, nous a contactés quelques semaines plus tard pour nous informer de ce message particulier qui semblait étrangement se rapporter au récent séisme. J'ai alors réfléchi davantage à l'événement. Était-il porteur d'un sens plus profond ?

Le Chili s'est rétabli rapidement. En trois mois seulement, les principales infrastructures furent réparées ou remplacées temporairement. Il a fallu plusieurs mois de plus pour construire de nouvelles maisons destinées à remplacer les logements d'urgence. Toutefois, les Chiliens n'étaient pas nécessairement fiers de ce rétablissement rapide. Ils sont restés introspectifs, émotionnellement ébranlés. Je crois maintenant que ce grand désastre naturel fut crucial pour créer la profonde connexion et l'intensité émotionnelle qui ont donné lieu à une série d'événements plus tard dans l'année.

Trente-trois mineurs

Moins de six mois après le séisme, soit le jeudi 5 août de la même année, les Chiliens ont été bouleversés par un accident minier majeur survenu dans le nord du pays et impliquant des douzaines de mineurs. Mina San Jose (la mine Saint-Joseph), une exploitation minière vieille d'un siècle, s'était effondrée, emprisonnant sous terre 33 mineurs. Cette mine de cuivre est située à 45 kilomètres de la ville de Copiapó, au fond du désert d'Atacama, l'une des régions les plus rudes et les plus sèches de la planète. Cette exploitation avait une longue histoire d'entorses à la sécurité et elle avait antérieurement été sujette à l'instabilité géologique.

On ne savait pas si les mineurs étaient vivants ou non. Il était impossible de communiquer avec eux car toutes les lignes de communication ainsi que les tuyaux de ventilation avaient été endommagés par des milliers de tonnes de roches.

Les premières tentatives de sauvetage ont échoué. Les roches continuaient de tomber et les instruments géotechniques confirmaient que la terre bougeait encore. Il devint évident que les 33 hommes, vivants ou non, demeureraient prisonniers de la terre très longtemps et peut-être même à jamais. Les chances de remonter à la surface quand on est prisonnier à 700 mètres sous terre dans une mine dangereusement instable sont vraiment minces. Compte tenu du passé de cette mine, on a d'abord pensé que ces mineurs n'avaient sans doute pas survécu ou bien qu'ils mourraient probablement de faim avant qu'on les trouve, si jamais on y parvenait!

Toutefois, le Chili avait changé. Tellement de familles avaient souffert du séisme survenu au début de l'année que les Chiliens n'acceptaient pas facilement que d'autres familles souffrent encore. Disons qu'ils étaient plus émotifs que rationnels car leur cœur avait été fortement touché quelques mois auparavant. C'est ce qui faisait la différence dans ce cas-ci.

Pensez-y un instant. Que feriez-vous « rationnellement » dans une telle situation ? Trente-trois mineurs emprisonnés à 700 mètres sous terre – presque deux fois la hauteur de l'Empire State Building – et dont on ne sait même pas s'ils sont vivants ou non. Aucune possibilité de communication dans une mine complètement effondrée. Voici ce que l'on fait en de telles circonstances dans la plupart des endroits du monde (y compris au Chili par le passé) : on attend de voir s'il existe une communication tandis que des experts évaluent la possibilité qu'une équipe de sauvetage descende sous terre. S'il ne se passe rien au bout de deux ou trois semaines, on prépare les familles et le public à la cessation des efforts de secours en leur demandant de prier pour les mineurs perdus. En Chine, plus de 2 000 mineurs périssent chaque année dans des accidents semblables à celui-là.

Cette situation était toutefois différente. L'état émotionnel des Chiliens, dont plusieurs membres du gouvernement, s'apparentait à celui d'une mère éprouvée. Que ferait une mère pour ses enfants s'ils étaient piégés sous terre? La réponse est facile : elle ferait tout ce qu'elle peut, que ce soit raisonnable ou non. C'est ainsi que s'est comporté le Chili. On a entrepris des actions désespérées pour atteindre les mineurs en espérant qu'ils soient vivants, du moins la plupart d'entre eux. Sous la direction du président Sebastián Piñera, qui n'était entré en fonction que dix jours après le séisme, le gouvernement chilien s'impliqua en prenant le contrôle des opérations de sauvetage, sachant fort bien que la compagnie minière ne disposait pas des ressources nécessaires pour mener efficacement une telle opération. L'opinion publique chilienne n'a pas hésité à appuyer toutes les actions gouvernementales. Dans les émissions télévisées populaires, il n'y a eu aucune discussion sur la pertinence d'un tel engagement et de telles dépenses. J'avais parfois l'impression que le peuple chilien était hypnotisé, mais par le cœur, profondément lié à celui des mineurs et de leurs familles.

La première stratégie de secours fut abandonnée et l'on développa un deuxième plan. Il fallait trouver un moyen de sauver les mineurs sans passer par le tunnel principal. Le Chili est un pays minier qui maîtrise la technique d'extraction des métaux précieux. Une décision fut prise : on creuserait pour atteindre les mineurs.

Le 22 août

On s'est donc mis en quête des meilleurs experts en opérations de forage orientées sur une cible spécifique et profonde. On ouvrit les portes du pays aux meilleures équipes de secours du monde appartenant à divers pays et diverses organisations internationales, y compris la NASA. On s'efforça de réunir les meilleures compétences disponibles. Ainsi débuta l'aventure du sauvetage de ces 33 hommes prisonniers sous terre.

Vingt-cinq compagnies d'au moins sept pays répondirent à l'appel en offrant leur aide. Neuf foreuses furent disponibles. Il n'existait pas de véritable plan de forage et l'on créa quinze trous très rapidement pour tenter d'atteindre les mineurs. Plusieurs foreuses rencontrèrent des difficultés au cours de l'opération. Si les mineurs étaient vivants, ils se trouvaient vraisemblablement dans le refuge car c'était le seul endroit où ils pouvaient se procurer du ravitaillement, en quantité limitée. Ce fut la cible choisie par les équipes de forage.

Un camp fut établi à la surface, le Campamento Esperanza (camp de l'Espoir), où logèrent d'abord uniquement les membres de la famille et quelques experts miniers, mais où s'ajoutèrent petit à petit plusieurs équipes médiatiques pour informer le public sur le déroulement des opérations. À mesure que s'écoulaient les jours, puis les semaines, les familles désespéraient de plus en plus, mais continuaient d'espérer un miracle qui les réunirait à leurs proches. On érigea 33 structures blanches comme de petits sanctuaires sur une colline près du camp, une pour chacun des mineurs piégés dans le sol. On priait jour et nuit.

Les forages se poursuivirent. Quelques sondes atteignirent la profondeur voulue, mais sans parvenir au refuge. L'espoir alternait avec le désespoir. Dix-sept jours après l'accident, l'une des foreuses frappa un vide. On l'arrêta et on la fit descendre dans le trou. Quand on la ramena à la surface, les secouristes furent ébahis d'y voir un message qui y avait été attaché. On était le 22 août, la trente-troisième semaine de l'année. En outre, si l'on applique le système numérologique ésotérique traditionnel à cette date particulière, en additionnant les chiffres (nombres) de la date entière (le jour, le mois et l'année), on obtient le nombre 33. En numérologie, les nombres 11, 22 et 33 sont des maîtres-nombres dont on n'additionne jamais les chiffres. Un 22 ne devient jamais un 4 (2 + 2), mais demeure un 22. Le 22 août 2010 devient donc 22 + 8 + 2 + 0 + 1 + 0 = 33.

Ce message griffonné en rouge sur un bout de papier deviendrait rapidement un symbole de la détermination et de l'endurance humaine. Sur un plan supérieur, il représentait l'énorme pouvoir des humains motivés par le cœur.

Il se lisait comme suit : « Estamos bien en el refugio los 33 » (« Nous sommes très bien tous les 33 dans le refuge »).

Contre toute attente, les 33 mineurs étaient vivants. Leur message n'était pas : « Envoyez-nous de la nourriture s'il vous plaît et sortez-nous d'ici ! » Écrit en rouge, la couleur du cœur, il parlait le langage de l'amour familial. Il s'adressait aux familles avec l'intention de les rassurer en dissipant leur angoisse.

Les hommes avaient survécu grâce aux vivres entreposés dans le refuge. Une vague d'enthousiasme traversa le pays. On célébra partout dans les rues. Les 33 mineurs étaient vivants ! Bien sûr, ils étaient toujours prisonniers sous terre et il n'était pas évident de les secourir, mais le simple fait d'avoir pris la décision adéquate de creuser pour les retrouver plongeait le peuple chilien dans une euphorie qui dura plusieurs semaines. Les sourires et la gentillesse régnaient partout dans les rues des villes chiliennes les plus affairées. Aucune réalisation économique ou autre n'avait jamais créé un tel effet auparavant, même pas l'obtention de la Coupe mondiale de soccer par l'équipe nationale !

L'épreuve était loin d'être terminée. Les grandes questions étaient les suivantes : comment les mineurs continueraient-ils à survivre et comment les ramènerait-on à la surface ?

Le message original écrit en espagnol comportait 33 caractères en comptant les espaces entre les mots. Il devint évident qu'un événement historique avait lieu. J'y étais entièrement engagé et j'en suivais les détails au jour le jour.

Trente-trois jours de forage

Une fois que les mineurs eurent été atteints par la sonde le 22 août, le processus de sauvetage fut mis en branle. Les secouristes décidèrent que trois foreuses devraient œuvrer simultanément vingt-quatre heures par jour. On appela Plan A, Plan B et Plan C ces trois opérations de forage, dont les trois trous furent baptisés « Espoir », « Persévérance » et « La main de Dieu ». Walter Herrera, un dirigeant de l'une des entreprises de forage impliquées, aurait déclaré : « Il était presque impossible d'en arriver où nous en sommes car nous avons eu plusieurs problèmes (liés aux trous et aux sondes). La volonté de Dieu nous a guidés. » Les trois plans de forage visaient à creuser un trou suffisamment grand pour envoyer une capsule de secours sous terre et ramener les mineurs à la surface un à un.

Pendant toute la durée de la préparation et du forage, on leur fit parvenir de la nourriture, des vêtements, des médicaments et des encouragements par un long pipeline étroit installé dans l'un des trous creusés par les foreuses. On dit que la réalité dépasse la fiction et ce fut le cas. Pour moi, toute cette situation ressemblait à l'alimentation d'un fœtus par le cordon ombilical le reliant à la mère. On aurait dit que la Terre-Mère portait 33 hommes dans ses entrailles et qu'ils y étaient nourris par l'humanité paternelle avant leur renaissance à la surface.

Tandis que les trois foreuses poursuivaient leur travail, la marine chilienne s'occupait de fabriquer trois capsules de sauvetage en métal. Quelle coïncidence ! Trois plans et trois capsules de sauvetage ! Encore le nombre 33 ! Finalement, c'est le Plan B qui atteignit les mineurs en premier. Il aura fallu 33 jours de forage pour y parvenir. Encore ce nombre mystérieux !

Le nombre 33 fut sans cesse présent durant le déroulement de cet événement. Ayant un passé d'ingénieur et d'homme d'affaires, j'ai souvent eu l'occasion d'appliquer les lois des probabilités et des statistiques. Vous pouvez considérer la récurrence du nombre 33 comme une simple coïncidence si vous le désirez, mais je dois vous dire que les probabilités sont de une sur des milliards... Existe-t-il une explication plus réaliste? Y a-t-il assez de place pour l'extraordinaire dans nos cœurs et dans nos esprits?

Le sauvetage

Le sauvetage eut lieu le 13 octobre 2010. Les mineurs étaient restés prisonniers durant 69 jours. C'était là un record de survie à la suite d'un accident minier. Les secouristes ne voulurent pas attendre une seule journée de plus. La capsule spécialement conçue et fabriquée pour cette opération fut testée dans le puits de sauvetage. On l'avait baptisée «Phénix» car ces mineurs allaient renaître après une mort quasi certaine. Le test se déroula très bien et l'on envoya donc cinq secouristes dans le refuge souterrain pour aider les mineurs à entrer dans la capsule.

Ces derniers furent ramenés à la surface un par un. Chaque demi-heure environ, un mineur sortait de la capsule et remettait les pieds sur le sol, où il était accueilli par un membre de sa famille choisi à l'avance. On estime à 1,3 milliard le nombre de personnes qui ont suivi ce sauvetage un peu partout dans le monde. Seuls quatre événements de l'histoire avaient déjà reçu une telle attention. On a même dit que celui-là avait eu le plus grand nombre de témoins. Ce sauvetage fut très différent des autres événements en ce sens qu'il s'agissait d'un événement heureux démontrant la grande capacité des humains à faire le bien. Au lieu d'une tragédie, il était lié à l'amour familial et à la joie.

Je n'oublierai jamais ce mercredi d'octobre. Entre le séisme de février et l'aventure des 33 mineurs, ma vie personnelle fut remplie de synchronies et d'événements significatifs. En juin de la même année, mon beau-père tomba malade et l'on diagnostiqua un cancer du cerveau en phase terminale. Il vint habiter avec nous le jour même où les mineurs devinrent prisonniers sous terre, au début d'août, et il mourut le jour même où ils furent secourus, peu après le retour du troisième homme à la surface. De plus, ce même jour, Lee Carroll, les docteurs Sid et Amber Wolf, Peggy Dubro, Robert Coxon ainsi que l'auteur de ce livre, Monika Muranyi, se réunissaient au Chili pour la deuxième retraite de Kryeon, toujours intitulé « Découverte » au sommet des Andes chiliennes.

Ce 13 octobre, l'opération de sauvetage dura presque vingt-quatre heures. La dernière personne à être ramenée à la surface fut l'un des secouristes, qui mit le pied sur le sol exactement 33 minutes après minuit, le 14 octobre.

Un cadeau pour une mère

La mine San Jose, où les mineurs avaient été captifs, est située dans le nord du Chili, au fond du désert d'Atacama, l'un des endroits les plus arides du globe. Tous les deux ans, un très beau phénomène se produit dans le désert : de magnifiques fleurs y apparaissent. Ce fut le cas en 2010. Durant la semaine de sauvetage, une vigoureuse explosion florale multicolore, l'une des plus merveilleuses floraisons jamais vues en cet endroit, s'est déclenchée.

La Terre-Mère avait donné naissance à 33 hommes. Ils étaient nés de nouveau à la vie sans avoir connu la mort. Quel est donc le plus beau cadeau qu'une mère reçoit à la naissance d'un bébé ? Des fleurs !

Le nombre 33

Que signifie donc le nombre 33 ? Pourquoi est-il apparu si souvent au cours de cet événement ? Bien sûr, il a des résonances bibliques, dont l'âge du Christ au moment de sa crucifixion. Mes recherches m'ont appris que le nombre 33 était considéré par plusieurs comme celui des avatars, c'est-à-dire les exceptionnels humains que furent Jésus-Christ, le Bouddha et Mahomet. Pour d'autres, il représente le Maître Guérisseur. Certains l'associent au renforcement de l'énergie de l'amour en présence d'une conscience humaine supérieure. Que signifiait-il dans ce cas-ci? Selon plusieurs, cet événement signalerait la seconde venue de Jésus-Christ sous la forme d'une conscience nouvelle émergeant chez les hommes et les femmes ordinaires.

J'ai demandé à Lee Carroll s'il était possible d'obtenir un message de Kryeon à ce sujet. Il a accepté, et voici le message en question : le nombre 33 symbolise « l'action compatissante ». « En plein dans le mille! » me suis-je exclamé. Je n'aurais pu être plus d'accord. Cet événement illustrait la très grande compassion exprimée par le peuple chilien dans sa détermination à retrouver les mineurs et à les sauver. En même temps, il avait fallu une énorme expertise pour réaliser cet exploit.

Le nombre 7 fut également proéminent. Les mineurs furent piégés à environ 700 mètres de profondeur pendant environ 70 jours. Selon divers systèmes numérologiques, le nombre 7 lié à un événement spécifique indique une « intention divine ». Est-ce possible?
Mon être intérieur, mon Soi supérieur, ma conscience – ou quelque autre nom que vous donnez à cette partie de vous-mêmes – m'en disent encore davantage. Je crois que cet événement signale le début d'une ère nouvelle : le cycle de la nouvelle kundalini de la Terre. Selon plusieurs prophéties indigènes, dont celle des Mayas, et selon d'autres sources aussi, dont Kryeon, ce nouveau cycle spirituel durera près de 13 000 ans. Certaines de ces sources expliquent que le cœur de la nouvelle kundalini est centré dans la région des Andes, partagée entre le nord du Chili, le nord de l'Argentine, la Bolivie et le sud du Pérou. C'est exactement là qu'est situé le désert d'Atacama, sous lequel les mineurs furent pié-

gés! En fait, c'est dans cette région des Andes que l'on aperçoit le plus souvent des condors, ce qui tisse un lien entre ces événements et d'autres prophéties similaires, comme celle de la réunion de l'Aigle et du Condor.

J'ajouterai encore ceci. À mon avis, le sauvetage des 33 mineurs ne constitue pas seulement un jalon marquant le début du cycle de la nouvelle kundalini terrestre; il indique également que ce nouveau cycle implique le choix de renaître en tant que Nouvel Humain, ce qui représente une autre étape de notre évolution. Un processus semblable à celui de la transformation de la chenille en papillon. C'est le début de l'ère du Nouvel Humain, qui renaît de l'ancien sans mourir. Un Nouvel Humain qui reconnaît son lien profond avec la Terre-Mère.

Bienvenue dans l'ère des Nouveaux Humains, qui pourront créer une Terre nouvelle par l'action compatissante. En serez-vous? Si vous désirez communiquer avec Jorge Bianchi ou assister à l'un des nombreux séminaires ou événements, vous trouverez davantage d'informations sur ses deux sites Internet :

www.jorgebianchi.com, www.NewHumanNewEarth.com

J'espère qu'un jour l'humanité entière reconnaîtra la signification profonde de cet événement. J'ai eu la chance de visiter le site du sauvetage des 33 mineurs lors de la tournée de la undalini de Kryeon en 2012. Nous étions très émus d'être le premier groupe spirituel à se rendre à cet endroit. J'espère aussi que plusieurs autres groupes feront de même et que les Chiliens se rendront compte du potentiel de ce site en permettant à de nombreux visiteurs de s'y rendre. Pendant que nous y étions, Kryeon nous a dit ceci :

Un événement de compassion est survenu ici. Jusqu'ici, les événements de compassion qui ont eu lieu sur la planète ont presque toujours été des tragédies. Il m'est difficile de vous en parler car c'est un sujet incompréhensible pour les humains. L'idée à saisir ici est la suivante : vous connaissez avant de vous incarner les événements auxquels vous pourriez participer. Ce n'est pas de la prédestination, mais plutôt des potentialités appropriées pouvant se réaliser.

Un marteau n'est pas prédestiné à frapper des clous, mais il est prédisposé à cette tâche. S'il n'est jamais mis en contact avec un clou, il ne frappera jamais. Le karma vous oriente selon certaines prédispositions, mais si vous le liquidez, vous possédez alors votre propre carte de route. C'est ce qu'enseigne Kryeon depuis des années. Ceux et celles qui comprennent le sens de ce message sont les vieilles âmes sages qui ne forment qu'une infime fraction de la population.

Les événements de compassion élèvent la vibration de la planète. Par conséquent, ceux qui y participent ont servi de catalyseur pour aider Gaia en cette époque où de tels événements sont nécessaires. C'est le seul moyen dont la planète dispose à l'heure actuelle pour créer de grands changements vibratoires quand plus d'un milliard de personnes sont témoins d'un même événement et éprouvent la même émotion en même temps. Votre science a prouvé que les événements de compassion créaient une énergie cohérente qui affecte l'énergie géomagnétique.

Le 11 septembre 2001 fut un autre événement de compassion [les attentats terroristes aux États-Unis]. Pensez-vous que ces trois mille personnes y avaient consenti? La réponse est oui. Avant d'arriver ici, vous possédez l'esprit de Dieu. La création d'une action compatissante pour faire évoluer la planète est l'une des plus belles choses que vous puissiez faire et plusieurs n'ont pas hésité à l'accepter.

Deux cent mille quatre-vingt-trois êtres humains ont péri dans le tsunami [celui du 26 décembre 2004]. Plusieurs étaient des enfants et la compassion fut immense sur toute la planète. Pensez-vous que chacune de ces âmes savait d'avance ce qui pouvait lui arriver à ce moment-là? Absolument. Même la mort d'un ou deux individus seulement crée de la compassion si plusieurs en sont témoins. La mort de la princesse Diana [le 31 août 1997] fut pleurée par un milliard de personnes.

Respirez profondément. De quel autre événement mondial de compassion qui n'était pas une tragédie avez-vous été témoins? Aucun.

Pause.

Bien sûr qu'il y a eu plusieurs événements dont un milliard de personnes ont été témoins, mais aucun n'a jamais créé l'émotion suscitée en cet endroit [la mine San Jose dont 33 mineurs ont été sauvés]. Réfléchissez à ce que cette région représente pour la planète.

Vous assistez ici à un changement de paradigme. Pour la première fois, une action de compassion fut créée par le sauvetage de vies humaines alors que la réussite de l'opération était très improbable. Ce ne fut pas un tsunami ni un attentat terroriste, mais l'énergie compatissante d'une mère, Gaia, qui a donné naissance à 33 hommes dans le désert. Comprenez que c'est là le symbole de la naissance d'un nouveau paradigme en Amérique du Sud, celui de la compassion et de la gratitude.

Chacun de ces hommes connaissait cette potentialité avant d'arriver sur la Terre. C'était la première fois qu'une telle action compatissante avait lieu sur la planète. C'est important car cela change votre conception du travail qu'effectue l'Esprit avec l'humanité. C'est le début d'un nouveau paradigme, même pour Gaia. Réfléchissez-y car c'est précisément la raison pour laquelle vous participez à cette tournée de la kundalini. Célébrez les changements et remarquez où ils surviennent. Ressentez la Pachamama [Terre-Mère]! Elle se trouve maintenant ici.

Et il en est ainsi.

(Canalisation de Kryeon intitulée « Trente-trois mineurs », donnée à la mine San Jose, à Copiapó, au Chili, le 24 octobre 2012.)

Kryeon a aussi dit ceci au sujet de la grille cristalline :

Gaia suit la conscience humaine pour créer l'énergie planétaire. Nous vous le répétons depuis 22 ans. L'inverse est également vrai car votre ADN réagit à la grille cristalline. C'est une grille mémorielle « ésotérique » qui emmagasine l'énergie et les événements de l'humanité. Nous vous avons déjà parlé de cette grille dans nos enseignements. Disons que c'est une coquille invisible enveloppant la Terre et contenant l'énergie et l'histoire de tous les êtres ayant vécu sur la planète. À votre naissance, dès votre premier souffle, le champ quantique de l'humanité ajuste son efficacité à l'énergie planétaire, en fonction de l'état de la grille cristalline.

En ce moment même, l'énergie de cette planète comporte des millénaires de guerres, de combats, de machisme et d'intolérance appartenant à la vieille énergie. C'est ce à quoi l'ADN s'adapte à votre naissance. Vous êtes conçus pour une efficacité génétique de 100 %, mais elle est présentement de 30 %. C'est ce qui est en train de changer car une élévation de la conscience est en cours. Vous le voyez d'abord chez les nouveau-nés. Dès leur premier souffle, leur ADN fonctionne à 35 %, ce qui se traduit par des êtres humains qui s'éveillent davantage et beaucoup plus tôt dans la vie. C'est comme s'ils avaient d'instinct conscience de l'humanisme au lieu de devoir le réapprendre comme vous l'avez fait.

Nous vous avons déjà parlé de ces enfants nouveaux. Voilà pourquoi les vôtres sont si exceptionnels. Plusieurs grands-parents qui sont présents dans cette salle l'ont remarqué : les enfants sont différents. Vous déplorez peut-être de ne pas pouvoir augmenter l'efficacité de votre propre ADN. En réalité, vous le pouvez! L'énergie planétaire est toujours prête à signaler à une vieille âme qui s'éveille comment modifier son champ magnétique par la conscience, l'intention pure et la compassion. Vous pouvez changer « l'empreinte » quantique par la compassion! Nous vous le disons depuis le début. Je vais le résumer en des termes simples qui n'ont rien de scientifique. Va lentement, mon partenaire. Sois succinct. [Kryeon s'adresse à Lee.]

L'adaptation de l'ADN à la nouvelle énergie de Gaia

À votre naissance, votre ADN s'adapte de lui-même à ce qui s'est passé sur la planète. Il a créé pour vous une réalité que vous appelez « la nature humaine ». La Terre change, la grille cristalline soulève légèrement le voile et votre ADN réagit. La première réaction sera visible chez vos enfants, qui arrivent déjà avec une caractéristique humaine différente. Ils ne pensent pas de manière linéaire comme vous. L'avez-vous remarqué?

Cela changera de plus en plus avec le temps. Finalement, un ADN beaucoup plus efficace créera le lien manquant entre l'inné et le cerveau humain normal. Vous aurez donc davantage de pensées intuitives concernant ce qui est bon ou non à l'intérieur de votre structure cellulaire. Certains d'entre vous découvriront de nouvelles habitudes alimentaires. Votre structure cellulaire vous dira : « Si j'apporte tel ou tel changement, je vivrai plus longtemps. » Il en résultera une modification instinctive et inexplicable de vos habitudes alimentaires. L'inné commence à communiquer.

Vous abandonnerez des habitudes que vous aviez depuis des années; votre structure cellulaire vous aidera à les éliminer puisqu'elles ne vous conviennent plus. Ne soyez pas surpris si l'une d'elles est la suralimentation et si votre métabolisme s'adapte de façon à rajuster votre poids sans que vous ayez à adopter un régime extrême. Pour d'autres, il s'agira d'abandonner l'usage de substances dont ils sont dépendants, tout en augmentant leur durée de vie.

Vous serez étonnés par la régénération cellulaire qui se produira alors en vous. Vous vous apercevrez que vous guérissez plus rapidement. Vous n'aurez jamais été si peu malades. La science tridimensionnelle vous dira ceci : « Vous êtes maintenant plus vieux et vous serez donc malades davantage. » Vous ne le serez pas. Vous serez conscients d'un changement. Vous pourrez jouir des mêmes choses que les jeunes. Vous vous éveillerez lentement à la nouvelle énergie planétaire qui vous permettra de vivre plus longtemps. Votre ADN collaborera plus efficacement. Trente-cinq pour cent? Peut-être même 40 %, chères vieilles âmes? Ce sera beaucoup plus.

(Canalisation de Kryeon intitulée « Le recalibrage de Gaia », donnée à Melbourne, en Australie, le 18 mars 2012.)

Comprenez-vous maintenant à quel point nous sommes importants? Comment tous nos actes affectent la planète? Que Gaia nous connaît et qu'elle nous bénit à chaque pas comme vous la bénissez? Que ferez-vous de cette information? Change-t-elle quelque chose pour vous? Comment aimeriez-vous que la grille cristalline se souvienne de votre vie? Chère vieille âme qui lisez ces lignes, Gaia et la grille cristalline « voient » ce que vous faites et qui a tellement plus « d'impact » que ce que fait une âme nouvelle. Votre éveil et vos actions compatissantes influencent la planète!

Vous avez la liberté de vos actes. Quels que soient vos choix, Dieu et Gaia vous aiment profondément.

À propos, vous rappelez-vous que j'ai mentionné le Machu Picchu comme étant l'un des lieux sacrés et mystiques visités par des milliers de personnes chaque année ? Eh bien, devinez quoi ! L'énergie que nous y ressentons n'a absolument rien à voir avec la grille cristalline ! Je vous entends me demander pourquoi. Pour le savoir, vous devez continuer à lire (sourire). Un indice : ne manquez pas les propos de Kryeon sur les lignes telluriques de Gaia.

Q. : Si le temps est circulaire et si les fractales temporelles reviennent magnifiées, est-ce à dire que celles qui sont liées à une basse conscience reviendront ? Ou sommes-nous capables d'en modifier les potentialités et, le cas échéant, cette transformation s'inscrit-elle dans la grille cristalline ?

Kryeon. : Les fractales temporelles sont incluses dans un mélange quantique de potentialités. Ainsi, si la conscience de la planète ne changeait jamais, les cycles seraient linéaires, prévisibles et récurrents. Ce fut le cas pendant des milliers d'années et c'est ce qui a permis les prédictions calendaires. Mais voici que les fractales sont soudain altérées par le changement qui survient dans la conscience humaine, comme nous l'avons décrit plus haut avec l'exemple de la poule.

Ce changement modifiera les fractales des prédictions temporelles. Les cycles se dérouleront en s'élevant de plus en plus plutôt qu'avec des hauts et des bas. La grille cristalline s'y adaptera en permettant une activité et une pensée d'un plus haut niveau. Elle s'oriente à présent vers la non-linéarité. Nous vous l'avons déjà expliqué. Alors, oui, les nouvelles fractales seront générées en partie par une nouvelle énergie de la grille cristalline, créée par un nouvel humain.

Les baleines et les dauphins

Les humains ont toujours été en relation avec les dauphins et les baleines. Par le passé, des centaines sinon des milliers de baleines et de dauphins étaient capturés dans les mers et constituaient une ressource. Ils le sont encore aujourd'hui, mais moins qu'auparavant. En décembre 1946, un organisme international fut établi, la Commission baleinière internationale [CBI] ; son mandat était de préserver les baleines. Quatorze États en étaient membres. Aujourd'hui, ils sont 89, dont des pays éloignés de tout océan ! La Commission a pris certaines mesures encourageantes visant la conservation et la protection des baleines, dont l'établissement d'un moratoire planétaire sur la chasse commerciale en 1986. À l'heure actuelle, quelques pays s'opposent à ce moratoire, dont le Japon, la Norvège et l'Islande.

La conscience collective de l'humanité désire protéger les baleines et les garder en sécurité, ainsi d'ailleurs que les dauphins, car ils sont de la même famille, celle des cétacés, qui comprend les baleines, les dauphins et les marsouins. Les dauphins sont donc les cousins des baleines et ils font partie de leur groupe de soutien. Ils jouent un rôle dans leur développement. En plus de protéger les baleines, des milliers de personnes ont vécu des expériences transformatrices à la suite d'une croisière d'observation de celles-ci ou d'un épisode de nage avec des dauphins. Si nous sommes autant affectés par la capture des cétacés, c'est en raison de l'information cellulaire contenue dans notre ADN. Par intuition, l'humanité entière sait que les baleines ne pourraient disparaître sans que l'équilibre de la force vitale terrestre soit modifié.

Nous avons déjà expliqué en détail en quoi consistent les trois grilles de Gaia. L'ADN humain appartient aussi au système de Gaia car il est lié à l'évolution biologique de l'humanité. Les baleines et les dauphins sont des parties vivantes du système des grilles. Ils portent en eux « l'histoire de la Terre » et sont sacrés pour cette raison même. Ils sont donc en coordination et en coopération avec la grille cristalline.

D'après Kryeon, il s'agit d'un système non linéaire de sauvegarde, au cas où l'on perdrait le premier. Un système qui assiste constamment les autres. L'information des trois systèmes akashiques combinés est emmagasinée dans les baleines et les dauphins. C'est la dernière couche et elle connecte profondément l'humanité à Gaia ainsi qu'au reste de la vie terrestre.

Les baleines résident dans Gaia. Elles vivent sous l'eau et elles sont des mammifères au même titre que les humains. Elles possèdent de l'information. Le cycle akashique est complet. Les océans et les mers du globe brillent de tous nos actes, de notre identité présente ou potentielle.

Les baleines et les dauphins peuvent nous apprendre beaucoup de choses et même nous aider à guérir notre corps physique. Laurie Reyon Anderson est une communicatrice interespèces et une thérapeute spirituelle reconnue à l'échelle internationale. Elle a le don de parler aux animaux et de transmettre leurs messages à l'humanité. Pour elle, les cétacés sont les Êtres anciens de cette planète. Son travail consiste à communiquer avec les dauphins et les baleines afin de les guérir. Nommée « mère baleinière émérite » par les Amérindiens, elle apporte à l'humanité l'énergie de sagesse et de guérison des baleines et des dauphins. Voici un très beau message livré par les baleines à l'intention de l'humanité et transmis par Laurie :

« Nous sommes les ancêtres des Anciens. Nous sommes l'Âme des âmes. Nous sommes votre passé et votre mémoire. Nous sommes votre présent et nous sommes ici avec vous dans l'instant. Nous sommes liées à vous pour créer l'ascension future de Mère Gaia. Nous sommes une conscience de groupe supervisant cette planète pour qu'elle serve d'exemple du Bien collectif. »

Les baleines sont les bibliothécaires moléculaires de l'évolution terrestre. Les Archives akashiques se trouvent dans les océans et leur information est emmagasinée dans les molécules d'eau. Comme l'eau n'est jamais détruite, toute l'histoire de la planète est en sécurité dans nos archives océaniques. Les baleines peuvent accéder à cette information, la faire circuler et y ajouter leur contribution en se connectant à l'intelligence des molécules d'eau. Elles me disent que l'information contenue dans l'eau nous enseignera qu'à l'avenir on utilisera le fluide corporel des humains pour procurer un traitement individualisé et infaillible contre les maladies.

Les baleines aimeraient nous aider à nous rappeler notre véritable identité. C'est un aspect important de notre croissance personnelle sur le plan de l'amour de nous-mêmes et de notre Terre que de savoir qui nous sommes. Elles nous disent que nous devons atteindre le stade de notre évolution où nous deviendrons vraiment les chercheurs de nous-mêmes. Il importe d'atteindre le savoir recelé dans l'Akash, qui nous indique qui nous sommes vraiment, d'où nous venons, de quoi nous sommes faits et pourquoi nous sommes ici aujourd'hui.

Dans notre quête de cette conscience de soi, nous nous identifions comme des êtres plaçant l'amour au-dessus de tout le reste et nous confirmons notre croyance en l'amour en modifiant notre vie en conséquence. Nous en venons à nous connaître comme des vibrations d'amour et, ce faisant, nous voyons notre monde et notre belle Mère Gaia sous un nouvel éclairage.

En nous souvenant, nous sommes enclins à nous rassembler avec des gens qui partagent les mêmes idées que nous et à reprendre le contrôle conscient de notre environnement. Nous nous rappelons que nos pensées et nos émotions affectent notre environnement et notre entourage. Une fois que nous avons pris le contrôle de nos émotions et de nos pensées, nous voyons que nous créons réellement notre propre réalité, que nous pouvons contrôler notre environnement et que nous ne sommes pas des victimes. C'est ce que les baleines appellent l'évolution intentionnelle.

Enfin, le dernier stade de la remémoration de soi consiste à reconnaître et à développer notre connexion au cosmos et à la vie au-delà de la troisième dimension. Nous ne sommes pas seuls dans l'univers et nous ne l'avons jamais été. Il existe des milliards d'autres formes de vie qui ne sont pas visibles de notre point de vue tridimensionnel. Nous pouvons communiquer avec ces êtres qui sont nos frères et nos sœurs de lumière. Nous pouvons bénéficier de leur sagesse et de leur savoir, et nous joindre à eux tandis que nous dépassons nos peurs pour retrouver la vérité de notre identité et de la raison de notre présence ici. Les dauphins et les baleines sont des maîtres du voyage cosmique et de la multidimensionnalité. Ils sont ici pour nous enseigner, nous aider à guérir notre esprit et notre corps, et ils nous invitent à ouvrir nos systèmes de croyances aux multiples réalités de l'Amour.

Laurie Reyon a d'autres messages des dauphins et d'autres animaux à l'intention de l'humanité. Pour les découvrir, visitez son site Internet : www.lauriereyon.com

Q. : Y a-t-il autre chose que vous pourriez nous dire au sujet des baleines et des dauphins?

Kryeon. : Les cétacés de l'océan (principalement les baleines et les dauphins) entretiennent pour l'humanité une énergie dont nous parlerons une autre fois. Quand la planète sera prête, nous l'expliquerons.

Mais vous le savez déjà, n'est-ce pas? Ces mammifères sont protégés partout dans le monde par des traités entre des pays qui ne sont même pas à proximité de l'océan! Les humains savent intuitivement que ces animaux ont quelque chose de spécial et qu'il faut les laisser se développer en paix. Continuez ainsi.

Les lignes telluriques de Gaia

Bien qu'un grand nombre de personnes aient déjà entendu parler des lignes telluriques, très peu de gens en comprennent vraiment la nature et la fonction. Les anciens indigènes étaient en harmonie avec Gaia et ils le savaient quand ils traversaient ces lignes, auxquelles ils donnaient toutefois un autre nom : les lignes de l'Esprit ou les lignes du Dragon.

L'existence de ces lignes fut reconnue par Alfred Watkins au cours des années 1920 lorsqu'il découvrit un réseau d'alignements paysagers reliant des églises, des mégalithes, des sources et des collines. Au cours des années 1960, John Mitchell poursuivit le travail de Watkins et baptisa la ligne de Saint-Michel, qui relie plusieurs lieux de Grande-Bretagne consacrés à saint Michel, tels que le mont Saint-Michel, à Cornwall, le cromlech d'Avebury et la colline de Glastonbury.

Lors d'un séjour en Hongrie, j'ai aussi entendu parler de la ligne Saint-Georges et j'ai découvert qu'existait le Parc énergétique de Saint-Georges à Lenti, à l'extrémité sud-ouest du pays, tout près des frontières de l'Autriche, de la Slovénie et de la Croatie. Selon l'administration de ce parc, *on peut marcher en suivant les pavés de pierre qui indiquent la direction de la ligne Saint-Georges, tandis que les «poteaux» plantés le long du chemin marquent l'interception de cette ligne, là où les ondes d'énergie sont les plus puissantes.* Le parc comporte également plusieurs stations thermales.

Toutefois, cela ne m'expliquait nullement en quoi consistait une ligne tellurique. Les tentatives qui ont été faites pour illustrer les lignes telluriques sur les cartes géographiques se sont traduites par des lignes droites se terminant brusquement. Je trouvais cela insensé, surtout que j'avais lu qu'il existait des lignes telluriques partout sur le globe, en des endroits comme les pyramides d'Égypte et le mont Machu Picchu. Le fait de tracer ainsi des lignes droites sur une carte géographique est un exemple classique de notre pensée linéaire et de notre tendance à tout interpréter d'une façon tridimensionnelle.

Pourquoi donc tant de confusion? Et qu'est-ce exactement qu'une ligne tellurique? Je soupçonne que s'il y a autant de confusion et de désinformation, c'est parce que nous ne voyons qu'une partie du tableau. Ajoutons à cela que ce tableau est multidimensionnel et nous comprenons mieux alors pourquoi les lignes telluriques n'ont été définies que récemment au Congrès de la lumière d'été de Sedona, où Kryeon a livré l'information suivante :

Les lignes telluriques sont des lignes d'énergie fondées sur l'action humaine consciente. Elles sont nombreuses dans l'hémisphère Nord car 85 % de la population y a vécu. Ces lignes se reforment quand il existe de la compassion à cet endroit, quand il y a du cœur (de l'énergie). Il y a des portails où il y a eu de la compassion. Les portails sont reliés les uns aux autres par des lignes telluriques, d'après un schème non symétrique. Ces lignes sont toujours en mouvement, particulièrement aujourd'hui alors que l'énergie de la planète se transforme. La kundalini de la Terre se déplace. Le centre de sagesse se relocalise. Ne soyez pas étonnés si vous ne percevez plus aucune énergie dans les lieux anciens et si vous en êtes submergés en des endroits où vous n'en perceviez pas auparavant. Gaia se rééquilibre en réaction à votre passage de la guerre à la compassion. Les grilles se réorientent donc vers l'amour/compassion et les lignes telluriques font de même.

(Canalisation de Kryeon intitulée « Gaia et Kryeon », donnée à Sedona, en Arizona, lors du Congrès estival de la lumière de Kryeon, le 9 juin 2012.)

Voilà donc une claire définition des lignes telluriques. Ce sont des lignes énergétiques fondées sur l'action humaine consciente. Elles réagissent aux actes des humains et c'est pourquoi elles ne sont pas symétriques ni en ligne droite. On ne peut donc pas les inscrire et les identifier sur une carte géographique car elles ne sont pas nécessairement toujours au même endroit.

Au cours de sa tournée de la kundalini en 2012, Kryeon nous a livré une nouvelle information sur les lignes telluriques de Gaia. Ces messages graves et profonds nous ont permis de mieux voir l'ensemble du tableau. Il en a d'abord parlé lorsque le groupe fut installé dans la vallée de la Lune, à San Pedro d'Atacama, au Chili. L'amour de Gaia que nous ressentions dans ce lieu fut enrichi par le magnifique coucher de soleil qui a suivi la canalisation. Vous trouverez sur mon site internet www.monikamuranyi.com quelques-unes des photos que j'ai prises au cours de cette tournée (sourire). Voici ce que Kryeon nous a alors dit :

Nous commencerons par expliquer comment l'énergie de Gaia se répartit sur la surface de la planète. Certains membres de l'assemblée réunie ici avec mon partenaire ont déjà visité plusieurs lieux sacrés. Peut-être ont-ils ressenti l'énergie dans chacun de ces endroits et sont-ils d'avis qu'elle diffère d'un lieu à l'autre. Ils ont raison. L'énergie n'est pas la même partout. C'est un sujet complexe, lié à la grille cristalline.

En résumé, la grille cristalline est ésotérique. Elle a été installée sur la planète par les Pléiadiens et elle permet une communication parfaite de la conscience humaine avec la Terre, c'est-à-dire Gaia. Cette grille se souvient de tout ce que font les humains sur cette planète. Elle est responsable de ce que vous ressentez dans un ancien champ de bataille ou à l'endroit où les 33 héros sont sortis du sol (les mineurs rescapés dans le nord du Chili en 2010).

Parlons donc de la grille cristalline et de Gaia. Mon partenaire se trouve présentement dans un lieu « nul » (la vallée de la Lune, à San Pedro d'Atacama, au Chili). Je vais vous expliquer certaines choses. La grille cristalline est entourée d'un champ. Ce n'est pas le champ magnétique, mais plutôt un champ multidimensionnel en interaction avec celui de la conscience humaine. Voilà pourquoi vous ne ressentez pas la même énergie en divers endroits de la planète. Laissez-moi vous parler des champs. La nature crée en effet des lignes droites et elle le fait par la cristallisation, dans la troisième dimension. Cependant, les champs multidimensionnels ne sont pas des lignes droites. Ce que je vais vous révéler ici va à l'encontre des traditions du passé.

Les humains aiment parler de lignes telluriques. Ces lignes existent réellement, mais l'Esprit les nomme autrement. Selon votre perception tridimensionnelle, vous tracez des lignes droites entre des objets que vous croyez importants spirituellement. Ces lignes humaines sont du genre de celles qu'ont tracées les architectes entre les pyramides, les églises, les lieux sacrés. Des lignes droites suivant les ombres parfois créées par le soleil. Ce ne sont pas des lignes telluriques. Elles ont été tracées par des humains. Je peux vous assurer que ce ne sont pas des lignes telluriques car elles sont droites !

Ce que j'ajouterai maintenant est complexe. Certains parmi vous ont déjà vu des représentations des lignes magnétiques entourant un aimant. Vous avez remarqué qu'elles sont courbes du nord au sud de l'aimant. Des lignes courbes. Si vous étiez microscopiques et que vous vous trouviez sur un aimant, ces lignes vous sembleraient droites même si vous saviez qu'elles ne le sont pas. Si vous ne pouviez en voir qu'une et demie, vous ne seriez pas conscients de la symétrie du champ. Voilà un exemple de lignes droites qui ne le sont pas. Ce n'est pas tout.

Parlons du champ cristallin. Il semble parfois droit, même s'il ne l'est pas. Ses lignes sont complexes. Contrairement à celles d'un champ magnétique, elles ne vont pas d'un pôle à l'autre. Elles circulent entre des « nœuds », qui sont des enregistrements de la conscience humaine se chevauchant. Pour ajouter à cette complexité, Gaia possède aussi son champ séparé de la grille cristalline. Quand celle-ci chevauche celle de Gaia, des « nœuds » se forment. Il s'agit d'une accumulation d'énergie. Dans certains cas, les énergies s'annulent, ce qui crée un point nul où il n'y a absolument aucune énergie provenant de la grille cristalline, mais uniquement l'énergie pure de Gaia.

Je vous pose de nouveau la question : « Que ressentez-vous dans un lieu nul? » Réponse : « L'absence de la grille cristalline. » L'énergie vous vient directement de Gaia. Vous percevez directement l'amour pur de la planète puisqu'il n'existe aucune interférence de la part de la grille cristalline. Vous vous trouvez à présent dans un lieu nul [le groupe rassemblé devant Kryeon]. Il y en a plusieurs sur la planète et vous y percevrez la même énergie qu'ici.

Voici maintenant la partie la plus complexe. Parlons des nœuds. Il y en a trois sortes. Par exemple, le Machu Picchu. Ce mont est un nœud qui chevauche et amplifie celui de la Pachamama, ainsi que la sagesse du Sud et l'énergie divine féminine. C'est une énergie intense que certains considèrent comme un ***portail****. Un portail est une sorte de nœud. Un* ***vortex*** *également. Les vortex sont créés par la rencontre de deux énergies. L'énergie y circule constamment. Certains la trouvent agréable pendant un certain temps, mais il est difficile de vivre dans un vrai vortex. La troisième sorte de nœud est le* ***vortal****, à mi-chemin entre le portail et le vortex.*

Qu'est-ce qui crée ces nœuds? La grille cristalline. Qu'est-ce qui crée la grille cristalline? La conscience humaine. J'ai fait un peu plus tôt une affirmation que je répète : il est très difficile de reproduire la grille cristalline sur une carte géographique. Quand je vous dis qu'elle ne comporte aucune symétrie, cela signifie qu'il n'existe pas de schème général comme vous en voyez sur une surface bidimensionnelle. Vous recherchez partout la symétrie, mais vous n'en trouverez pas ici. Ajoutons à cela que les lignes de la grille se trouvent sous terre autant qu'à la surface. C'est donc encore plus complexe que vous ne le pensiez. Ces explications sont-elles trop techniques pour vous? Pourquoi vous dire tout cela?

Cela fait partie des connaissances que nous désirons vous offrir à l'heure actuelle car vous en avez besoin. Les humains aiment aller dans certains lieux pour en ressentir l'énergie, puis ils tentent d'en expliquer la provenance. Il est temps de faire cesser ces élucubrations, chères vieilles âmes, et de comprendre le processus et le mécanisme de l'énergie réelle de la planète, ainsi que sa complexité.

Le soleil vient de se coucher. C'est comme un clin d'œil de Gaia. Je vous livrerai maintenant un message provenant directement de Gaia, de ce lieu où vous vous trouvez en ce moment, car c'est un lieu nul : la Terre y célèbre l'humain! Une connexion directe entre la compassion des humains et celle de la planète existe. C'est dans de tels lieux que vous pouvez percevoir directement l'énergie de Gaia sans la moindre interférence. Lorsque vous la percevrez ailleurs qu'ici, arrêtez-vous un instant pour nous donner de l'amour car la planète en bénéficiera et elle pourra ainsi faire davantage pour vous et pour tous ceux qui vous suivront.

Ça suffit pour aujourd'hui. Et il en est ainsi.

(Canalisation de Kryeon intitulée «Les lignes telluriques de Gaia, première partie», donnée dans la vallée de la Lune, près de San Pedro d'Atacama, au Chili, le 26 octobre 2012.)

Kryeon a poursuivi sur le même thème à l'île du Soleil, sur le lac Titicaca, en Bolivie. Ce fut un véritable test d'endurance pour nous tous que de monter jusqu'au sommet de la montagne, à 4 000 mètres au-dessus du niveau de la mer. Si vous êtes déjà allés à une telle altitude (et si vous préférez comme moi demeurer au niveau de la mer), vous savez que l'on y a de la difficulté à respirer, sans compter l'effort nécessaire pour se rendre au sommet! Notre récompense fut de nous asseoir et de ressentir l'amour de Gaia et de nos ancêtres. À la fin de la canalisation, nous avons regardé, de l'autre côté du lac, les montagnes coiffées de neige et nous avons remarqué qu'en un certain endroit la neige avait fondu en dessinant la forme d'un gigantesque cœur d'amour. Croyant qu'il s'agissait là d'un phénomène naturel, nous avons demandé aux habitants à quelle fréquence il se produisait et ils nous ont répondu qu'ils n'avaient jamais vu cela auparavant. Simple coïncidence? Ou était-ce un clin d'œil de Gaia et de l'Esprit? À vous de décider. Entre-temps, voici le reste de l'histoire en ce qui concerne les lignes telluriques.

Nous avons beaucoup à vous dire, mais, pour être succincts, nous poursuivrons la conversation que nous avons amorcée la dernière fois que nous nous sommes trouvés dans la nature. Nous étions alors dans un point nul de la grille cristalline et nous avons parlé des lignes telluriques, des nœuds et des lieux nuls.

Cette leçon visait à expliquer le fonctionnement de la grille cristalline et le pourquoi de vos perceptions particulières à tel ou tel endroit, ainsi que la raison pour laquelle certains lieux vous paraissent plus sacrés que d'autres.

Parlons donc des nœuds encore une fois. Ce sont des énergies ésotériques superposées qui forment la grille cristalline. Elles se chevauchent en raison de la symétrie quantique des nœuds répartis sur la planète. Chaque nœud possède sa propre symétrie, qui n'est pas nécessairement linéaire. Certains sont plus puissants que d'autres. Quand la grille cristalline se recoupe d'une certaine manière, les nœuds sont à peine perceptibles. Toutefois, si le chevauchement est profond, vous les percevrez intensément, comme nous l'avons décrit précédemment.

Un système de comptabilité énergétique existe sur la planète. Je vous en parle afin de vous expliquer ce que vous [le groupe rassemblé devant Kryeon à l'île du Soleil, sur le lac Titicaca] ressentez ici. Parlons de la complexité des nœuds, mais faisons d'abord un résumé. La grille cristalline de la planète est une grille ésotérique qui se souvient de la conscience humaine et de tout ce qui s'est produit. Chaque être humain qui a vécu en fait partie, ce qui explique pourquoi vous percevez une énergie négative sur les anciens champs de bataille ou une énergie agréable en d'autres lieux. Tout cela est causé par la grille cristalline, qui peut s'apparenter à une capsule temporelle quantique reflétant la conscience et l'action humaines.

Dernièrement, nous avons commencé à expliquer ce processus en disant qu'il s'agissait jusqu'ici d'un processus linéaire. Si un événement négatif est survenu à un certain endroit, il a le même poids qu'un événement positif. Nous vous avons aussi demandé de vous rendre compte que votre histoire comportait plus d'événements négatifs que d'événements positifs. Par conséquent, la conscience de la planète elle-même est plus basse que vous ne le pensiez. Nous avons ensuite ajouté que tout cela était en train de changer. Kryeon vous déclare depuis vingt-trois ans que la planète subit un changement profond. Vous approchiez de la précession des équinoxes annoncée dans les prophéties des Anciens, qui ont prédit un rééquilibrage de la Terre quant au masculin et au féminin, un nouvel équilibre qui serait complété en 2012. Tout processus énergétique et ésotérique serait alors rééquilibré.

Revenons à la grille cristalline. Nous n'avons cessé de vous dire que la grille elle-même se rééquilibrerait et qu'elle ne serait plus linéaire, c'est-à-dire que les événements de compassion comporteraient beaucoup plus d'énergie que les événements négatifs. Nous vous avons aussi affirmé que Gaia réagirait et que la conscience humaine se modifierait au cours des générations, que les humains changeraient de mentalité. La raison spirituelle deviendrait évidente. Nous précisions que la sagesse qui se rééquilibrait était celle des indigènes car eux savaient communiquer avec Gaia. Ils connaissaient la relation existant entre le créateur, qui comprenait toute vie terrestre, et la Terre, qui est Gaia. Si vous pouviez communiquer ainsi, vous feriez prendre une autre direction à la Terre.

Revenons de nouveau à la grille cristalline. Que se passe-t-il dans le cas d'un chevauchement complexe de nœuds ? L'énergie émanant du sol peut parfois s'avérer déroutante. Les vortex en sont un exemple. Un vortex est une collision d'énergies qui peuvent être agréables, mais qui sont toujours instables, de sorte qu'elles peuvent devenir désagréables après un certain temps. Parfois, des énergies qui se chevauchent créent un nœud entraînant un effet agréable constant. On pourrait l'appeler « un point de pouvoir ». Certains le qualifient de portail. Est-ce cela qui existe ici [l'île du Soleil] ? Non. Il y a ici autre chose.

Laissez-moi vous décrire un chevauchement déroutant d'intersections de la grille cristalline. Sur la planète existe un lieu très troublant qui affecte même les fonctions de la grille magnétique. Il s'agit du Triangle des Bermudes. Ses caractéristiques sont dues à des nœuds de la grille cristalline. Remontez avec moi très loin en arrière (mentalement). Cela est difficile à expliquer, mais si vous comprenez qu'il existe un plan du créateur, cela aura un sens pour vous. Quand le créateur a créé la Terre, il était prévu que des êtres vivant ailleurs dans la galaxie effectueraient un ensemencement spirituel pour amorcer l'évolution spirituelle des humains. Dans ce cas particulier [celui de la planète Terre], ces êtres seraient les Pléiadiens. Ils sèmeraient potentiellement les graines du créateur, c'est-à-dire « la connaissance de l'obscurité et de la lumière ». Nous vous avons même dit que ces êtres étaient venus auparavant pour établir la grille cristalline. C'est au même moment que fut créée la Caverne de la Création pour loger les Archives akashiques de l'humanité.

Ce qui suit est très difficile à saisir. Il y a sur la planète des nœuds apparentés aux pôles magnétiques et où la sagesse est plus grande ou moins grande qu'ailleurs. Ce que les humains y ont fait détermine la conscience humaine future. Pour des raisons évidentes, la plus grande partie de l'humanité s'est établie dans l'hémisphère Nord car les terres y prédominent. Le nœud de sagesse qui fut nécessaire et accepté se trouvait au Tibet et en Inde. L'Esprit ne connaît pas de frontières, mais je nomme des pays pour que vous sachiez où étaient localisés ces nœuds puissants.

Examinez la sagesse régnant dans ces régions et vous verrez que ces dernières ont longtemps servi l'hémisphère Nord. Plusieurs prophéties ont annoncé des recommencements successifs de la conscience humaine jusqu'à aujourd'hui. Vous participez en ce moment à une tournée dite « de la kundalini » et c'est une métaphore de ce qui se passe à l'heure actuelle sur la planète. La sagesse de l'hémisphère Nord cède la place à celle de l'hémisphère Sud, et le nœud sur lequel vous vous trouvez et que vous appelez la Bolivie et le Pérou renferme la sagesse dont la planète a désormais besoin.

La métaphore de l'Aigle et du Condor exprime l'unification de ce transfert et de l'acceptation de ce protocole. La prophétie veut qu'un nouveau nœud apparaisse sur la planète en 2012 et que la sagesse qui a toujours existé ici remplace celle de l'autre nœud, celui de l'Inde et du Tibet. Toutefois, ce processus est lent et l'humanité met du temps à le percevoir. De petits groupes de gens le voient déjà. Les tribus indigènes ne disent plus que « ça s'en vient », mais plutôt que « c'est déjà là ».

D'autres visiteurs viendront, qui ne sauront pas pourquoi ils sont là, mais ils le ressentiront profondément. Le rééquilibrage du nord au sud n'est qu'une partie du changement. La sagesse ou la connaissance a toujours été ici et il ne s'agit donc que d'une nouvelle attribution de l'importance des nœuds. Les Incas [les adeptes du roi Inca] ont vécu ici et vous reconnaissez qu'ils sont les ancêtres de ce territoire, mais vous ne savez pas vraiment qui les y a précédés. C'est là qu'a vraiment débuté l'énergie de la connaissance. Vous finirez par le découvrir, mais si vous jetez un coup d'œil à votre histoire, vous constaterez que tout fut interrompu par la conquête de l'hémisphère Sud par l'hémisphère Nord et que le territoire où vous êtes en ce moment était en sommeil depuis. Il a fallu tout ce temps pour qu'il s'éveille à la prophétie.

Même le calendrier maya évoquait la possibilité de l'accroissement de la conscience humaine qui a lieu en ce moment. Il s'agit d'une prédiction nord-américaine concernant un événement sud-américain. Le Puma qui dormait depuis longtemps s'éveille enfin. La sagesse s'éveille lentement et doucement. Vous la ressentirez.

(Canalisation de Kryeon intitulée « Les lignes telluriques de Gaia, deuxième partie », donnée dans l'île du Soleil, sur le lac Titicaca, en Bolivie, le 29 octobre 2012.)

En résumé, les lignes telluriques se modifient en fonction de la conscience humaine. Ces lignes sont complexes et elles vont d'un nœud à un autre. Les nœuds chevauchent la conscience humaine. Gaia possède un champ distinct de la grille cristalline et, quand celle-ci le chevauche en certains points, il se produit une accumulation d'énergie qui crée des nœuds, ou bien les deux énergies s'annulent et le lieu est alors nul. Un lieu nul est donc un endroit d'où la grille cristalline est absente et où n'existe que l'énergie pure de Gaia.

Il existe trois sortes de nœuds : les portails, les vortex et les vortals. Un portail est un nœud qui chevauche et amplifie Gaia. Un vortex est la collision de deux énergies qui sont en mouvement constant. Ce lieu peut s'avérer agréable pendant un certain temps, mais il est difficile d'y vivre. Un vortal est moitié portail et moitié vortex. Ces lignes ne possèdent aucune symétrie et elles existent autant sous terre qu'à la surface du sol, de sorte que ce réseau est plus complexe que nous ne pouvons l'imaginer. Toutes ces lignes sont créées par la grille cristalline, laquelle naît de la conscience humaine.

En outre, certains nœuds contiennent une plus grande connaissance tandis que d'autres en comportent moins, selon ce que les humains y ont fait et qui a ensuite façonné la conscience humaine. La plus grande partie de l'humanité réside dans l'hémisphère Nord, où la sagesse qui fut acceptée provenait du nœud se trouvant au Tibet et en Inde. L'actuel changement ayant lieu dans la conscience humaine [le déplacement de la kundalini de la Terre] crée un nouveau nœud en Bolivie et au Pérou, où la sagesse qui y a toujours existé commence à remplacer celle du nœud tibétain et indien. La métaphore de l'Aigle et du Condor est l'unification du transfert et de l'acceptation de ce protocole (voir le chapitre six : La kundalini de la Terre).

Q. : Pourriez-vous nous en dire plus au sujet des endroits de la planète où des nœuds se chevauchent, comme le Triangle des Bermudes, et nous parler davantage des autres points nuls ?

Vous avez mentionné précédemment que les portails étaient des lieux où il y avait eu beaucoup de compassion, et que certains endroits de la planète perdaient leur rôle de portails, comme Stonehenge, tandis que d'autres acquéraient davantage de pouvoir, comme Glastonbury (les deux en Angleterre). Pourriez-vous nous en dire plus à ce sujet ?

Kryeon. : Parfois, la synchronie crée une situation où la réponse à une question permet de répondre à une autre. Dans ce cas-ci, je fais allusion à la question portant sur le renversement des polarités de la planète.

Puisque le magnétisme terrestre change sans cesse, la grille magnétique change aussi. Quand je suis arrivé ici en 1989, je vous ai dit que la grille magnétique se déplacerait plus au cours des dix années suivantes qu'au cours des cent années précédentes. C'est en effet ce qui s'est produit. Cela indique que les grilles sont en mouvement et qu'un nouveau renversement des polarités est commencé.

Il en résulte que toutes les grilles planétaires, y compris la grille magnétique, se rééquilibrent aussi. Les nœuds, les lieux nuls, les portails et les vortex sont le résultat du chevauchement des énergies des grilles. Cela signifie qu'à mesure que la Terre change et que la compassion augmente, les lieux nuls et les portails vont aussi changer de place.

Des lieux apparemment sacrés qui ont possédé une certaine énergie pendant des décennies vous sembleront soudain étrangement dépourvus de cette énergie tandis que des lieux qui n'en dégageaient pas auparavant en comporteront énormément, et vous la sentirez. Ce ne sont donc pas uniquement les lieux connus qui changeront, mais d'autres endroits que vous ne connaissez pas.

Un résumé des grilles

L'énergie des humains existe simultanément en trois endroits :

La Caverne de la Création. Celle-ci renferme un enregistrement de nos existences successives et imprime toutes nos expériences dans la vibration de la planète, où elles subsistent même après notre départ. Elle constitue le système multidimensionnel qui capte l'expérience humaine pour Gaia. Elle forme donc les Archives akashiques de l'humanité.

L'ADN du corps humain nous aide au cours de chacune de nos existences car tout ce que nous avons été est de l'information et de l'énergie stockées dans la double hélice. Si nous avons vécu mille vies, elles y sont toutes accessibles. Nous n'avons jamais à réapprendre quoi que ce soit sur le plan spirituel car les leçons sont cumulatives. Elles demeurent en nous d'une vie à l'autre. Nous sommes nos propres ancêtres.

La grille cristalline : une grille spirituelle qui recouvre la surface de la planète et se souvient de tout ce que font les humains et pourquoi. L'énergie de l'humanité affecte le niveau vibratoire de la planète en temps réel. Cela signifie qu'au lieu de recevoir l'énergie après être passés par la Caverne de la Création, nous pouvons la recevoir dès maintenant. C'est pourquoi nous avons l'impression que le temps passe plus vite. Enfin, la grille cristalline s'aligne présentement sur la compassion. Il s'agit d'un alignement sur l'énergie mère. Le facteur mémoire de la grille cristalline change donc. Cette dernière retiendra moins la haine et plus l'amour et la compassion.

La grille magnétique est liée à la communication. Elle a permis aux Pléiadiens de venir sur la Terre et d'ensemencer les êtres humains de lumière. C'est elle également qui permet ce phénomène d'intrication entre la planète Terre et le centre de la galaxie.

Les baleines et les dauphins sont les éléments vivants du système de grilles. Ils portent en eux « l'histoire de la Terre », et c'est pourquoi ils sont sacrés. Ils se coordonnent avec la grille cristalline et coopèrent avec elle. Ils savent qui nous sommes. Quand nous passons du temps en leur compagnie, nous « sentons » cette connexion.

Les lignes telluriques sont fondées sur l'action humaine consciente. Elles réagissent à nos actes. Ces lignes sont complexes et elles vont d'un nœud à un autre. Les nœuds résultent d'un chevauchement de la grille cristalline et de Gaia. Il y a trois sortes de nœuds : les portails, les vortex et les vortals. Dans certains cas, le chevauchement annule les énergies et il en résulte un lieu nul, c'est-à-dire un endroit d'où la grille cristalline est absente et où nous ne percevons que l'énergie pure de Gaia.

Q. : Y a-t-il autre chose que nous devrions savoir au sujet des grilles ?

Kryeon. : Les grilles accompliront beaucoup d'autres fonctions à mesure que la planète évoluera car ce sont de grandes capsules temporelles d'informations, d'idées, d'inventions et de savoirs anciens. Le véritable but du système de grilles est d'aider l'humanité à se préparer, de faciliter le positionnement de la vie sur la Terre et même de gouverner l'évolution. Ne sous-estimez jamais leur pouvoir. Considérez-les comme des capsules temporelles libérant de l'énergie et de l'information dont l'humanité a besoin.

CHAPITRE QUATRE

La kundalini de la Terre

Avant d'entreprendre la rédaction de ce livre, j'ai déménagé à Santiago, au Chili, en février 2012. Je me sentais attirée par cette région parce que je savais que l'énergie de la kundalini s'y déployait. C'était l'une des raisons pour lesquelles je désirais vivre au Chili. Au bout de six mois, je me suis réveillée un matin avec la certitude que je devais écrire un livre qui rassemblerait tous les messages canalisés de Kryeon portant sur la relation entre Gaia et l'humanité. Il s'agissait pour moi de combler une lacune évidente. Je voyais la nécessité d'au moins une publication qui fournirait toute l'information ésotérique disponible sur le système de Gaia. Pendant plus de deux ans, j'avais cherché des articles et des sites Internet traitant des grilles énergétiques terrestres et de tous les autres sujets mentionnés par Kryeon dans ses messages livrés par Lee Carroll, mais je n'avais rien trouvé. C'est pourquoi j'ai décidé d'écrire ce livre!

Je me faisais une idée un peu trop romantique de ce que serait ma vie dans ce lieu vers lequel se dirigeait l'énergie de la kundalini. Je croyais que je pourrais y entrer en contact avec mon Soi supérieur beaucoup plus facilement qu'ailleurs et que je serais constamment dans un état d'illumination. Hum! Je devine ce que vous pensez... J'étais plutôt naïve, n'est-ce pas? En fait, il y a eu des moments où tout était exactement le contraire de ce à quoi je m'attendais.

Selon Kryeon, l'énergie de la kundalini est sans cesse en mouvement et les gens qui vivent au même endroit ne tiennent pas en place. J'ai pu le vérifier personnellement. À Santiago, j'avais de la difficulté à dormir. J'étais toujours impatiente et j'avais envie d'exploser tous les soirs ! Je me détendais temporairement en promenant mon chien dans le parc, mais ce n'était qu'un court répit. Quand je m'éloignais de Santiago, je me sentais plus calme et plus normale. J'en ai parlé à d'autres travailleurs de lumière, qui m'ont dit avoir eu des expériences similaires. Ce n'est que depuis le début de 2013 que j'ai retrouvé le calme et la tranquillité. On dirait que la kundalini achève son déplacement et que son mouvement est maintenant plus doux.

En octobre et novembre 2012, j'ai participé à la tournée de la kundalini de Kryeon avec Lee Carroll. Mes connaissances s'y sont accrues considérablement car j'ai reçu beaucoup d'informations que j'ai d'ailleurs incluses dans ce livre. Je crois que tous les participants y ont vécu une profonde transformation personnelle et je me rends compte aujourd'hui que mon séjour au Chili faisait partie de mon cheminement. J'ai reconnu la conscience de Gaia et l'infinie connexion entre toutes les consciences. Ce séjour m'a permis d'écrire ce livre sur le savoir ésotérique lié à Gaia. J'ai cessé de rechercher un ouvrage inexistant et j'en ai créé un qui, à mon avis, vous était nécessaire, chers lecteurs, pour accéder à ces importantes informations sur le lien existant entre Gaia et l'humanité.

Qu'est-ce que l'énergie de la kundalini ? Se rapporte-t-elle à quelque chose qui se produit à l'intérieur de la planète Terre ? Le mot « kundalini » provient du sanscrit et signifie « enroulé » comme un serpent. La kundalini représente la réunion énergétique du masculin et du féminin en vue de créer la perfection. Elle est donc associée à la procréation. Non reconnue par la science médicale, cette énergie est décrite longuement dans les livres sur le yoga et le tantra, tant bouddhistes qu'hindous. Vous avez sans doute déjà vu le caducée, utilisé comme emblème de la médecine depuis des siècles : une courte baguette surmontée de deux ailes à son sommet et autour de laquelle sont enroulés deux serpents. Comble de l'ironie, le caducée représente la kundalini s'élevant le long de la colonne vertébrale, ou Sushuma Nadi, le principal canal énergétique du corps humain et du système de chakras. Tout au long de l'histoire, plusieurs civilisations ont utilisé le caducée sous diverses formes comme symbole de guérison.

Le caducée

Dans le corps humain, la kundalini est une énergie dormante située à la base de la colonne vertébrale et enroulée trois fois et demie autour du lingam. Le mot «lingam» signifie «pilier de lumière»; il s'agit de la pure énergie de la force vitale. Les méthodes les plus fréquemment employées pour éveiller l'énergie de la kundalini sont le yoga, la méditation, le reiki et le Qi Gong. Réveillée, la kundalini s'élève le long de la colonne et traverse les chakras jusqu'à atteindre le sommet du crâne.

La kundalini réside également dans la planète. Pour les indigènes, il s'agit du mouvement du Serpent à plumes, un mouvement à la fois symbolique et physique. Selon plusieurs anciennes civilisations, un changement magnifique finira par se produire sur la planète, un changement de conscience qui fera se déplacer le Serpent à plumes vers le sud. Dans son tome VI, *Franchir le seuil du millénaire*, Kryeon a présenté des informations fournies par Woody Vaspra sur le voyage du Serpent à plumes. Je trouve ces révélations tellement convaincantes que je les reproduis ici.

Il y a plus de vingt ans, Gerardo Barrios, un Ancien du peuple maya, a entrepris une recherche pour comprendre les calendriers mayas sacrés et les valider. Il a visité plusieurs villages isolés d'Amérique centrale pour y rencontrer les Anciens les plus traditionnels afin de savoir s'ils se servaient tous des mêmes calendriers. Hormis quelques variantes dans les noms ou de légères différences linguistiques, la plupart correspondaient. Dans le cadre de cette recherche, en 1988, il s'est rendu, en compagnie de neuf autres Mayas, dans un village très isolé dont les habitants ont consacré leur vie à préserver le feu du temple pendant plus d'un millénaire. Ils maintiennent ce feu vingt-quatre heures par jour comme une prière pour la paix terrestre. Après avoir marché dans la forêt pendant cinq jours, Gerardo et son équipe sont enfin arrivés à ce village, dont les Anciens avaient eu des visions leur annonçant la venue de ce groupe. Les dix visiteurs ont reçu des oracles et seulement cinq d'entre eux ont eu la permission d'entrer dans le temple sacré, dont Gerardo.

À l'intérieur du temple, l'un des Anciens a pris Gerardo à part pour lui raconter l'histoire du serpent à plumes Kulkulkan, une énergie sacrée apparentée au serpent et se déplaçant dans la terre. Il a fallu à Gerardo deux autres visites au village pour entendre toute l'histoire. Les Anciens lui ont expliqué que cette énergie s'éveillait périodiquement et ils lui ont montré, sur une carte géographique qu'il avait apportée, où et quand elle était apparue. Plus tard, en recherchant cette énergie au cours de l'histoire, il a trouvé sur son chemin des événements comme le grand éveil spirituel du Tibet au cours des années 1950, le mouvement de protestation contre la guerre du Viêtnam dans les années 1960, ainsi que des leaders comme Martin Luther King.

Les Anciens lui ont affirmé que ce serpent à plumes traverserait les Amériques par la colonne vertébrale de la Terre-Mère jusqu'au lac Titicaca, dans les Andes, où il arriverait en 2012. Sur une carte géographique, on peut voir que les chaînes de montagnes s'étendent en une ligne continue depuis l'Alaska, dans l'hémisphère Nord, jusqu'au Chili, en Amérique du Sud, formant la colonne vertébrale de la Terre-Mère.

Il faut en comprendre le pourquoi et la signification. L'hémisphère Nord de la planète a maintenu l'énergie masculine tandis que l'hémisphère Sud est surtout porteur d'une énergie féminine. C'est la polarité de la planète. On pourrait dire également que c'est là sa dualité. Comme les êtres humains vivent un changement à l'heure actuelle, toutes les grilles planétaires en subissent un aussi, ce qui provoque en retour le mouvement de la kundalini.

En examinant l'histoire de l'humanité, on constate que toutes les grandes guerres ont eu lieu dans l'hémisphère Nord, ce qui a créé un énorme déséquilibre entre les deux hémisphères. La plupart des guerres qui ont eu lieu dans l'hémisphère Sud ont été causées par celles du Nord.

Le rééquilibrage de la planète est celui de la conscience masculine et de la conscience féminine. C'est l'humanité entière qui se rééquilibre et la kundalini doit donc changer de place. Elle se trouvait depuis très longtemps dans l'hémisphère Nord : en Inde et au Tibet, réputés pour constituer le centre de la sagesse spirituelle. Elle contribuait ainsi à équilibrer la lourde énergie masculine, mais elle était également lourde et masculine. On ne voit pas vraiment de femmes leaders parmi les rangs des moines ni des autres ordres de ces régions. L'hémisphère Sud représente l'énergie féminine de la planète. La kundalini se reloge en Amérique du Sud en réaction au changement que subit l'humanité.

Il faut comprendre que le déplacement de la kundalini n'a rien à voir avec une relocalisation de la sagesse.

Si l'on étudie l'histoire des Anciens d'Amérique du Sud, on y trouve la sagesse féminine. Selon Kryeon, le mont Machu Picchu était la capitale de la sagesse divine féminine sur la planète. Pour clarifier davantage tout cela, précisons que le mouvement de la kundalini n'est pas un déplacement de la sagesse tibétaine vers le Pérou. Ce pays a toujours possédé la sagesse.

La kundalini est le chakra du cœur de la Terre et elle cherche maintenant un centre de sagesse mieux équilibré. Elle se reloge dans un lieu portant la sagesse de l'énergie féminine divine. La Terre est prête à glaner cette sagesse et à ouvrir les portails de la région, ce qui suscitera le changement de conscience planétaire prophétisé par les Anciens.

Si vous êtes déjà allés au Machu Picchu, vous y avez sûrement ressenti une très douce énergie qui nous donne l'impression d'être en sécurité dans l'utérus de notre mère. Selon Kryeon, il est temps que la sagesse qui a toujours été présente à cet endroit soit placée sur la grille cristalline et partagée par tous. La capitale de la sagesse divine féminine possède des secrets qui ne seront peut-être jamais révélés. Ceux des Sept Sœurs nous sont toujours inconnus. Il se produit là un éveil dont certains shamans de la région sont conscients.

Au cours d'une canalisation donnée à Lima, Kryeon a invité les Péruviens à célébrer cet événement attendu par les vieilles âmes. La vieille énergie ne veut pas l'accepter et résiste donc. Venue de l'hémisphère Nord il y a longtemps, elle est déséquilibrée. Elle n'honore ni la terre, ni l'air, ni l'eau.

(Canalisation de Kryeon intitulée « Le réajustement de la sagesse », donnée à Lima, au Pérou, le 27 novembre 2011.)

Durant la croisière de Kryeon en Patagonie, au début de 2012, une information ésotérique (spirituelle) sur la kundalini nous a été livrée.

La kundalini est lovée au bas de la colonne vertébrale du corps. Elle se déroule uniquement lorsque le masculin et le féminin sont équilibrés. Elle enveloppe trois énergies du corps trois fois et demie, puis elle entoure le lingam. Ces trois enveloppements représentent les parties de l'énergie qui peuvent facilement se dérouler, mais le dernier demi-enveloppement représente la partie la plus difficile, qui est la divine illumination de l'équilibre. Quand la kundalini se déroule et qu'elle demeure dans cet état, l'être humain est équilibré, sinon illuminé. C'est ce qui arrive en ce moment à la planète.

Le processus du déroulement est déjà commencé. Le grand séisme chilien de 2010 fut la réaction physique de la planète à ce déroulement de la kundalini. Le processus se poursuit, de sorte que la Terre va trembler davantage en Amérique du Sud et peut-être à des endroits où il n'y a jamais eu de séisme.

Kryeon a identifié les étapes du mouvement de la kundalini.

Le cycle planétaire de 26 000 ans de la précession des équinoxes est connu en astronomie sous le nom d'Alignement galactique. On lui a donné ce nom parce que le point de départ et le point d'arrivée de l'oscillation de l'axe terrestre sont alignés avec le Soleil sur le centre de la galaxie. Cet alignement ne survient qu'une fois tous les 26 000 ans.

Il faudra 36 ans aux équinoxes pour traverser le plan équatorial de votre galaxie [la Voie lactée] et atteindre la fin du cycle avant d'en amorcer un nouveau. Le stade final a débuté il y a environ dix-huit ans et l'année 2012 en constitue le centre, c'est-à-dire le début de la seconde moitié. Il reste donc 18 ans à cet événement énergétique.

Cette fenêtre temporelle de 36 ans représente le déroulement potentiel de la kundalini. Ne trouvez-vous pas intéressant qu'elle s'enroule autour du lingam trois fois et demie ? Chacune des trois fois représente une décennie dans ce code métaphorique. Trois décennies et demie, c'est 35 ans, ce qui correspond de très près à l'événement astronomique de 36 ans que vous vivez à l'heure actuelle. La prophétie de la kundalini a toujours symbolisé la promesse de la Terre, qui a débuté il y a dix-huit ans et qui a maintenant atteint son centre [2012]. C'est à ce moment que devrait avoir lieu la cérémonie : au milieu des 36 ans, le point central du déroulement.

Tout cela peut sembler un peu confus et je vais donc simplifier. Même les Anciens, qui observaient les étoiles, connaissaient cet alignement. Il correspondait pour eux aux potentialités d'un changement de conscience puisqu'il représentait aussi un point décisif ou une fractale temporelle dans le schème des potentialités au cœur des anciennes prophéties astronomiques depuis toujours. Il s'agit donc d'un événement attendu et non inopiné, qui porte en lui un changement profond. Nous en sommes tous témoins depuis plus de vingt ans, alors que je commençais à vous livrer mes messages. L'humanité dispose de cette occasion à chaque demi-cycle de 26 000 ans. Le dernier a eu lieu il y a 13 000 ans, mais les humains n'étaient pas prêts. Maintenant, ils le sont.

Chers humains, vous êtes assis dans un endroit très spécial [le groupe est réuni devant Kryeon]. Vous êtes les premiers humains à célébrer ce mouvement au fond de l'Amérique du Sud, où les changements sont vraiment entamés. Bien sûr, d'autres groupes sont déjà venus ici pour célébrer la proximité de l'événement, mais votre groupe est le premier à en célébrer ici l'avènement en 2012, au sud du continent donnant sur l'océan.

(Canalisation de Kryeon intitulée « Le mouvement de la kundalini », donnée durant la croisière de Kryeon en Patagonie, le 28 janvier 2012.)

Pour conclure, rappelons que le déroulement de la kundalini est commencé. Il s'agit d'un très lent processus, qui n'est pas plus linéaire que ne l'est la conscience humaine et qui est censé s'achever dix-huit ans après 2012.

J'ai mentionné plus haut avoir participé à la tournée de la kundalini de Kryeon en 2012 avec Lee Carroll. Cette tournée fut organisée par un ami proche, Jorge Bianchi. Elle a débuté à Mendoza, en Argentine, et s'est poursuivie en passant par plusieurs lieux énergétiques situés au Chili, en Bolivie et au Pérou. Kryeon a donné douze canalisations pendant cette tournée, dont neuf portaient sur chacune des lettres du mot «kundalini». On peut écouter cette canalisation sur le site Internet de Kryeon, mais voici en résumé la thématique de chacun des messages associés aux lettres de ce mot.

Kundalini.
Unité.
Notifiez à Gaia vos actions conscientes.
D'aller au-delà de l'humain.
Ascension.
L'amour.
Intuition.
Nouvel humain.
Illumination.

Les informations livrées durant cette tournée de 2012 nous ont fait voir toute l'importance du changement en cours dans la conscience humaine, ainsi que le lien de ce changement avec la kundalini de la Terre. Voici les messages clés de ces canalisations, dont les enregistrements complets sont disponibles sur le site Internet de Lee Carroll.

La lettre «k» du mot «kundalini»

Parlons des Anciens. Pourquoi le mouvement de la kundalini a-t-il fait l'objet d'une prophétie? Que se passe-t-il en réalité? Ce message particulier aura pour titre «La lettre "k"». Sur les douze messages au programme de cette tournée, neuf porteront précisément sur les lettres du mot « kundalini ». Nous commencerons aujourd'hui par la lettre k, en ajoutant des informations sur la kundalini, mais sans répéter celles qui vous ont déjà été données. Veuillez donc consulter les messages précédents pour savoir en quoi consiste la kundalini.

[...] Les conséquences du changement ont plusieurs aspects. Le résultat global sera l'introduction de l'humanité dans une nouvelle réalité. Dans l'immédiat, vous verrez certains changements se produire. Examinons ce que cela signifie dans le contexte du déplacement de la kundalini.

La planète est polarisée émotionnellement depuis un bon moment déjà, en fonction du lieu où vivent la majorité des humains. Il a fini par en résulter une Terre masculine. Si 80 % de la population de la planète vivent dans le Nord et si ce dernier est dépositaire d'une certaine conscience, toute la planète assume alors celle-ci. Pourtant, ce n'est pas cette conscience-là qui est apparue dans le Sud. Avant la venue des conquérants, les croyances et l'enseignement des indigènes étaient beaucoup plus féminins (doux). Le Nord est donc masculin et le Sud est féminin, mais, comme la population était plus nombreuse dans le Nord, la conscience de la planète en général était surtout masculine et c'est ce que l'histoire reflète. Il se produit toutefois un changement soudain et c'est là que tout se complique.

Dans votre réalité, vous percevez tout d'un point de vue linéaire. Vous n'avez peut-être pas perçu un changement de conscience dans le Nord, mais il existe, dû en grande partie à l'éveil des vieilles âmes. Ce n'est pas parce que plusieurs humains se sont éveillés, mais parce que ceux qui l'ont fait possèdent une énorme quantité d'énergie. Plusieurs sont présents dans cette salle ou lisent ce livre. Même le mode de comptabilité de l'énergie en œuvre sur la planète se modifie. Il passe du linéaire au non-linéaire, et Gaia, qui est intriquée dans tout cela, fait se mouvoir la kundalini ou se centrer le chakra du cœur de la planète.

Le mouvement n'est pas linéaire

Premièrement, Gaia est une énergie consciente et appropriée qui vous est liée. En raison du changement quantique qui vous a été prédit, l'humanité a changé d'attitude intérieure et s'est approfondie grâce à l'éveil des vieilles âmes. Gaia s'en est aperçue et elle effectue le changement dont vous êtes témoins. Son implication constitue le mécanisme du déplacement de l'énergie. Or, vous regardez tout cela d'un œil linéaire et vous vous demandez où est rendue la kundalini dans son déplacement du nord au sud. J'y répondrai dans un instant et la réponse sera différente de ce que vous imaginez. Pour l'instant, penchons-nous sur la signification réelle de ce mouvement.

Que se passera-t-il si un équilibre masculin/féminin s'installe pour la première fois sur la Terre? Les actes de compassion augmenteront. Connaissez-vous les conséquences des actions non compatissantes? La guerre. C'est une action non compatissante, comme le sont la séparation, le jugement et l'indifférence des populations. Connaissez-vous les conséquences des actes de compassion? Le travail en commun, l'unification, l'établissement de la paix, le non-jugement, la tolérance, la compréhension et l'amour inconditionnel. Voyez-vous de quel type de changement nous parlons? Vous ne serez plus les mêmes, ni à l'intérieur ni à l'extérieur.

Un accroissement de la compassion

Lorsque vous rencontrez quelqu'un pour la première fois, quelles sont vos premières pensées? C'est là un excellent exercice que les psychologues devraient proposer. Combien d'entre vous se disent, devant un autre individu : « Cette personne est comme moi la créatrice de l'énergie divine. Elle fait partie de la famille. Elle est déjà venue sur cette planète tout comme moi. J'accueillerai donc en elle le divin et j'étreindrai son cœur contre le mien. » Et si tout le monde se comportait ainsi? Ce n'est pas le cas, n'est-ce pas? Bien sûr, certains le font et c'est ce qui fait la différence entre une Terre masculine et une Terre féminine. L'énergie mère suscite ce comportement et c'est ce qui se passe sur la planète à ce jour : un accroissement de l'énergie mère, laquelle s'accroît ici même, en Amérique du Sud.

La sagesse de la grille cristalline installée ici depuis des lustres s'établit dans le Nord, selon un processus qui reste à expliquer. L'explication sera intérieure. Extérieurement, vous verrez apparaître plusieurs changements chez l'humain.

Ce sera le début de la tolérance et de l'intégrité. Tout ce qui sera dépourvu d'intégrité ne vous intéressera plus. Vous imaginez un peu ce qui se passera en politique? [Rire.] C'est une blague de Kryeon. Ce sera un phénomène mondial. Imaginez de la compassion non seulement en politique, mais aussi dans les institutions, les entreprises commerciales, et même dans l'industrie de la santé. Les produits et services offerts ne seront plus les mêmes. Voyez-vous comment tout changerait? C'est déjà commencé depuis dix-huit ans. Ce changement s'effectue si lentement que vous ne l'avez même pas remarqué!

Et votre continent? [Kryeon s'adresse ici aux Sud-Américains.] À quoi ressemblaient vos gouvernements il y a cent ans? Aviez-vous le droit de vote? Oui, mais cela ne changeait pas grand-chose. Vous vivez trop peu longtemps. Après 70 ou 80 ans, vous partez, puis vous revenez. Quand vous revenez, vous ne vous souvenez plus de rien, mais si vous pouviez parler à vos ancêtres, eux se souviendraient. Ils vivaient sur un continent conquis dont les frontières avaient été modifiées et où des dictateurs contrôlaient tout. Vous rendez-vous compte de l'énorme différence? Et que c'est contraire à la nature humaine? Tout le monde vous dira que le rôle de l'humain est de faire la guerre. Les cyniques diront qu'il y aura toujours des dictateurs et que les humains se tueront toujours entre eux. Si c'est exact, comment expliquer ce qui se passe à présent en Amérique du Sud? Les choses y ont évolué lentement, mais autant que sur les autres continents.

Les champs sont labourés et prêts à être ensemencés. Votre corps changera. Vous connaissez les effets de l'action compatissante? La structure cellulaire se modifie. Nous vous avons livré plusieurs messages à ce sujet, y compris sur l'intuition dont sont dotés les nouveaux enfants à la naissance.

La grille cristalline s'ajuste

Parlons maintenant de Gaia, puisque plusieurs choses sont en train de changer. Nous en avons mentionné une, mais pas dans votre langue [l'espagnol]. Résumons : la grille cristalline est une grille ésotérique [invisible] multidimensionnelle. On la dit cristalline parce qu'elle emmagasine les souvenirs. Elle retient les vibrations. Elle se souvient de vous tous! C'est un sujet complexe et difficile à assimiler dans la tridimensionnalité. Durant toute votre vie, vous placez votre énergie sur cette grille. La lumière que vous créez en travaillant avec de l'énergie spirituelle crée une empreinte sur la grille. Les réalités négatives créent également une énergie qui imprègne la grille. Les guerres créent de l'énergie, à l'instar des actes de compassion. Encore une fois, cette grille se souvient des actions humaines et celles-ci ont laissé jusqu'ici une empreinte linéaire. Toutes les énergies y sont imprimées.

Or, voici que la grille accorde plus de poids aux actes des vieilles âmes qu'à ceux de l'humanité en général. Son énergie n'est plus linéaire, mais orientée en fonction des travailleurs de lumière. Désormais, la grille se souviendra plus de ce qui génère de la compassion, et moins de ce qui suscite la tristesse et la mort.

Nous pourrions vous dire tellement de choses au sujet de la grille cristalline – par exemple, vous expliquer sa fonction –, mais nous l'avons déjà fait et nous vous fournirons plus tard d'autres explications. Aujourd'hui, je préfère vous donner une information inédite. Quand je vous parle de Gaia, que pensez-vous ? Et que visualisez-vous ? L'énergie de la Terre ? Qu'est-ce qui vous vient à l'esprit quand vous entendez le mot « Terre » ? Plusieurs voient un globe flottant dans l'espace. Ils ont raison car le globe est la conscience de Gaia. Cette dernière n'entoure pas le globe de son énergie ; elle est le globe lui-même. Peut-être pensez-vous qu'elle se limite à la surface ou à la croûte terrestre ? Si c'était le cas, que serait le reste ? Vous oubliez le manteau de la planète et son noyau. Vous rendez-vous compte de la quantité de matière terrestre qui n'est pas à la surface ? Quelle est la relation entre le manteau, le noyau et la croûte terrestres ? Cette relation possède-t-elle la conscience ? Absolument. Elle se nomme Gaia.

Très chers, je ne vous dis pas tout cela pour compliquer votre perception, mais plutôt pour vous donner une idée du mouvement énergétique de Gaia. Quand vous voulez faire chauffer quelque chose sur une cuisinière, vous faites entrer de l'énergie dans le brûleur pour créer de la chaleur. Vous demandez-vous où se trouve la chaleur dans le brûleur ? Bien sûr que non ! Le brûleur se réchauffe tout d'un coup et se refroidit de la même façon. Il en va de même pour le mouvement énergétique de la planète. La kundalini se déplace à l'intérieur de la Terre, pas seulement à la surface. Vous comprenez ? Tout se passe en même temps.

Ne vous demandez donc pas quel pays elle traverse à l'heure actuelle et où elle est rendue. L'énergie de la kundalini touche la planète entière et non l'espace compris entre deux points. Il s'agit d'un mouvement quantique non linéaire. Toutefois, pendant des années on a considéré ce mouvement comme un phénomène linéaire allant de l'Inde et du Tibet jusqu'en Amérique du Sud. Un rééquilibrage énergétique peut se produire d'une région à une autre sans passer par la surface.

Au cours des dernières années, ce déplacement d'énergie s'est effectué à l'échelle mondiale. C'est un changement de conscience, non de lieu. Le féminin se fait sentir davantage, ce qui rééquilibre les deux hémisphères avec la participation du noyau terrestre. Ce n'est donc pas un phénomène de surface. C'est en Bolivie et au Pérou que le centre de ce nouvel équilibre se perçoit le mieux. Comprenez toutefois que l'énergie n'a pas voyagé par une route imaginaire.

Il y a quelques années, au Chili, j'ai parlé du mouvement de la kundalini (à Valle Nevado, en 2008). Dans le corps humain, la kundalini se déplace. Dans ce cas-ci, il s'agit d'une métaphore pour exprimer l'oscillation et le passage vibratoire à une conscience supérieure. La planète entière est concernée : la croûte, le manteau et le noyau. Vous êtes intriqués à Gaia. En 2008, nous avions soulevé la possibilité que la Terre bouge bientôt au sud de l'endroit où avait lieu la canalisation. C'est bien ce qui est arrivé [le séisme qui a frappé le Chili le 27 février 2010]! Cela surviendra de nouveau dans le sud de ce pays.

Tout ce mouvement est nécessaire et il est parfois physique. Gaia vous connaît et elle doit s'ajuster, le plus souvent dans des lieux inhabités. Très chers, n'ayez pas peur lorsque cela se produit. Quand il y a de l'activité volcanique, ne craignez rien. Ayez plutôt le courage de remercier Gaia de l'avoir fait à tel endroit! Vous devez savoir que vous vivez dans une région à risque [l'endroit où a lieu cette canalisation]. Cependant, les vieilles âmes peuvent influencer les plaques tectoniques. La terre tremblera en des endroits inattendus et vous en remercierez Gaia. Vous saurez alors que j'ai raison et que vous êtes liés à jamais à votre planète par la conscience.

La Terre change et les indigènes l'avaient prédit. Ils ont pris de la terre dans leurs mains et ont dit : « Voici la vie. » La vie les dépassait tout comme elle vous dépasse. Ce geste symbolisait la conscience de Gaia et son partenariat avec l'humanité. Ce qui se déroule actuellement constitue un moyen de vous honorer.

(Canalisation de Kryeon intitulée « La lettre "k" du mot "kundalini" », donnée à Mendoza, en Argentine, le 17 octobre 2012.)

Unité (la lettre « u » du mot « kundalini »)

Le message d'aujourd'hui portera sur la lettre « u », la deuxième du mot « kundalini ». Son nombre est donc le 2, qui, en numérologie, est lié à la structure. Nous l'associerons à un mot qui commence par « u » : unité. Le mouvement énergétique de la kundalini s'exprime petit à petit dans certaines des caractéristiques spirituelles de l'enseignement du jour, dont l'unité est l'une des plus grandes. Nous la définirons donc comme étant l'union d'énergies difficiles et inégales.

Hier soir, nous avons parlé de l'union du Nord et du Sud. Ce n'est pas un événement linéaire. L'énergie ne passe pas d'un lieu à un autre. Il s'agit plutôt d'un mélange d'énergie créant un équilibre. Il y a donc unification. C'est ainsi que l'on pourrait désigner le mélange du masculin et du féminin. Cette unification augmente la compassion planétaire. « Compassion » est le mot clé.

Plusieurs sortes d'unité existent, mais dans le cas qui nous occupe vous entendrez parler de plus en plus d'un « accroissement du féminin » sur la planète. Il s'agit en quelque sorte de l'énergie mère, car la mère possède des attributs dont le masculin ne jouira jamais. Comme on a associé la kundalini à la procréation, considérons le lien entre la mère et l'enfant. S'agit-il d'une union ? L'enfant croît dans l'utérus, relié au flux sanguin de la mère et même à sa conscience. Quand la mère chante, le fœtus le sait. Saviez-vous que le bébé connaît déjà sa mère quand il naît ? La naissance est peut-être un choc, mais le bébé connaît sa mère et, dès que le cordon ombilical est coupé, il veut la retrouver. Il le fait d'instinct et la mère aussi, et c'est de cette union que nous parlons. C'est l'une des raisons pour lesquelles les indigènes ont attribué à la Terre l'énergie féminine appelée Terre-Mère. Par conséquent, le rééquilibrage de la planète ne consiste pas en un accroissement de sa féminité, mais bien plutôt de sa compassion.

L'espèce humaine est déséquilibrée depuis un bon moment. La conscience de l'humanité est lourde de masculin depuis des lustres. L'unité dont nous parlons ici consiste à réunir l'énergie masculine et l'énergie féminine pour équilibrer Gaia. Cette dernière ne deviendra pas alors plus féminine, mais plus équilibrée. Vous aurez toutefois l'impression d'avoir plus d'énergie féminine qu'auparavant puisque les deux énergies seront désormais égales, ce qui créera un désir d'unité.

Vous pouvez le constater actuellement en Europe, par exemple, avec l'Union européenne, qui a reçu un prix de la paix en 2012. Pourquoi une union économique reçoit-elle un prix de la paix? C'est que cette association d'anciens ennemis a créé une union de compassion qui empêche maintenant les pays d'Europe de se faire la guerre. Pour la première fois dans l'histoire de l'humanité, d'anciens ennemis ont décidé de s'unir en permanence.

Je vous rappelle qu'ici même où vous êtes en ce moment, vous avez eu l'occasion de faire une autre guerre il y a douze ans. Elle aurait eu lieu si la conscience de la planète avait été la même qu'au dernier siècle. Cette guerre aurait été la dernière, celle que l'on aurait appelée l'Harmagedôn et qui fut prophétisée par plusieurs, dont celui que vous appelez Nostradamus. Elle était également prédite par vos Saintes Écritures, mais elle n'a pas eu lieu.

Pour qu'un événement d'une telle importance n'ait pas lieu, il fallait que la nature humaine change. Au cours des dix-huit dernières années, un énorme effort fut fait pour unifier la planète au lieu de la déchirer. Les Anciens l'avaient prédit également. Ils ont prédit un rééquilibrage de la planète pour 2012 ainsi qu'un changement dans la nature humaine. Si l'humanité franchissait le seuil de l'an 2000 sans se détruire, l'alignement galactique de 2012 créerait une énergie qui modifierait à jamais la conscience humaine. Le processus est en marche.

L'Esprit vous a toujours livré des messages d'unité provenant de plusieurs sources, dans diverses régions. Chaque maître qui fut à l'origine d'une religion, volontairement ou non, portait ce message. Le maître juif Abraham et ses fils incarnaient l'unité. Le prophète Mahomet a demandé dans la caverne d'unifier les tribus d'Arabie. Le maître Jésus-Christ était porteur d'un message profond. Regardez-le dans les yeux et posez-lui cette question : « Qu'est-ce qui importe le plus ? » Il vous répondra : « L'unité de l'homme et de Dieu. L'ascension de l'humanité. La compassion de la mère. » N'est-il pas significatif que la première, et la plus grande religion de la planète, ait accordé autant d'importance à la mère du Christ qu'au Christ lui-même ? C'est parce que la compassion est au centre de la quête de Dieu.

Nous vous avons déjà dit ceci : si les mères dirigeaient la Terre, il n'y aurait pas de guerres car une mère n'enverrait jamais ses enfants au champ de bataille. Voilà la nouvelle énergie de la planète. Voilà le changement qui a lieu actuellement.

La potentialité d'une petite guerre au Moyen-Orient existe toujours. Cette bataille se produira d'ici deux ans et elle aura des conséquences inédites. Ce sera le début d'une unification encore jamais vue.

Nous vous avons fait une prédiction concernant l'Amérique du Sud. Nous ne pouvons pas vous dire quand elle se réalisera, mais nous voyons la potentialité d'une Amérique du Sud unifiée comme l'Europe. L'Union européenne semble aujourd'hui en difficulté. On ne peut réunir de force des économies inégales et leur procurer une monnaie unique, puis s'attendre à ce que tout fonctionne à la perfection. On ne peut réunir des gouvernements de différents niveaux de conscience et s'attendre à ce que tout aille bien. Il s'agit de l'une des choses les plus difficiles que vous ayez accomplies jusqu'ici sur la planète !

Au cours des quarante dernières années, vous avez réalisé intuitivement que cette union était nécessaire et vous sauverait, et elle finira donc par fonctionner. C'est là le secret pour empêcher la guerre. Vous devrez affronter ici (en Amérique du Sud) les mêmes problèmes car vous avez des économies fortes et des économies faibles, comme en Europe. Une conscience gouvernementale existe. Cependant, plusieurs gouvernements désirent l'unification, mais d'autres en sont moins certains. En fait, les petits craignent les gros. Certains disent qu'une telle union ne pourra jamais se réaliser ici, mais nous affirmons le contraire.

Imaginons quelque chose un instant. Imaginez le continent sud-américain tellement unifié qu'il peut commercer comme une seule entité avec tout autre continent ou pays du monde. Quel genre de pouvoir en résulterait-il? Quelle serait la qualité de vie des gens? C'est là la solution pour se débarrasser de la pauvreté sud-américaine car l'unification sortira les pauvres du marasme dans lequel ils se trouvent depuis des années. Un jour viendra où les bidonvilles du Brésil seront détruits par des bulldozers car plus personne n'y habitera. Les gens auront emménagé dans des logements qu'ils méritaient d'avoir depuis longtemps. Il en sera de même en Bolivie et dans d'autres pays souffrant de pauvreté. Personne n'aura plus à vivre sous les ponts. Voilà la potentialité que nous entrevoyons.

Cela se produira lentement. Il y aura d'abord une unification partielle, puis les pays qui l'auront rejetée finiront par se joindre aux autres. Malgré la controverse et les difficultés, vous réussirez car cette union a toujours été nécessaire. Un jour viendra où il n'y aura plus que cinq monnaies sur la planète par suite de l'unification des continents et des pays entre lesquels il n'y aura plus jamais de guerres.

C'est ce que représente la lettre « u » du mot « kundalini ». Ce n'est quand même pas pour demain. Dans dix-huit ans, plusieurs d'entre vous (les gens présents dans la salle) se souviendront de ce moment. Ils regarderont autour d'eux dans la ville et sauront que le changement est commencé.

Enfin, votre unification intérieure l'est également. Vous êtes si nombreux à vous débattre dans la dualité! Nommez-la comme vous voulez, mais nous vous disons qu'elle est l'existence de l'obscurité et de la lumière chez l'être humain. Contre quoi luttez-vous dans cette dualité? Contre une énergie difficile qui a toujours existé, celle de votre partie divine. Cette bataille est celle de l'obscurité et de la lumière à l'intérieur de vous; c'est la peur contre la lumière de Dieu. Imaginez maintenant ce qui va arriver, chères vieilles âmes, parce que Gaia contribue à l'accroissement de la lumière sur la Terre. La planète s'équilibre et la dualité va diminuer. Le combat sera moins difficile. Vous unifierez l'ombre et la lumière, de sorte qu'ils ne seront plus des forces opposées incapables de coexister. Le soi sera unifié.

Un jour viendra où l'être humain tridimensionnel sera en mesure de fusionner avec le Soi supérieur multidimensionnel. Ce sera l'unité finale!

Que ressentez-vous en ce moment en entendant cela? Êtes-vous en paix avec vous-mêmes? Je ne vous ai pas demandé s'il y avait des problèmes dans votre vie, mais si vous étiez en paix. Ceux qui peuvent répondre oui commencent à comprendre en quoi consiste l'unification du soi. C'est comme si le soi était à l'extérieur de vous, alors qu'il est à l'intérieur. Quoi qu'il arrive autour de vous, il peut détendre votre structure cellulaire. Il peut vous détendre au point où vous pourrez dire que votre âme se porte très bien. Cela dépasse la compréhension. C'est l'unité du soi.

Certains de ceux et celles qui écoutent ma voix ou qui lisent ce livre sont en mesure de le réaliser. Ils aperçoivent peu à peu le vrai soi. Ils voient le fragment divin qui les habite, et leur existence n'est plus définie par leurs problèmes tridimensionnels, mais plutôt par la compassion divine et par l'unité dont nous parlons.

Je répète une dernière chose avant de conclure. Le mouvement de la kundalini de cette planète concerne l'être humain au niveau cellulaire. Les ancêtres sourient car ils l'avaient prévu.

(Canalisation de Kryeon intitulée « La lettre "u" du mot "kundalini" », donnée à Uspallata, en Argentine, le 18 octobre 2012.)

Notifiez à Gaia vos actions conscientes (la lettre « n » du mot « kundalini »)

Que pensez-vous que signifie le premier « n » du mot « kundalini » ? Pour la leçon d'aujourd'hui, il signifie que vous devez notifier à Gaia que vous participez au changement. Certains se demandent ce que j'entends par là, puisqu'ils participeront nécessairement au changement, et ils ne comprennent pas pourquoi il faut le notifier à Gaia. Comme vous êtes linéaires! [Sourire de Kryeon.]

Les paradigmes de l'action spirituelle sont en train de changer. Vous sentez naturellement qu'un changement de cette magnitude concerne nécessairement l'humanité entière. En fait, ce sont les vieilles âmes qui ont vraiment besoin d'émerger pour changer les choses. Ces vieilles âmes, c'est vous. Il s'agit d'un changement spirituel intérieur car vous ne pouvez plus rester passifs. Il ne suffit pas de simplement porter la lumière. Bien sûr, c'est très louable et la planète en bénéficie, mais ce n'est pas nouveau. Cette fois, c'est différent. Une transformation, une sorte de renaissance de l'humanité, est en cours et les vieilles âmes doivent y participer. Celles qui ne participeront pas ne seront aucunement punies et ne subiront aucun jugement. Toutefois, c'est la raison précise de votre présence ici.

Les vieux systèmes sont très intéressants car plusieurs d'entre vous considèrent les choses comme statiques. Autrement dit, ils les croient établies et immuables. Avez-vous déjà entendu cette phrase : « Dieu est le même aujourd'hui qu'hier et demain » ? Si c'est le cas, et ce l'est, plusieurs croient qu'il n'y a rien d'autre à faire en ce qui concerne Dieu. Et si la relation entre Dieu et les humains était en train de changer ? S'il est vrai que votre ADN change, ainsi que votre conscience spirituelle, les vieux paradigmes de votre relation avec l'Esprit et avec Gaia doivent changer également.

Les ésotéristes [du nouvel âge] croient parfois qu'il suffit de s'asseoir sur le sol pour absorber de l'énergie. Ils lèvent les bras au ciel en remerciant Dieu de les aimer, puis ils retournent à leurs activités ! C'est tout à fait normal puisque l'une de ces activités est d'éclairer la planète. C'est ce que font les travailleurs de lumière depuis des siècles. Or, tout cela est en train de changer. On passe de la passivité à l'activité, et la vieille âme sert de catalyseur.

Nous employons l'expression « acte de compassion » pour indiquer que vous faites autre chose en plus de votre activité habituelle de travailleurs de lumière. Vous agissez en plus d'éclairer votre secteur. Quelle est votre action ? C'est ce dont nous désirons vous entretenir aujourd'hui. Gaia voit votre action nouvelle, qui annonce que vous participez au changement.

Dans la vie de chacun de vous, des secteurs sont mûrs pour les actes de compassion. Voilà pourquoi vous êtes ici. Avant d'aller plus loin, je vous répète que vous ne ferez l'objet d'aucun jugement si vous choisissez de ne pas changer. Une vieille âme qui passe son temps à éclairer la planète a du mérite. Plusieurs décideront de ne pas faire autre chose. Ils joueront un rôle d'ancrage pour aider les autres à accomplir des actes de compassion. Un équilibre existe donc à l'intérieur du groupe des vieilles âmes.

Une vieille âme qui perçoit la renaissance de l'humanité ne peut rester inactive car ce changement constitue pour elle un miracle. Elle est venue ici pour y contribuer et elle est prête à passer à l'étape suivante. Ce qu'elle y fera notifiera automatiquement à Gaia de poursuivre le changement. Rappelez-vous que Gaia est liée à la conscience de l'humanité. Ainsi, si l'humanité ne change pas, le changement cessera. Une vieille âme comprend que ce qu'elle fera au cours des dix-huit prochaines années affectera ses enfants et ses petits-enfants.

Les actes de compassion représentent quel genre d'actes ? Nous vous en parlons depuis des années. Entre autres, en quoi modifierez-vous votre vie ? Que pouvez-vous faire de différent pour éclairer davantage la planète ? Je ne veux pas dire que vous devez changer de façon radicale, mais d'une manière qui pacifiera votre existence. Dressons donc la liste des domaines qui se prêtent aux actes de compassion.

***Un :** comment percevez-vous les autres humains ? Quand vous venez assister à une réunion comme celle-ci [un grand séminaire à Santiago] et que vous y rencontrez des inconnus, comment les accueillez-vous ? Avec un grand sourire, peut-être. Peut-être aussi reconnaissez-vous une autre vieille âme, un travailleur de lumière, et lui faites-vous l'accolade. Votre cœur est rempli de compassion pour ces gens semblables à vous, même que vous les aimez pour leur connexion divine. Puis, peu de temps après, vous quittez la salle, vous entrez dans votre véhicule et vous démarrez. Soudain, un autre véhicule, conduit par une personne qui manifestement n'est pas éclairée, vous coupe la route ! Vous appliquez les freins et évitez l'accident de justesse. Que pensez-vous de cette personne ? Bien sûr, vous l'aimez tout naturellement, n'est-ce pas ? [Rire.]*

Je parle donc de votre vision des humains en général, de votre réaction initiale aux gens que vous rencontrez, quelle que soit la situation. Je ne parle pas des travailleurs de lumière qui se réunissent fraternellement, mais des autres humains que vous rencontrez au quotidien. Comment voyez-vous l'humanité ? Êtes-vous capable de voir chaque être humain comme un membre de la famille divine ? Certains individus vivent peut-être un drame ou sont malades ; d'autres vivent dans la peur et ne sont donc pas très gentils envers vous, ou bien leur présence est désagréable. Comment les voyez-vous initiale-

ment? C'est l'un des meilleurs exercices de compassion humaine qui soient. Voyez tous les humains comme des êtres divins.

Quand les maîtres vivaient sur la Terre, comment percevaient-ils les gens qu'ils rencontraient? Vous connaissez la réponse. Ils voyaient tout le monde avec les yeux de Dieu. Vous me direz peut-être : «Minute, Kryeon! C'étaient des maîtres! Ils n'étaient pas comme nous.» Eh oui, très chers, c'étaient des maîtres. Nous disons simplement qu'ils vous ont donné l'exemple. Le changement en cours sur la planète vous incite plus que jamais à effectuer des actes de compassion. Plus vous pratiquerez cette nouvelle perception de l'humanité, plus votre structure cellulaire s'accordera à votre action. Votre patience augmentera, ainsi que votre seuil de tolérance. Votre angoisse diminuera et, peu importe comment on vous traitera, vous verrez tout le monde avec les yeux de Dieu.

Il faut vous préparer à certaines réactions. Cette attitude déplaira à certains et les indisposera à votre endroit. Ils voudront que vous réagissiez en vous mettant en colère car ils désirent le drame. Certains d'entre vous savent très bien ce que je veux dire. Certains humains se nourrissent de ces situations-là! Même en sortant d'ici tout à l'heure, vous devrez mettre cette attitude en pratique en retournant chez vous.

Que se passera-t-il si vous ne cédez pas au drame et refusez de participer à l'affrontement désiré par les autres? Vous ne répliquerez pas par des paroles hostiles. Pouvez-vous faire cela? Si vous le pouvez, vous joindrez alors les rangs des maîtres. Ce faisant, vous informerez Gaia! Vous direz à l'Esprit que vous participez au changement!

La renaissance de l'humanité créera un nouveau paradigme de la conscience. Croyez-moi, on vous remarquera! Vous y perdrez sans doute même des amis, qui vous diront peut-être : «Je n'ai plus de plaisir en ta compagnie. Tu ne participes plus aux conversations comme auparavant. Je t'aimais mieux avant.» Et ils auront raison! Dans leurs conversations, ils dénigraient sans cesse les autres, jouaient les victimes ou se plaignaient en employant toujours le même verbiage. Vous savez très bien ce que j'entends par là, n'est-ce pas? Je sais qui m'écoute ici en ce moment ou qui lit ce livre.

Deux : *ce qui suit est plus facile. Où en êtes-vous dans le jugement des autres? «Kryeon, nous ne jugeons pas les autres!» Vous le pensez peut-être,* *mais vous le faites tous subtilement. C'est humain. Vous « mesurez » les autres. Que savent-ils ? À quel point sont-ils intelligents ? Vous voyez instantanément leur position sociale et leur occupation. Combien d'argent ont-ils ? Vous le faites tous, mais sans vous en rendre compte. Vous le faites parce que vos parents et vos grands-parents le faisaient avant vous. Parce que cela vous aide à survivre. Quand vous avez évalué les autres, vous savez alors quoi dire et ne pas dire. Vous savez si vous pouvez leur faire confiance ou non. Cela fait partie du système automatique de la vieille énergie.*

Et si vous vous entouriez d'une bulle comme le faisaient les maîtres ? Vous n'auriez aucun préjugé et vous ne porteriez aucun jugement. Tous les humains sont membres de la famille divine et personne ne peut affecter votre spiritualité, qui est maintenant votre survie. Personne sur cette planète ne peut vous rendre malade si vous maintenez votre belle lumière car elle annihilera toute énergie obscure sur votre route, y compris la réaction de votre corps émotionnel à ce que les autres disent de vous.

Soudain, les autres sentiront émaner de vous la compassion des maîtres. Avez-vous déjà lu La Vie des maîtres *? Saviez-vous que les animaux suivaient ces derniers ? Ils se couchaient à leurs pieds. Les animaux sont instinctifs et ils perçoivent la conscience calme. La même chose vous arrivera. Où en êtes-vous dans cette direction ?*

***Trois :** la peur. Il est temps de dissoudre l'énergie des choses que vous craignez, y compris les autres humains. De qui avez-vous peur ? Qui ne voulez-vous pas rencontrer face à face ? Qui avez-vous expulsé de votre vie et ne voulez plus jamais revoir ? Je sais qui se trouve dans cette salle et qui écoute. Le pardon ne change pas le passé, mais le futur. Une vieille âme sage et courageuse peut se tenir debout dans sa bulle de vérité et dire : « Je vous pardonne parce que je reconnais en vous la divinité qui est en moi. » Vous pourriez ajouter que Dieu se reflète en vous deux.*

***Quatre :** pour finir, soulevons de nouveau la question de la dualité. Certains vous diront que la dualité ne disparaîtra jamais. Qu'elle est l'équilibre entre l'obscurité et la lumière, votre nature corporelle. Eh bien, ce n'est plus vrai. Sachez que vous avez un énorme pouvoir sur l'obscurité ! Commencez à exercer la lumière dans votre existence. Faites-le pour améliorer* *votre propre personnalité et non pour les autres, pour votre lieu de travail, mais pour vous. Vous n'êtes pas nombreux à le faire. Vous tournez votre lumière vers l'extérieur. Or, si vous la dirigez vers vous-mêmes, votre obscurité s'estompera et votre vie sera plus paisible.*

Si l'équilibre entre l'obscurité et la lumière doit changer sur cette planète, qu'il change d'abord en vous. Au cours du processus, vous deviendrez plus calmes et vous vivrez plus longtemps. Vous vieillirez moins. La maladie vous évitera quand elle verra la divinité dans vos cellules. Cessez d e tomber malades. Je vous assure que tout cela est bien réel. Votre quotient de lumière affecte la physiologie même de votre existence. Voilà l'effet de l'action compatissante. C'est là le sens du premier « n » du mot « kundalini ». Notifiez à l'Esprit que vous participerez à tout ce qui se passe !

(Canalisation de Kryeon intitulée « La lettre "n" du mot "kundalini" », donnée à Santiago, au Chili, le 20 octobre 2012.)

D'aller au-delà de l'humain (la lettre « d » du mot « kundalini »)

La lettre « d » du mot « kundalini » signifie « D'aller au-delà de l'humain ». Cela veut dire ne plus penser comme le vieil humain conditionné et penser plutôt comme le nouvel humain qui développe un sens multidimensionnel de la réalité.

Mon partenaire a mentionné quelque chose au sujet de l'Amérique du Sud [pendant le séminaire] et il avait raison. Davantage de jeunes gens s'éveillent en Amérique du Sud que sur tout autre continent. Les spiritualistes et les sociologues vous informent quant à la nature des gens qui s'intéressent à la spiritualité, précisant qu'il s'agit surtout des individus qui ont plus de 40 ans car leur éducation est terminée, ils sont bien établis et ils peuvent se permettre de se tourner vers les choses de Dieu. On vous démontre qu'il en est ainsi selon des recherches sur les groupes d'âge de ceux qui assistent aux rencontres spirituelles. Or, il n'en est pas du tout de même ici en Amérique du Sud.

Que se passe-t-il donc de différent sur ce continent ? Vous assistez à l'apparition d'un nouveau paradigme d'humanisme. Les jeunes s'intéressent à la spiritualité parce qu'ils constatent un éveil spirituel et saisissent l'intelligence de Dieu. Ils ne deviennent pas religieux tout à coup. C'est simplement que leur curiosité envers la vie est plus grande que la vôtre au même âge. Leurs intérêts spirituels portent sur la multidimensionnalité et ils se posent les questions le plus profondes qui soient. Ils reviennent à la sagesse ancestrale au lieu de la sagesse des adultes de leur société, pour résoudre les énigmes spirituelles. Ce n'est pas la même chose.

Je vous invite à faire comme eux. Voici quelques exemples qu'il ne faut pas prendre pour des critiques, mais plutôt pour une nouvelle voie de connaissance spirituelle et une invitation à voir les choses autrement que par le passé. Ne pensez plus comme des humains.

Il y a dans cette salle plusieurs travailleurs de lumière et de nombreuses vieilles âmes. Le message que je vous livre ce soir s'adresse plus à ceux qui écoutent ma voix à un autre moment qu'à ceux qui sont présents ici. Il s'en trouve cependant dans la salle qui ont besoin de l'entendre également. Certains d'entre vous cheminent déjà dans cette direction, ce qui leur permet de profiter de l'énergie de la canalisation.

On vous enseigne une tradition spirituelle dès l'enfance : Dieu est le créateur de la Terre, l'univers est grand et les humains sont petits. En fait, on vous dit même que les humains ne méritent pas d'être ici. Certains affirment que ces derniers sont mauvais pour la planète et qu'il aurait mieux valu qu'ils n'y vivent jamais. Des Anciens portant les habits ecclésiastiques vous diront que vous êtes nés souillés et que vous ne pouvez rien faire pour satisfaire Dieu, sauf certaines choses qu'ils sont les seuls à savoir. Ils affirment que si vous ne les faites pas, ce Dieu qui vous aime vous placera quelque part après votre mort et vous punira tous les jours.

Ils prétendent que vous avez mené sur terre une vie tellement mauvaise que vous en serez punis en brûlant pour l'éternité après la mort. Très chers, ce n'est pas le style de Dieu ! En ce moment même, je vous demande de faire abstraction de tout ce que vous avez appris jusqu'ici au sujet de Dieu et d'en libérer votre esprit. Je veux que vous utilisiez votre intelligence spirituelle, le fragment divin qui est en vous, pour juger si ce que l'on vous a appris est valable ou non.

Vous appartenez à cette famille d'énergie créatrice. Vous êtes l'essence de ce qui a créé les planètes. Toutes les planètes. Celles que vous connaissez et celles que vous ne connaissez pas. Elles possèdent toutes votre énergie. Vous pourriez même dire que Dieu est le parent de votre énergie. Nous sommes une partie de vous et vous êtes une partie de nous. Il existe une lumière qui est Dieu et elle est en chacun de vous. Quoi que vous fassiez, vous ne la perdrez jamais. Vous êtes venus sur la planète avec un test à subir parce que vous ne savez pas que vous faites partie de Dieu. Ce test consiste à découvrir cette vérité pendant que vous êtes ici et à transformer la Terre.

Vous n'avez jamais été jugés. Il n'existe aucun châtiment divin et c'est même inscrit dans vos Écritures, mais vous ne le croyez toujours pas. Les plus anciennes Écritures [l'Ancien Testament] contiennent une parabole sur un « enfant prodigue ». Cette parabole parle de deux fils envoyés dans le monde par leur père. L'un fait tout comme il faut et le père est content, tandis que l'autre fait tout de travers et le père s'inquiète à son sujet. Or, quand les deux fils rentrent à la maison, ils reçoivent le même accueil chaleureux et festif car leur père les aime autant l'un que l'autre. C'est dans vos Écritures. Cette parabole illustre le lien entre Dieu et l'humanité. Dieu est le père tandis que les fils représentent les choix de l'humanité. Aucun jugement n'est jamais porté sur votre comportement. À quel point pensez-vous que Dieu vous aime ? Vous n'en avez aucune idée. L'amour de Dieu dépasse tout amour humain que vous avez jamais vécu. Il surpasse même l'amour d'une mère pour son enfant.

Chers parents, à quel point aimez-vous vos enfants ? Imaginez que vous leur faites subir un test de sagesse. Vous les envoyez alors dans le monde pour voir comment ils agiront. Supposons ensuite que l'un des deux fasse quelque chose qui ne témoigne pas d'une grande sagesse. Allez-vous torturer son âme éternellement ? Chères mamans, n'est-ce pas absurde ? Évidemment ! Ces « règles divines qui jugent » ont été créées par les hommes, non par Dieu, et uniquement pour des raisons politiques.

Revenons aux croyances des premières organisations spirituelles de votre planète. Quand les humains ont créé leurs premiers systèmes de croyances, que vous appelez maintenant les religions établies, ces systèmes prônaient l'intuition et la sagesse envers Dieu. Existait-il des jugements dans leurs doctrines? Non. Qu'y trouvez-vous à la place? Regardez bien et vous y trouverez des systèmes de croyances décrivant la capacité d'ascensionner pendant votre vie terrestre. Presque tous ces systèmes indiquaient une croyance au cycle de la vie, au fait que les âmes venaient à plusieurs reprises sur cette planète pour y apprendre chaque fois des leçons différentes. Elles croyaient à l'amour divin et ne parlaient aucunement de « souillure à la naissance ». Vous faisiez plutôt partie du système de la vie.

C'est cette intelligence spirituelle que nous vous demandons d'exercer. Comparez-la à ce que l'on vous a appris. Ne l'évaluez pas en fonction de l'histoire de l'humanité ou de la version de l'histoire qui vous a été présentée. Évaluez-la plutôt selon votre propre intuition de Dieu et de son amour. Ne pensez plus comme des humains. Ne vous accrochez plus à ce que l'on vous a dit au sujet de Dieu en se fondant sur un livre ancien. Vous êtes Dieu! Si vous désirez obtenir une bonne information, vous pouvez la recevoir directement de la source! Vous comprenez ce que je veux dire? Voilà l'intelligence spirituelle.

Cette planète subit une transformation. Vous en voulez une preuve? Regardez les jeunes car certains d'entre eux l'ont compris. Ils parlent à la source! Ils en obtiennent des informations. Cela déplaît aux adultes car les jeunes sont souvent plus sages que leurs aînés!

En outre, l'être humain se fixe des objectifs qu'il s'efforce ensuite d'atteindre. C'est de la pensée et de la planification linéaires. Même ceux qui ont un cheminement spirituel se fixent des objectifs et s'enferment dans un compartiment de l'avenir, qui devient ensuite la cible de leurs actes.

Laissez-moi vous poser une question : et si vous ne connaissiez pas ce compartiment potentiel? Et s'il était plus grand et plus beau que celui que vous avez conçu pour votre objectif? Peut-être essaierez-vous toute votre vie durant d'entrer dans votre petit compartiment humain et que vous n'atteindrez jamais le grand compartiment parce que vous aurez déjà imaginé « votre objectif humain ». Vous comprenez? Il est temps que vous cessiez de penser comme des humains!

Fixez-vous un objectif que votre voisin ne comprendra pas : « Mon objectif est d'être à ma place avec ceux qui y sont aussi car cela peut me conduire beaucoup plus loin. Mon objectif est la parfaite paix du cœur. Je ne m'inquiète pas du futur car je ne suis pas seul. Je crois qu'il existe une intelligence spirituelle, mais qu'elle est liée à des potentialités que je ne peux pas connaître maintenant, même si je crois à leur existence. Mon chemin spirituel est donc éclairé par des lumières que je ne vois pas encore. J'en vois toutefois une devant moi : elle comprend l'intelligence spirituelle, l'intuition et l'amour divin. Quand j'en aurai dépassé une, une autre apparaîtra. Je n'ai pas besoin de les voir. Je n'ai pas à savoir où je vais. Je suis en confiance dans les bras de l'Esprit. » C'était la parabole du pont manquant que je vous ai livrée plus tôt. Dans cette parabole, vous ignorez que le pont existe, mais vous foncez à vive allure vers le canyon comme si le pont était là. Ne pensez plus comme des humains.

Voici une autre illustration, la plus ésotérique de toutes. Plusieurs vous diront que vous n'aurez jamais d'autre bagage que celui avec lequel vous êtes arrivés sur cette planète. Votre corps, votre cerveau, votre intellect, votre intelligence représentent tout ce que vous avez. Et ils ajouteront que si vous êtes chanceux, vous apprendrez et vous vous développerez, mais en vous servant toujours des outils que vous aviez à votre naissance. Vous vous croyez solidement ancrés dans ce schème linéaire et vous vous êtes enfermés dans ce compartiment imaginaire. Vous pouvez toujours y croître, mais vous ne pouvez pas en sortir.

Voilà ce que les humains vous ont enseigné. Or, une énergie en développement sur cette planète vous permet de vous libérer des fausses croyances qui vous emprisonnent. Imaginez un compartiment en expansion, qui est vous-même. Votre être actuel est en expansion ainsi que votre être antérieur sous la forme de vos vies passées. Et si je vous disais que vous êtes tous venus sur la Terre avec la sagesse, le savoir et les talents de chaque existence que vous avez vécue ? Dans la linéarité, vous n'êtes conscient que de votre être présent. Vous n'avez donc jamais essayé d'accéder à la sagesse, au savoir et au talent que vous avez acquis au cours de vos vies antérieures.

Les humains vous diront que c'est ridicule et stupide, et pourtant les preuves sont partout autour de vous sous la forme de l'héritage akashique observable : les enfants prodiges et ceux qui possèdent toutes sortes d'autres qualités innées qui sont inexplicables autrement. On ne peut concevoir cette réalité sans employer une intelligence multidimensionnelle qui comprend que le temps est circulaire. Il n'est pas linéaire car, dans plusieurs cas, il ne se conforme pas du tout au modèle qui vous a été enseigné. Bienvenue dans l'instant présent! La pensée du nouvel humain se situe hors du temps linéaire et elle comporte l'idée que l'âme humaine est éternelle dans les deux directions.

Chers humains, c'est la sagesse du passé qui s'éveille. J'aimerais vous livrer un secret concernant les indigènes. Au lieu de consigner par écrit les protocoles de leurs cérémonies, ils les transmettent de bouche à oreille à leurs enfants sous la forme d'histoires. Toutefois, ils ne peuvent vous donner certains éléments puisque ces informations ne sont pas linéaires. Votre civilisation moderne a jeté aux orties les secrets multidimensionnels de Dieu. Avant d'effectuer une cérémonie, les indigènes rassemblés en cercle commencent par honorer leurs ancêtres. Vous pourriez dire que c'est très bien, parce qu'ils aiment leurs ancêtres, à qui ils accordent la crédibilité des morts, mais ce n'est pas du tout ce qu'ils font! C'est votre esprit linéaire qui vous amène à voir les choses ainsi. Ils sont plus intelligents que cela, mais vous les minimisez.

Que font-ils? Ils connaissent le cycle de la vie. Ils savent qu'ils ne sont pas nés souillés et ils comprennent qu'ils font partie de Gaia et de tout le système. Ils ont toujours honoré la Pachamama. Par conséquent, en honorant les Anciens ainsi que leurs ancêtres, ils savent qu'ils s'honorent eux-mêmes. Ils ont conscience d'avoir été leurs propres ancêtres. Ils vivent dans l'instant présent et ils ont suffisamment agrandi leur compartiment pour y inclure leurs vies antérieures. Ils voient leur passé de la même façon que leur présent. La sagesse de leurs ancêtres est la leur. Le saviez-vous?

Et alors? Que ferez-vous de cette information? Il s'agit d'une invitation à agrandir votre compartiment et à comprendre que vous êtes de vieilles âmes pouvant ramener dans le présent tous vos acquis passés, ce qui créera la sagesse nécessaire à l'ascension de la Terre.

Ce qui distingue une planète ascensionnée d'une planète non ascensionnée, ce n'est pas qu'elle contient plus d'anges ou de fées. C'est plutôt qu'elle est devenue multidimensionnelle dans sa réalisation du soi et qu'elle reconnaît qu'elle n'est plus singulière. C'est un retour à la sagesse originelle, la reconnaissance que vous êtes vos propres ancêtres. La reconnaissance du fait que vous possédez plus de sagesse que vous ne le pensez et que votre compartiment est plus grand.

Préparez-vous à enfreindre quelques règles car presque tout ce que l'on vous a enseigné n'est qu'une partie de la vérité. Usez dès maintenant de la sagesse spirituelle. Quel effet cela vous fait-il ? Cette information vous paraît-elle stupide ou bien y reconnaissez-vous des accents de vérité ? En quoi vous servira-t-elle ? Voici : vous modifierez tout d'abord votre structure cellulaire, que vous appelez l'ADN. Vous vivrez plus longtemps et vous serez davantage en paix avec tout. Vous verrez se produire sur la planète des choses plus sensées qu'auparavant.

Finalement, les humains poseront des actes insoupçonnés et vous saurez que j'avais raison. Vous verrez le bon sens régner en politique, même si vous ne me croyez pas au moment où je vous le dis. [Rire.] Observez bien. Les jeunes gens d'aujourd'hui finiront par se retrouver dans ces gouvernements, où ils feront preuve de plus d'intelligence que leurs prédécesseurs.

Le bon sens et l'intelligence spirituelle imprègnent peu à peu l'humanisme. Ce sont les attributs mêmes d'un Dieu multidimensionnel.

(Canalisation de Kryeon intitulée « La lettre "d" du mot "kundalini" », donnée à Santiago, au Chili, le 21 octobre 2012.)

Ascension (la lettre « a » du mot « kundalini »)

Les gardiens ont toujours été ici et les indigènes disent que ce sont les leurs, mais ils y étaient bien avant. Ils gardent la vibration de la région, qu'ils ont établie à l'origine. Ce court message vous révélera la signification de la lettre « a » du mot « kundalini ».

Cette lettre est la première de l'alphabet français, anglais et espagnol. Elle représente donc le chiffre un. Elle est aussi la cinquième lettre du mot « kundalini ». Encore une fois, les aspects numérologiques ont une signification. Le chiffre un (la lettre « a » de l'alphabet) représente un nouveau début, et le chiffre cinq (la cinquième lettre) représente le changement. Voici donc le thème de la kundalini : le début du changement!

Le mot « changement » veut aussi dire « recommencement ». La planète se rajuste car tout va changer sur une longue période. Vous voyez déjà Gaia s'adapter aux changements climatiques. La sécheresse qui sévit ici, dans la vallée de l'Elqui, est temporaire et elle sera suivie d'une surabondance de pluie. Le cycle de Gaia doit passer par des extrêmes avant de se stabiliser. C'est un nouvel ajustement d'une région vierge. Le « a » représente l'ascension. Définissons celle-ci en trois étapes.

Nous dirons tout d'abord ce que vous pensez qu'elle est et nous vous donnerons ensuite notre propre définition. Par le passé, vous avez employé le mot « ascension » pour désigner le fait de quitter la planète pour aller dans un lieu spirituel. L'être humain qui ascensionnait disparaissait de son corps et allait dans un lieu qui ne lui était pas familier : l'au-delà. C'est ainsi que vous voyiez l'ascension. Le mot même signifie « s'élever » ou « aller en haut ». Dans le monde tridimensionnel, le « haut » est le ciel. Corrigeons donc votre pensée.

Pour nous, l'ascension ne se rapporte qu'aux caractéristiques dimensionnelles. Il s'agit donc d'ascensionner dimensionnellement jusqu'à un état vibratoire supérieur que certains appellent un état quantique. Nous désignons ainsi un état multidimensionnel, c'est-à-dire hors de la tridimensionnalité [la quatrième dimension]. Vous vous élevez simplement dans l'échelle des dimensions, mais je vous rappelle que cette échelle n'est pas linéaire. Une fois que vous avez dépassé quatre dimensions, vous n'êtes plus linéaires, ce qui veut dire que vous ne pouvez plus compter [puisque le fait de compter est très linéaire]. Par conséquent, vous ne pouvez pas appeler « cinquième dimension » l'étape qui suit la quatrième. Elle est supérieure à la quatrième, mais c'est une étape multidimensionnelle englobant tout le reste. Le changement d'attributs dimensionnels signifie que vous modifiez le tissu temporel ainsi que votre conception du fonctionnement des choses. Commençons donc par la conscience humaine.

Vous ascensionnerez 1) par la conscience, 2) par le corps et 3) par votre relation avec Gaia. Encore une fois, ces trois éléments font partie du changement, et nous les décrirons brièvement.

L'ascension de la conscience humaine. *Nous vous le répétons depuis des années : quand vous penserez différemment, vous acquerrez une plus grande sagesse. Votre vie normale sera modifiée car elle comportera davantage que ce que vous considériez auparavant comme étant le réel. Vous verrez que la conscience est liée à d'autres êtres vivants, dont les arbres, bien sûr, et toutes les plantes qui vous fournissent de l'oxygène. L'air contient également des choses que vous ne pensez pas vivantes. Il y a de la vie multidimensionnelle partout. Même le sol contient une énergie multidimensionnelle. Gaia elle-même, la Pachamama [la conscience de Gaia], possède l'intelligence et la vie.*

La conscience en expansion de votre humanité comprendra toutes ces réalités et vous reviendrez aux croyances des indigènes. Leur sagesse leur permettait de voir leur alliance avec leur environnement, même avec les nuages. Il s'agit d'une conscience ascensionnée, d'une plus grande perception de la divinité humaine. Cette conscience déclenche l'ascension dans vos cellules.

Il existe un point de traverse, un pont entre la conscience et le corps, à la base du cerveau : la glande pinéale. Quand vous la stimulez, elle transmet cette conscience comme signal aux cellules, ce qui active votre ADN.

Le corps. *Définissons l'activation de l'ADN : elle permet à tous les éléments tridimensionnels de l'ADN de travailler avec les instructions quantiques des 90 % de cet ADN qui ne sont pas codants pour les protéines [ne produisent pas de gènes]. Elle crée ainsi un ADN plus efficace que celui que vous avez présentement. Elle contribue à la réécriture des instructions et de l'information contenues dans les 90 %. Il en résultera un être humain différent dont le corps fonctionnera mieux.*

Voici quelques exemples auxquels vous n'avez sans doute pas pensé. Certains d'entre vous sont préoccupés par l'environnement, comme il se doit. Votre air est pollué. Et pas seulement lui car il existe aussi une pollution électromagnétique qui modifie la structure atomique de tout ce qui vous entoure, réorganisant légèrement les polarités. Cette pollution électromagnétique est bien réelle. Affecte-t-elle la structure cellulaire humaine? Oui. Que ferez-vous pour y remédier? Vous tentez de la contrer d'une façon linéaire. Vous polluez le moins possible et vous vous protégez des champs d'énergie auxquels vous êtes exposés. Vous ne savez faire davantage, mais quelque chose vous aidera bientôt.

Si votre ADN fonctionne mieux, les enfants qui naîtront auront une protection intégrée contre la pollution environnementale créée par leurs parents. Appelez cela l'évolution spirituelle si vous voulez. Vous constaterez une légère augmentation de la taille du foie humain. Les enfants auront un plus gros foie pour traiter les polluants biologiques. De plus, ils seront beaucoup moins affectés que vous par la pollution électromagnétique car leur ADN se sera adapté avec intelligence.

Ils auront aussi une plus grande intuition à la naissance. Ils seront davantage en contact avec leur Akash [leurs vies antérieures]. Ils apprendront à parler plus tôt et ils auront une mémoire intuitive, un peu comme l'instinct des animaux. Ils marcheront, parleront et seront sages beaucoup plus tôt, grâce à l'efficacité accrue de leur ADN.

***Enfin, la conscience humaine et sa relation avec Gaia.** La Terre-Mère reflète la conscience humaine. Elle réfléchit la conscience que l'humanité lui donne. Si vous lui donnez une conscience de guerre, sa vibration s'abaissera pour y correspondre. Si vous lui donnez la conscience de l'amour ou de l'action humanitaire, elle réagira en conséquence.*

Vous connaissez certainement la complexité du sujet puisque vous savez que la planète n'a pas la même vibration partout. Même la grille cristalline crée des poches de basses ou de hautes vibrations selon ce que l'humanité a fait dans telle ou telle région. Laissez-moi vous dire une chose : à certains endroits de la planète, les Pléiadiens ont purifié la grille, de sorte qu'il ne peut rien s'y produire qui modifierait la pureté du sol. Nous vous l'avons déjà mentionné.

(Canalisation de Kryeon intitulée « La lettre "a" du mot "kundalini" », donnée dans la vallée de l'Elqui, au Chili, le 23 octobre 2012.)

L'amour (la lettre « l » du mot « kundalini »)

Nous continuons d'épeler le mot « kundalini » et nous en sommes à la lettre « l ».

Avons-nous vraiment besoin de vous dire ce que représente cette lettre? Nous vous en parlons tous les jours, et c'est l'amour. Le message d'aujourd'hui en parlera simplement un peu plus. Vous pensiez que le sujet était épuisé?

Cette journée a débuté par une cérémonie indigène en l'honneur de Gaia et à laquelle vous avez été nombreux à participer. Je vous poserai donc quelques questions auxquelles je vous demanderai de répondre mentalement pendant que je préciserai ma pensée.

L'amour était-il présent dans cette cérémonie en l'honneur de la planète? Était-ce le type d'amour auquel vous vous attendiez? Lui donneriez-vous même ce nom? Avez-vous ressenti quelque chose? Il s'agit de voir quelle est votre définition du mot «amour». Nous avons parlé de l'amour de Dieu et nous en reparlerons. Nous avons dit qu'il ressemblait beaucoup à l'amour existant entre une mère et son enfant. Il est inconditionnel dans tous les sens.

Et Gaia? La Terre aime-t-elle l'humanité ou est-ce autre chose? Je vous dirai donc qu'elle l'aime vraiment. La planète vous connaît. Elle est imprégnée de la grille cristalline et, par conséquent, la conscience de Gaia s'accorde à celle de l'humanité. Elle vous aime. Gaia n'est pas Dieu, mais elle possède sa propre conscience. Elle réagit au même créateur que vous. Elle est au service de l'humanité et elle est ici pour vous. Quand vous lui faites honneur, elle réagit. À l'heure actuelle, plusieurs choses s'y passent qui impliquent cet amour de Gaia. Cette dernière vous rend l'amour qui lui est donné par la conscience humaine.

Plusieurs parmi vous s'embarquent dans un voyage [le début de cette tournée de la kundalini]. Physiquement, vous irez dans des endroits qui vous sont inconnus, au centre de la sagesse ancienne, où vous éprouverez diverses sensations. Selon les indigènes, ces changements que vous percevez sont l'éveil du Puma. La sagesse de cette région se réveille. Vous saurez donc ce que signifie l'éveil du Puma lorsque vous entendrez cette expression. C'est l'accroissement de l'intelligence de la relation entre la conscience humaine et la conscience de Gaia, ce qui rend cette relation plus étroite que jamais. C'est une forme d'amour.

La lettre «l» du mot «kundalini» représente l'amour de Gaia pour l'humanité. Cette relation entre vous et la planète est intéressante car vous considérez le globe comme un objet. Vous considérez également Dieu comme une énergie ou même comme une entité. Vous n'êtes pas conscients de l'aspect global. Tout ce qui est multidimensionnel possède un nombre infini de consciences qui n'en font qu'une. Vous les percevez comme une seule, mais elles sont nombreuses.

Si vous avez déjà eu l'impression que Gaia vous parlait, il s'agissait de la partie de Gaia qui vous connaît et qui suit les traces que vous laissez dans la grille cristalline. Hier, vous vous êtes trouvés dans un lieu nul d'où l'énergie cristalline est absente [la vallée de la Lune, au Chili] et où Gaia peut toucher votre cœur. L'amour y règne. Il est donc temps de réajuster vos sentiments envers la Terre. En sortant de cet espace, vous ne verrez plus la nature du même œil. L'amour qui y règne est inconditionnel.

Laissez-moi vous parler cette fois de l'amour de Dieu sous un aspect jamais abordé auparavant. Quand vous pensez à l'amour inconditionnel, vous pensez à la relation entre une mère et son enfant. L'amour de Dieu va toutefois beaucoup plus loin. Les humains disposent du libre arbitre. Ils viennent sur cette planète avec un sens intuitif de la création. Leur quête de Dieu est ensuite plutôt linéaire. Ils établissent des doctrines et des règles, et définissent la vérité de plusieurs façons, car cela les aide à s'organiser en un système convenant à la réalité linéaire. Vous me demanderez peut-être dès maintenant ce qu'est la vérité et qui a tort ou raison à ce sujet?

Réfléchissez à ceci. Disons qu'un humain qui s'éveille spirituellement réalise par intuition qu'il doit exister un créateur. Supposons ensuite qu'il soit témoin d'une situation concernant un animal et qu'il croie qu'il s'agit là d'un signe de Dieu. Dans son esprit, il attribue à cet animal l'énergie du créateur. Je vous le demande donc : « Qu'est-ce que la vérité? Qui a tort et qui a raison? » Le fait d'attribuer à l'animal l'énergie du créateur plaît-il à Dieu ou non?

Quelle est la réponse? Tout ce que fait l'humain pour se rapprocher de l'amour de Dieu est la vérité. Tout ce qui crée l'harmonie de l'être humain avec Gaia, Dieu l'accepte comme quelque chose d'approprié et l'honore. Si l'humain passe toute sa vie en présence d'un animal en croyant que ce dernier représente l'énergie créatrice divine, ce n'est peut-être pas l'entière vérité, mais ce l'est partiellement et c'est correct. Vous comprenez? Dans vos meilleurs moments, pensez-vous posséder l'entière vérité? À mesure que votre spiritualité s'est développée avec l'âge, avez-vous découvert une plus grande vérité en route? À quel stade pourriez-vous dire que vous possédez la vérité?

En approchant du créateur et de sa sagesse, vous comprenez mieux que la vérité divine dépasse tout ce que les humains peuvent concevoir. Vous êtes tous libres de découvrir l'amour de Dieu comme bon vous semble. Certains vous diront : « Désolé, mais vous avez tort. » Ils ajouteront peut-être : « Vous agissez stupidement. » Je vous dis plutôt que Dieu est avec vous et que l'Esprit renforcera l'amour que vous éprouvez, quoi que vous fassiez. Seul est stupide celui qui croit posséder l'entière vérité et pouvoir cesser d'observer et d'apprendre.

Oui, la quête humaine de Dieu peut être appropriée et inappropriée. Chaque fois que vous doutez de l'amour divin, c'est inapproprié. Chaque fois que vous l'acceptez sous une forme ou sous une autre, c'est approprié. La seule chose que Dieu vous demande, c'est d'user de votre intuition et de votre intelligence spirituelle pour savoir ce que Dieu est et ce qu'il n'est pas. Sachez toutefois que vous trouverez Dieu dans tout si vous regardez bien. Il est dans l'infiniment petit comme dans l'infiniment grand. Redéfinissons le paradigme de l'amour inconditionnel. Dieu n'a cure de l'endroit où vous trouverez cet amour puisqu'il est partout.

(Canalisation de Kryeon intitulée « La lettre "l" du mot "kundalini" », donnée à San Pedro d'Atacama, au Chili, le 27 octobre 2012.)

Intuition (la lettre « i » du mot « kundalini »)

Nous désirons élargir l'enseignement. Nous traiterons aujourd'hui de la lettre « i », la septième du mot « kundalini ». Elle représente l'intuition. Vous avez sans doute déjà lu des définitions de l'intuition, mais peut-être qu'aucune n'était juste. Le pouvoir de l'intuition va grandement augmenter au cours de votre vie.

Arrêtons-nous un instant aux recherches cérébrales sur l'intuition. Cette faculté est extrêmement difficile à définir. Certains ont tenté de le faire en affirmant qu'elle était la pensée aléatoire créée au hasard par le cerveau et se présentant aussi aléatoirement par le truchement de l'intellect et de la raison. On n'a rien trouvé de mieux.

La conscience humaine possède quatre caractéristiques principales : l'intellect, la raison, l'émotion et l'intuition. Toutes constituent l'attirail complet de la pensée et de l'action humaine. Les psychologues aiment vous classer dans des catégories de pensée. Un intellectuel prend des décisions fondées sur l'intellect tandis qu'un individu émotif prend des décisions entièrement motivées par les émotions. La personne ultrarationnelle n'applique que des solutions basées sur la raison. Où situer alors l'intuition ? En fait, elle ne se situe pas vraiment. Il faut voir ce qu'elle est, d'où elle vient et comment vous la ressentez. Vous comprendrez mieux lorsque j'aurai terminé.

Vous devrez composer de plus en plus avec l'intuition car elle deviendra aussi importante que toutes vos autres caractéristiques. L'intuition n'est pas quelque chose qui apparaît puis disparaît aléatoirement comme le hoquet. Jusqu'ici, les psychologues l'ont considérée comme un court rêve éveillé, sans lui accorder plus de poids. Pourtant, elle ne survient pas au hasard entre des pensées rationnelles. Elle est beaucoup plus intense que les pensées. Il se produit un changement sur la planète et certaines des caractéristiques les plus fondamentales de Gaia se rajustent. Vous êtes ici dans un centre de sagesse classique [Cuzco, au Pérou] qui s'éveille et acquiert de la puissance parce que la conscience de l'humanité fait davantage honneur à la sagesse.

Le nombre de touristes qui visitent cette ville a augmenté au cours des dernières années. Cette augmentation n'est pas due à une réaction émotionnelle ni à une promotion rationnelle ou intellectuelle. C'est un phénomène presque exclusivement intuitif. Voilà la différence entre l'intuition et les autres facultés humaines. L'intuition est la conscience quantique, la seule qui puisse se mesurer par l'observation de l'action de masse. Des millions de visiteurs sont venus ici parce que quelque chose se passe dans cette région et qu'ils l'ont perçu intuitivement. On pourrait dire que l'intuition est donc une partie quantique du cerveau beaucoup plus importante qu'on ne l'a cru. Elle a atteint les masses par une seule idée.

Dans le passé, d'autres facultés ont été responsables de votre survie tridimensionnelle. La guerre n'est pas un phénomène intellectuel, mais émotionnel. Des intellectuels peuvent discuter en faveur de la guerre ou contre elle, mais aucun ne peut discuter avec l'intuition. Ce que j'entends par là, c'est que jus-

qu'ici les parties tridimensionnelles de votre cerveau avaient le contrôle. Toutefois, compte tenu du réajustement en cours sur cette planète, la partie quantique de votre cerveau commence à se manifester. L'intuition est multidimensionnelle et c'est pourquoi nous l'avons incluse dans le sens d'une lettre du mot « kundalini ».

Attardons-nous un peu au fonctionnement de l'intuition. Quelle est sa fonction ? Comment est-elle créée dans le corps ? Pourquoi n'y croyez-vous pas quand elle survient ? Essayons de voir d'où elle vient. Certains d'entre vous ne seront pas étonnés d'apprendre qu'elle est générée par la glande pinéale. Cette dernière, qui correspond au troisième œil dans les traditions de plusieurs civilisations, est la partie du portail de votre conscience qui réagit au Soi supérieur. Les petites pensées que vous recevez, et dont vous en écartez peut-être quelques-unes, sont de l'action intuitive. Elles passent si rapidement que leur signification reste incertaine. Elles arrivent par le portail de la glande pinéale, par votre Soi supérieur.

Alors que les humains réajustent leur structure cellulaire, leur ADN réagit aux nouvelles instructions d'une conscience en évolution. Chez ceux qui recherchent la vérité et qui s'éveillent à la lumière, la taille du portail pinéal augmente. La communication avec le Soi supérieur s'élargit et les pensées intuitives prennent le pas sur la raison et l'émotion. C'est ce qui vous distingue des autres. La pensée intuitive n'a pas toujours l'air sensée quand on l'examine avec la raison.

Si vous décidez de réorienter votre vie par suite d'une pensée intuitive, votre entourage vous dira peut-être : « Attends un peu ! C'est insensé ! As-tu bien réfléchi ? Est-ce vraiment raisonnable ? » Vous répondrez que cela n'a aucune importance car vos pensées intuitives viennent de votre être divin. Le travailleur de lumière reçoit des messages de son Soi divin. Maintenant, écoutez-moi bien, chers humains. Ceci n'est pas un jugement, mais vous avez énormément tendance à ignorer votre intuition ou même à ne pas admettre qu'elle existe. Penchons-nous donc sur son fonctionnement.

Si l'intuition est surtout multidimensionnelle, elle ne communique pas avec vous linéairement. Transportons-nous dans l'esprit d'un artiste qui compose une œuvre musicale. Voici ce qu'il ne pourra jamais vous expliquer : la musique qu'il écrit lui est venue tout d'un coup. Toute la mélodie, tous les liens entre les parties se sont présentés en même temps dans son cerveau. L'artiste procède ensuite à la transcription de cette idée intuitive fugitive sous la forme de notations musicales structurées.

Quelle œuvre musicale touche votre âme? Peut-être même vous tire-t-elle quelques larmes et touche-t-elle votre cœur? Sachez que cette belle musique peut vous sembler complexe quand vous l'entendez dans le temps linéaire, mais qu'elle vient au compositeur en un éclair et qu'elle a le pouvoir de vous émouvoir. Il en est de même pour la canalisation spirituelle!

Les artistes connaissent l'intuition quantique. Celui qui place des couleurs sur un canevas n'expérimente pas et n'efface pas à mesure. Les chefs-d'œuvre exposés dans les galeries ne sont pas le fruit d'une expérimentation avec les couleurs. Ces artistes savaient exactement ce qu'ils faisaient. Ils ont tout obtenu en moins d'une seconde, par l'intuition. Dans toute sa beauté, la toile était dans leur esprit longtemps avant qu'ils prennent leur pinceau. Nous vous avons déjà expliqué que le sculpteur prenait une pierre et en enlevait les parties inutiles afin de créer ce qu'il y voyait déjà. Tout cela fut créé en une fraction de seconde.

Transposez le phénomène dans votre vie. Un nouveau paradigme veut que la pensée intuitive soit reconnue. Plus elle le sera, mieux vous serez. Pourquoi donc ne croyez-vous pas à vos pensées intuitives? N'est-il pas intéressant que l'émotion et l'intellect réagissent à l'autorité? L'intuition ne joue aucun rôle dans ce scénario. Il vous faut plutôt sortir du monde tridimensionnel et laisser l'intuition jouer un rôle égal aux autres. Si vous le faites, l'intellect et l'émotion s'aligneront et s'unifieront.

Plusieurs humains se laissent guider par l'intuition quantique. Si vous les interrogez à ce sujet, ils vous répondront très clairement. Chez eux, l'intellect, qui crée la raison, est pertinent car il est soumis à l'intuition. Ces gens se sentent équilibrés sur le plan émotionnel et non craintifs.

Les indigènes les plus purs de la planète ont utilisé leur intuition au maximum. Ils étaient tellement intuitifs qu'ils ont pu voir, il y a des milliers d'années, le cycle de la vie en eux-mêmes et dans la nature. Aux yeux du monde moderne, ce n'est là que de la mythologie, mais peut-être ces indigènes étaient-

ils plus quantiques que toutes les personnes présentes aujourd'hui dans cette salle.

Faisons un test. L'intuition est si soudaine et si fugitive que vous ne la croyez pas. Voici le test. Mettez de côté tout ce que vous avez appris et répondez intuitivement à mes questions. Quand je vous poserai une question, saisissez la pensée intuitive qu'elle suscite. La première impression est toujours la bonne. Considérez-la comme une révélation pour votre esprit. L'intuition n'est pas ancrée dans vos pensées tridimensionnelles. Si vous l'acceptez, elle révèle votre pensée réelle. Le portail du Soi supérieur ne ment jamais. Le seul problème réside dans votre acceptation. Si votre formation s'y oppose, c'est votre partie tridimensionnelle qui l'emporte.

Arrêtons-nous un instant. Certaines de mes questions sont faciles et d'autres le sont moins. Je vous poserai donc une question et vous capterez la première impression intuitive qui émergera, non ce que vos parents vous ont appris ni ce que la société vous a imposé. Vous êtes seuls dans ce test avec vos propres pensées. Quelles seront donc vos réponses à ces questions?

Question : Dieu est-il réel?

Ressentez. Cette question est facile. Avez-vous ressenti quelque chose? Autrement, vous ne seriez pas venus ici aujourd'hui, n'est-ce pas? Vous connaissez donc la réponse à cette question. Cela fut votre premier éclair intuitif: « Bien sûr, absolument. » Sauf que votre intellect et votre raison savent qu'il n'existe pas de preuve. Pourquoi alors êtes-vous si certains de la justesse de votre réponse? Parce que votre expérience de vie avec un Dieu invisible vous a procuré tout ce dont vous avez besoin pour répondre par l'affirmative. Ce fut donc là votre première pensée intuitive et vous l'avez reconnue.

Voyons maintenant ce qui se produira si nous vous demandons de définir Dieu. L'intellect et l'émotion combattront l'intuition.

Cela deviendra plus difficile.

Question : est-il possible de parler à Dieu?

Votre premier éclair intuitif. Allez-y! Pouvez-vous converser avec le créateur? Oui ou non? Cela commence à interférer avec votre formation, n'est-ce pas? Vous ressentez le léger conflit?

Question : Dieu est-il à l'intérieur de vous?

Vous excellez à ce test. Je sais qui se trouve dans cette salle et je vous donne intentionnellement des leçons intuitives sur des choses que vous savez déjà. Il s'agit d'exercer votre « muscle intuitif ». Comme aucune réponse à ces questions n'est démontrable, l'intellect ne peut vous fournir avec autorité une bonne information sur le sujet. Il ne peut que vous donner une opinion fondée sur votre formation et selon laquelle vous êtes stupides, ce n'est pas rationnel, vous êtes trop émotifs. Il n'existe ni preuves ni réfutations. Ce sont des jugements! Voilà qui reflète bien la dualité de l'être humain. Dieu est-il en vous? Usez de votre intuition. N'ayez pas une opinion issue de votre cerveau.

Plus tôt aujourd'hui, mon partenaire a fourni une réponse qui venait de moi, non de lui. Certains l'ont captée et même lui ne savait pas trop pourquoi il avait dit que les humains avaient tendance à se juger eux-mêmes. C'est le combat entre la pensée intuitive divine et le tandem émotion/intellect. L'intellect dit : « Vous avez eu une pensée intuitive qui n'a pas duré très longtemps, n'est-ce pas? Ce n'était donc qu'un minirêve insignifiant. Il n'était pas rationnel. Comme vous ne pouvez même pas arriver à comprendre ce que votre intuition a dit, ne pensez plus à ces trucs invisibles et revenez sur terre. » Votre conscience a émis un jugement fondé sur une opinion, non sur une conclusion.

Dieu est-il réel? Dieu vous parle-t-il? Oui. Si vous renforcez votre muscle intuitif, vos pensées intuitives seront moins brèves et plus claires.

Imaginez-vous dans la forêt ou la jungle, ou encore dans une région sauvage. Vous êtes complètement seul et il n'y a aucun humain à moins de plusieurs centaines de kilomètres.

Répondez maintenant à cette question : la nature sait-elle que vous êtes là? Êtes-vous un simple observateur ou participez-vous à la nature par votre présence? Presque tout le monde ici connaît la réponse : la nature vous connaît et vous n'êtes pas seul. Même les feuilles des arbres vous saluent. L'air qui entre dans vos poumons sait qui vous êtes et le sol connaît la pointure de vos chaussures. C'est une merveilleuse communication. Maintenant, prouvez-le.

Où sont l'intellect et le corps émotionnel quand vous avez besoin d'une telle preuve? Il n'existe aucune preuve, et pourtant le travailleur de lumière n'hésite pas à adhérer à sa vérité intuitive. Vous avez donc privilégié la pensée intuitive et vous n'avez pas besoin de l'autre pensée pour vérifier quoi que ce soit. Vous «savez» sur le plan intuitif, mais vous laissez ensuite l'intellect et l'émotion intervenir. Dans ce cas, vous connaissez d'abord la vérité grâce à la pensée intuitive. Ce sont là des exemples qui vous aideront à reconnaître ces pensées intuitives. Vous pourrez ensuite utiliser votre intuition pour résoudre les difficiles problèmes de l'existence.

Une dernière question avant de terminer. Un homme assis sur une chaise placée sur une scène, à Cuzco, dit canaliser Kryeon. Son message est-il réel?

L'intellect, la raison et l'émotion protesteront avec véhémence : «Non! Dieu ne parle pas aux humains de cette manière!» C'est toute votre formation et tous vos préjugés qui s'expriment par le truchement de l'intellect. Bien qu'il n'existe aucune preuve dans un sens comme dans l'autre, cette réponse se présente comme une autorité qui n'est pourtant fondée sur rien d'autre que ce que l'on vous a appris. Il s'agit d'une opinion.

Et si Dieu était plus que ce que vous pensez? Peut-être existe-t-il une merveilleuse énergie créatrice qui écrit les chansons que vous aimez entendre et qui peint les tableaux que vous aimez regarder. Vous ne pouvez nier l'existence d'une partie de cette énergie tout en reconnaissant l'existence de l'autre partie. Voyez-vous ce que je veux dire? Vous ne pouvez tirer un trait pour séparer les choses invisibles qui sont réelles de celles qui ne le sont pas. Vous assistez ici à un événement de création, tout comme l'acte de peindre ou d'écrire une œuvre musicale. Cela s'appelle la canalisation spirituelle. Est-elle réelle?

Ainsi se termine l'exercice d'aujourd'hui car certains membres de l'assistance le refusent. Sachez donc ceci : il en sera autrement demain si vous laissez à votre intuition la chance de vous fournir des messages. C'est tellement fondamental. «Où cela nous mène-t-il, Kryeon? Pourquoi abordez-vous un tel sujet?» Parce que c'est l'esprit intuitif qui vous guidera quant à l'avenir de votre planète. C'est l'intuition qui vous dira : «Plus de guerres.» L'intellect et l'émotion reculeront alors à leur juste place.

C'est l'intuition qui unifiera ce qui ne l'a jamais été dans le passé. C'est l'intuition qui créera de nouveaux paradigmes de vie. C'est l'intuition qui conduira les biologistes à trouver de la vie dans le sol et dans les pierres, qui sont dans un état semi-quantique. Ces découvertes ne pourront pas voir le jour si l'humanité n'obéit qu'à l'intellect, à la raison et à l'émotion.

Un jour viendra où la méthode scientifique accordera de la crédibilité à la pensée intuitive. Vous saurez alors qu'elle est réelle. Les scientifiques ne la trouveront pas aussi rapidement que vous. Il existe un Dieu aimant à l'intérieur de vous. Ce Dieu sait tout de vous et il veut vous parler plus clairement, élargir la structure cellulaire et la communication afin que vous puissiez déterminer quelle est la réelle vérité.

Une autre question, celle-là sans réponse : chers humains, compte tenu de tout ce que vous êtes, est-il sensé que vous ne viviez que 80 ans et qu'ensuite ce soit la fin? N'est-ce pas étrange? Réfléchissez à cela et laissez votre intuition y répondre entièrement.

(Canalisation de Kryeon intitulée « La lettre "i" du mot "kundalini" », donnée à Cuzco, au Pérou, le 31 octobre 2012.)

Nouvel humain (le second « n » du mot « kundalini »)

Je veux que vous observiez ce qui se passe sur la scène. Il s'agit d'un événement quantique. Des Nord-Américains [Lee Carroll et Peggy Phoenix Dubro] sont présents sur cette scène bien installée en Amérique du Sud. Ils canalisent l'énergie de la sagesse féminine divine qui émane de cet endroit. C'est la rencontre de l'Aigle et du Condor qui a lieu ici en ce moment même.

Si ce n'était pas le cas, pourquoi ces Nord-Américains seraient-ils ici? Ils ne vous apportent pas leur sagesse car vous avez la vôtre! Ils sont venus rendre honneur à la sagesse qui se dégage du sol ici même. Certains d'entre vous sont leurs propres ancêtres! Vous vous rendez compte? On rend honneur ici aux Anciens. Le symbole est présent depuis le début de cette tournée [la tournée de la kundalini 2012], qui a pour thème le nouvel équilibre du Nord et du Sud. Eh bien, le voici sous vos yeux sur cette scène. Une partie de la prophétie est réalisée.

Certains parmi vous s'interrogent peut-être sur la réalité de la canalisation. Deux canalisateurs sont installés sur la scène aujourd'hui, mais ils ne font qu'un. Ils ne canalisent pas deux sources. Une seule source s'écoule en eux et elle provient de l'autre côté du voile. Vous pouvez l'appeler Dieu, mais nous l'appe-

lons « la famille » car vous faites partie de nous et il n'y a pas de séparation. Je veux également que vous considériez une autre chose qui est survenue. Je suis sur le point de vous livrer un message concernant une autre lettre du mot « kundalini », la huitième. En numérologie, le huit représente la manifestation. Il s'agit de la lettre « n » et je n'ai pas à vous en donner le sens car je l'ai déjà fait. La sagesse divine féminine vient de vous le dire. Nous ne faisons qu'un et ce message est celui du Nouvel Humain. Ce n'est pas moi, mais elle [Peggy Phoenix Dubro, qui canalise à côté de Lee] qui vous l'a donné. Vous voyez : nous ne faisons qu'un.

Que signifie donc le mouvement de l'énergie de la kundalini ? S'agit-il d'une intéressante caractéristique terrestre ? D'un phénomène shamanique ? Est-ce simplement une réalité péruvienne ? Non. Il concerne l'humanité entière, et cette région du monde joue un rôle majeur dans ce changement.

Nous avons déjà mentionné que les nouvelles semences de la conscience avaient été plantées. Qu'elles soient les semences de la connaissance. Les événements qui se déroulent sur la planète en raison de ce nouvel équilibre affectent directement les humains partout sur le globe. Les prédictions ne concernaient pas la Terre en elle-même, mais plutôt son équilibre, qui exerce un effet sur les humains. La conscience humaine subit un changement qui donne naissance à un nouvel humain. Le paradigme de l'humanité se transforme, et même ce que vous appelez la nature humaine.

Nous avons couvert plusieurs sujets au cours des dernières semaines, tout en évoquant ce nouvel équilibre du Nord et du Sud, symbolisé par la fusion de l'Aigle et du Condor. C'est leur union qui constitue le nouvel équilibre. Elle crée un nouveau potentiel pour la conscience humaine, qui équilibre les aspects masculin et féminin chez tous les humains et non seulement chez ceux qui sont présents ici.

Nous avons ensuite parlé de l'unité qui apparaît petit à petit et qui est nouvelle sur cette planète. Nous vous avons prédit l'unification de l'Amérique du Sud. Dans le Nord, d'anciens ennemis se sont unis par des traités commerciaux, ce qui aurait été impossible dans la vieille énergie. De nouvelles idées sont maintenant réalisables. Le Nouvel Humain voit la vie différemment de vos parents ou de vos grands-parents.

La pensée humaine change de paradigme, ce qui accélère l'apparition du Nouvel Humain. La dernière canalisation concernant une lettre du mot «kundalini» traitait de l'intuition, accordant un rôle majeur, aux côtés de l'intellect, de la raison et de l'émotion, à une énergie quantique créée dans la glande pinéale. C'est un nouveau paradigme humain qui annule l'instinct de la survie à tout prix.

Il y a toutefois un paradoxe dans le fait que vous ne pouvez pas définir la nouvelle partie de l'humain et que vous commencez à l'utiliser autant que toute autre partie de votre cerveau. Bienvenue dans la nouvelle énigme quantique! Vous quittez la pensée fondée uniquement sur la raison pour donner de la crédibilité à quelque chose qui était auparavant indéfinissable.

J'aimerais en outre vous parler des potentialités non seulement de la nouvelle pensée humaine, mais aussi de ce qui se passe sur une planète qui devient plus quantique. À quoi pouvez-vous vous attendre?

Certains prédisent le futur en se fondant sur la pensée du passé. Ils appuient leurs prédictions sur ce que l'humanité a fait naturellement au cours des âges, et pourtant très peu de ces événements auront lieu. Et si les humains changeaient leur mode de pensée? Et si le cerveau humain se connectait quantiquement à la planète?

Je vais ici vous parler de certaines choses qui brosseront un tableau auquel vous n'avez pas pensé. Il sera question de l'invention humaine. J'ai déjà abordé ce sujet, mais pas dans votre langue [l'espagnol]. Ce sera un résumé pour certains, mais quelque chose de nouveau pour la plupart. Avez-vous remarqué que les grandes inventions que vous appelez des «percées technologiques planétaires» se sont produites presque simultanément en divers endroits de la planète? Les premiers vols ont eu lieu en Amérique, mais on y travaillait simultanément de l'autre côté du globe. En fait, les Nord-Américains ont devancé les Européens d'une semaine seulement! Au même moment, les frères Wright développaient leur aéroplane, à l'instar des Français. Pensez-vous que c'était une simple coïncidence? Pourquoi une même idée surgit-elle en même temps en divers endroits? Que vous a-t-elle apporté? La capacité de voler.

Ne trouvez-vous pas étrange que l'humanité ait observé les oiseaux pendant des milliers d'années et que même les Chinois aient eu des cerfs-volants?

Pourtant, on n'avait jamais développé d'appareil permettant de voler, et quand c'est arrivé cela s'est produit en plusieurs endroits en même temps.

Le développement de la radio fut littéralement terminé et révélé en quelques semaines également. Les divers chercheurs qui travaillaient à la même invention ne se connaissaient pas mutuellement et aucun n'était au courant des travaux des autres. La controverse subsiste quant à savoir qui fut le premier. Avez-vous songé aux probabilités d'une telle synchronie ? Comment les choses peuvent-elles se passer ainsi ? Quand l'humanité possède la conscience adéquate, Gaia permet l'émergence de l'invention. Tout avance selon un système. Lorsque la pensée humaine évolue, Gaia réagit. La terre qui vous porte vous rend ce que vous lui donnez. Les Anciens le savaient quand ils cultivaient des aliments. Ils rendaient honneur à la terre, qui le leur rendait. C'est un système.

Avez-vous déjà pensé que l'humanité recevait les idées quand elle y était prête ? Bien que les intellectuels croient que l'humanité peut tout traverser constamment par la pensée, je vous dis que ce n'est pas le cas. Autrement, les inventions majeures de votre époque auraient eu lieu il y a longtemps. Les humains ne sont pas devenus super-intelligents en un siècle.

Cela se produira de nouveau. Préparez-vous à des inventions majeures qui vont tout changer. Vous semez actuellement les graines d'une civilisation quantique. C'est une réalité différente de celle à laquelle vous êtes habitués. Qu'arrivera-t-il quand vous disposerez de l'énergie quantique ? Elle sera le catalyseur d'une nouvelle conscience. Vous avez vu ce qui s'est passé au début de l'ère électronique ? Vous avez vu comment une découverte en a rapidement entraîné une autre ? Il y a à peine quelques années que vous pouvez envoyer des messages sans fil. Voyez où cela vous a conduits. Regardez les puissants outils informatiques installés sur votre bureau ! C'est ce qui arrive quand il y a une percée majeure : une invention mène vite à une autre.

Que se passera-t-il lorsque vous découvrirez l'énergie quantique ? Vous n'avez aucune idée de ce que vous verrez quand existera un instrument permettant de la capter. Une porte s'ouvrira sur un monde complexe et inexplicable qui coupera le souffle à l'humanité. Quand on tournera la poignée de cette porte permettant de voir l'énergie quantique, on devra réécrire tous les manuels scientifiques. Ce n'est là qu'une chose parmi bien d'autres. Il en naîtra une nouvelle conscience d'ici dix-huit ans.

Cela s'est déjà passé sur d'autres planètes et c'est pourquoi je peux vous en parler. Voici quelques indices. Quand vous posséderez cette invention et regarderez autour de vous avec les yeux d'un observateur quantique, vous verrez des choses insoupçonnées, dont une bulle d'énergie quantique de huit mètres de largeur, avec de magnifiques couleurs changeantes, autour de chaque être humain.

Quand vous dirigerez l'instrument sur une forêt, vous verrez la vie quantique et l'énergie multidimensionnelle qui s'y trouve. Vous serez ébahis de trouver de la vie dans les pierres! Ce ne sera pas de la vie tridimensionnelle comme celle à laquelle vous êtes habitués, mais de la vie quantique. Les mystères de la forêt et des arbres s'expliqueront. La science devra redéfinir la vie car cette vie quantique réagira à l'observation tout en correspondant à plusieurs des critères actuels qui définissent la vie telle que vous la connaissez à ce jour.

Il y a toutefois certaines découvertes que les humains doivent faire eux-mêmes. Pouvez-vous imaginer un dialogue avec un arbre ou avec un rocher? Et avec l'air que vous respirez? Un dialogue! Ce ne sera pas un langage humain ni le genre de conversation que vous connaissez, mais plutôt un dialogue quantique. C'est pour bientôt. Je ne peux pas l'expliquer, mais cela redéfinira votre monde. Attendez d'observer ainsi les étoiles! Le Nouvel Humain crée une nouvelle énergie pour Gaia qui y réagit par une nouvelle énergie pour vous.

Enfin, quelques mots sur l'ADN. J'en ai déjà parlé, mais il vous faut l'entendre dans votre langue. L'ADN humain gagne en efficacité. Les animaux ont un instinct inné. Un jeune bison court avec le troupeau quelques heures à peine après sa naissance. Il sait ce qui est toxique et ce qui ne l'est pas. Il sait qui sont ses ennemis!

En revanche, les humains sont sans défense! Il leur faut des années pour apprendre à marcher et à parler. Vous croyez que c'est normal, n'est-ce pas? Aucun instinct n'est transmis au bébé. Tout est à recommencer chaque fois. Tout cela va changer. Imaginez un enfant qui a déjà appris à ne pas mettre la main sur la cuisinière! Vous avez vu la vidéo que nous avons présentée aujour-

d'hui? [Une vidéo montrée lors du séminaire et dans laquelle un enfant de quatre ans joue du piano comme un virtuose.] Vous avez vu cet enfant au clavier? Tel sera l'avenir! L'être humain naîtra avec beaucoup plus d'instinct, de mémoire et de sagesse. Cela se produit déjà.

L'ADN humain évoluera. Les vieilles âmes sauront ce qu'elles sont quand elles arriveront sur cette planète. Vous le saurez la prochaine fois dès l'âge de cinq ou six ans. Vous ferez alors ce que font à l'heure actuelle les enfants de dix ou onze ans. Pour la première fois sur cette planète, votre ADN sera équilibré, ce qui favorisera la manifestation. Tel sera le Nouvel Humain à compter de maintenant. Vous verrez.

(Canalisation de Kryeon intitulée « La seconde lettre "n" du mot "kundalini" », donnée à Lima, au Pérou, le 3 novembre 2012.)

Illumination (la seconde lettre « i » du mot « kundalini »)

Définissons la neuvième et dernière lettre du mot « kundalini ». C'est celle de l'achèvement. Il s'agit d'un « i » et je lui donnerai un nom dans un instant, mais je vous dirai d'abord quelque chose que je n'ai jamais dit auparavant : ce qui s'est passé ces dernières années avait été prédit en totalité. Les prédictions ne sont que des mesures de potentialités. Toutefois, en 1987, les choses se sont mises à bouger. Les prédictions fondées sur la vieille énergie ont commencé à s'estomper et leurs potentialités se sont affaiblies. Ces prédictions parlaient de la fin de l'humanité, d'une guerre finale et de la destruction de toute « civilisation normale ». Elles étaient exactes pour leur époque car il semblait bien que la Terre ne franchirait pas le cap. Elles étaient toutefois soumises au libre arbitre et, si elles s'étaient réalisées, il n'y aurait eu aucun jugement.

Le test étant ce qu'il est, l'énigme n'aurait pas été résolue. Or, tout a changé. En 1987 a eu lieu ce que vous avez appelé la Convergence harmonique. C'était juste avant 1994, début de la période de la précession des équinoxes. Les potentialités ont commencé à changer. En peu de temps, un groupe de vieilles âmes a imprégné la grille cristalline. Gaia s'est mise à réagir de nouveau à la conscience, et la Convergence harmonique a reçu l'appellation 11 :11, ce nombre que plusieurs d'entre vous continuent de voir d'une façon non linéaire presque partout. Il s'est ensuite écoulé vingt-cinq ans pendant lesquels les travailleurs de lumière se sont demandé quelle en était la signification. Puis mon partenaire [Lee] s'est réveillé et il a trouvé ce qu'il devait trouver.

Deux ans plus tard [1989], je suis entré en scène. J'étais ici depuis le début et certains m'avaient canalisé précédemment, mais, en 1989, j'ai demandé à mon partenaire s'il était prêt à revêtir le manteau de Kryeon et à remplir sa mission terrestre. De manière typique, il a dit non. Il a fallu quatre ans de plus pour le convaincre de ma réalité, ce qu'il avait le libre choix de découvrir. Il lui restait encore du temps avant le début de la transformation. En 1994, il était prêt et la transformation a débuté. Elle consistait, du moins en partie, à remplacer des prédictions appartenant à la vieille énergie par celles qui relevaient de la nouvelle.

Il y a ici un paradoxe car ces vieilles prédictions ne sont pas si vieilles. Elles sont issues de textes récents, comme ceux de Nostradamus. Les nouvelles prédictions proviennent des indigènes qui sont ici depuis plus de dix mille ans et qui furent les premiers à interpréter le langage des étoiles. Ils ont vu le changement se produire tous les cinq siècles. Ils se sont tus lorsque les autres prédictions étaient en vigueur, mais, après le tournant du millénaire, ils savaient que les prédictions de leurs ancêtres étaient justes. Il y a douze ans, quand il fut évident que les vieilles prédictions ne se réaliseraient pas, les potentialités des prédictions originelles sont apparues clairement.

Les tribus indigènes qui existaient encore sur la planète en ont pris conscience et se sont mises à se rencontrer. Celles de l'hémisphère Nord et de l'hémisphère Sud se sont rassemblées et ont découvert que leurs prédictions respectives étaient les mêmes. Les Lakotas, les Hopis, les Navajos et les Mayas ont réalisé qu'ils ne faisaient qu'un car les Anciens de toutes ces tribus possédaient les mêmes prophéties.

Vous verrez naître une nouvelle unité sur la planète. On lui donnera divers noms : le voyage du Serpent à plumes, l'éveil du Puma, la rencontre de l'Aigle et du Condor. Tous ces noms désignent le même changement. Qu'en pensez-vous ? Le changement a lieu. Le nombre 11 :11 est réel ! Que pensez-vous que représente le « i » ? L'illumination.

Quand mon partenaire a commencé à canaliser mes messages, je lui ai fourni plusieurs métaphores. Au début, nous parlions d'une réalité très simple : l'illumination. C'est ainsi qu'est né le concept de travailleur de lumière, soit celui qui éclaire. Chaque année depuis, nous avons repris une métaphore. La revoici. Plusieurs humains vivent dans une pièce sombre où ils ne se voient pas très bien entre eux et se heurtent constamment les uns contre les autres. Comme ils ne voient pas leurs visages, le mystère et la peur règnent dans la pièce. Ils se séparent donc en petits groupes pour se protéger et conjurer la peur. Cette situation a créé l'incompréhension et l'absence de confiance.

Vient ensuite quelqu'un qui gratte une allumette, éclairant soudain la pièce. Tous voient clair enfin. Ils ne se mettent toutefois pas à la recherche du porteur de lumière et n'essaient même pas de voir d'où vient cet éclairage. Ils voient leur voisin! Leur peur disparaît alors d'un coup car ils s'aperçoivent que le visage de leur voisin est semblable au leur. Ils sont enthousiasmés par la présence de la lumière car elle a créé quelque chose qu'ils n'avaient jamais connu : la conscience de l'autre. Ils cherchent alors des allumettes et ils en trouvent. Celles-ci s'allument les unes après les autres. Voici qu'il y a plus de lumière que jamais dans cette pièce et tous réalisent qu'ils forment une grande famille.

Beaucoup d'autres métaphores existent, mais celle-là décrit le changement prédit par les plus anciens des Anciens, ceux qui étaient en contact avec la terre bien avant les Incas et qui vivaient ici même. Les Incas formaient une civilisation spéciale. C'étaient des maîtres constructeurs, mais la sagesse de ce territoire existait avant leur venue ici.

Je vais maintenant vous dire ce qui viendra après et qui se développera lentement. Où étiez-vous en 1987? Certains diront qu'ils n'étaient pas encore arrivés tandis que d'autres diront qu'ils avaient la moitié de l'âge qu'ils ont à présent ou qu'ils étaient en pleine croissance. Où serez-vous dans dix-huit ans? Le processus est lent, mais vous le savez déjà. Ces choses-là ne sont pas instantanées comme vous aimeriez qu'elles le soient. Je vous expliquerai donc les prochaines étapes, tout en précisant qu'il n'existe pas d'horaire précis. Ce sont des potentialités dans un mélange quantique. En ce moment, vous êtes à mi-chemin de l'éveil. Le changement est à mi-chemin et plusieurs choses vont survenir petit à petit.

La conscience de ce changement progresse et vous la verrez apparaître peu à peu, partout dans le monde. L'intégrité s'établira dans de plus en plus de pays, où l'on ne voudra plus du statu quo qui y règne depuis des siècles. Cette année, vous avez vu apparaître le changement dans trois pays où rien n'avait bougé depuis des siècles. Il s'est accompli doucement, mais pas partout, parce que la vieille énergie ne meurt pas facilement. Nous vous avons révélé les potentialités que la conscience apportera au Moyen-Orient. Nous vous avons dit de surveiller d'étonnants événements qui n'ont été prédits par personne. Personne n'avait prédit la chute de l'Empire soviétique qui est survenue au début de la précession des équinoxes, et personne n'a prédit la révolution iranienne qui aura lieu dans quelque temps.

Le début de la paix au Moyen-Orient viendra d'une manière à laquelle personne n'a jamais pensé. Le processus ne sera ni facile ni rapide, mais il se mettra en place d'ici dix-huit ans. Il s'agira d'un changement complet par rapport à l'attitude qui y règne depuis des siècles. Vous verrez apparaître tout à coup des actes de compassion. Vous savez ce qu'est un acte de compassion? C'est quand un pays dit à un autre : « Qu'importe ce qui s'est produit dans le passé, pourquoi ne pas repartir à neuf? Au lieu de toujours nous craindre mutuellement, pourquoi ne pas partager nos ressources, nos écoles et nos hôpitaux? Pourquoi ne pas oublier le passé? »

N'est-ce pas différent d'auparavant?

(Canalisation de Kryeon intitulée « La seconde lettre "i" du mot "kundalini" », donnée à Lima, au Pérou, le 4 novembre 2012.)

L'Aigle et le Condor

La prophétie de l'Aigle et du Condor remonte à des milliers d'années. Toutes les civilisations indigènes du monde la connaissent, dont celles de l'Amazone, des Andes, de l'Amérique centrale, de l'Amérique du Sud et de l'Amérique du Nord. Selon cette prophétie, les sociétés humaines prendraient des routes différentes. La voie du Condor est celle du cœur, de l'énergie intuitive et mystique. La voie de l'Aigle est celle du cerveau, de la rationalité et du monde matériel. Personnellement, je crois que le Condor représente aussi la sagesse féminine divine tandis que l'Aigle symbolise le masculin.

Cette prophétie indiquait que les deux voies convergeraient au cours du XVIe siècle et que l'Aigle conduirait le Condor au bord de l'extinction. Les livres d'histoire vous raconteront que les Aztèques, les Mayas et les Incas ont été envahis par les conquistadors espagnols au XVIe siècle.

La prophétie affirme ensuite que l'Aigle et le Condor auraient l'occasion, au cours des cinq siècles suivants, de se réunir et de voler ensemble dans le même ciel en suivant la même voie. S'ils saisissent cette occasion, le monde s'équilibrera et la paix régnera sur la planète.

La prophétie prédit en outre le partage du savoir indigène et des technologies scientifiques, l'équilibrage du yin et du yang. La chronologie de la prophétie correspond au changement qui a lieu à présent dans la conscience humaine alors que de vieilles âmes s'éveillent. Cette prophétie est une autre expression du mouvement de la kundalini.

Il s'est produit un événement extraordinaire concernant la réalisation de la prophétie. Un grand rassemblement de tribus indigènes, appelé *Raices de la Tierra* («Racines de la Terre»), a donné à celles-ci l'occasion de partager leur sagesse, leur savoir et leurs prophéties avec des milliers de participants non indigènes.

Raices de la Tierra est né de la vision d'un homme nommé Raymundo North «Tigre» Perez. Raymundo a grandi au Texas, où il a été en contact dès l'enfance avec la spiritualité des Diné (Navajos) de la réserve de Montana Grande (Grosse Montagne) et avec celle des Lakotas de la région du Dakota du Sud. Tigre Perez a consacré son existence à répandre l'essence de la spiritualité parmi les Amérindiens, les indigènes et les métis. Toute sa vie, il a organisé des *temazcals* au Mexique et aux États-Unis. Le *temazcal* est un rituel thérapeutique destiné à purifier le mental, le corps et l'esprit par le feu (parfois des roches volcaniques et des herbes sont placées sur le feu).

Au cours d'une cérémonie spéciale appelée Hanblecheyapi (« quête de vision »), Tigre Perez a eu une vision lui confiant la mission de réunir les grands-mères et les grands-pères de partout en Amérique afin qu'ils prient dans leur langue pour la Terre-Mère et pour l'humanité, et de présenter aux autres ses enseignements.

Pendant plus de trente-cinq ans, il a pour la première fois consacré sa vie à l'accomplissement de sa vision. En 1989, il a rassemblé pour la première fois plusieurs tribus indigènes et métisses d'Amérique dans la communauté de Teopantli Kalpulli, à San Isidro Mazatepec, dans l'État de Jalisco, au Mexique.

En 1995, il fut reconnu comme l'un des leaders du Conseil intertribal des Anciens et comme membre de sept tribus. Au cours de la cérémonie de reconnaissance, on lui offrit une plume de condor et une plume d'aigle pour récompenser son travail de rassemblement intertribal. C'était le dernier jour d'une cérémonie *kiva* au Texas. Deux jours plus tard, Raymundo a rejoint le monde des esprits.

Raices de la Tierra est le fruit de l'héritage de Tigre Perez. Un groupe communautaire connu sous le nom de *Raices del Sur* (« Racines du Sud ») s'est donné pour mission d'apporter les traditions culturelles et spirituelles des peuples indigènes aux « peuples mixtes », permettant ainsi des échanges culturels et sociaux, dont le partage et la propagation d'une relation respectueuse et harmonieuse avec l'environnement. Ce groupe se consacre à la promotion du savoir culturel et ancestral des Amériques chez tous les habitants de la planète Terre.

Raices del Sur est composé de 45 membres volontaires actifs, dont des étudiants et des professionnels de diverses régions et générations. Le principe directeur de leur travail et de leurs services volontaires est de traiter tout le monde sur un même pied, quel que soit le niveau social, culturel ou économique et quelles que soient l'appartenance ethnique, les croyances ou l'orientation sexuelle, afin de contribuer à l'édification d'une société multiculturelle dans l'harmonie et le respect.

Les cérémonies *Raices de la Tierra* réalisent en partie l'ancienne prophétie de l'Aigle et du Condor par l'union spirituelle des peuples du Nord et du Sud. La première a eu lieu à Zapote, au Mexique, en 2005. Elle fut célébrée dans cette région quatre ans de suite parce que ce site représentait le Nord, c'est-à-dire l'Aigle. Le Mexique est un habitat naturel des aigles. On fit ensuite la cérémonie à Casablanca, au Chili, en novembre, de 2009 à 2012. On avait choisi cet endroit parce qu'il représentait le Sud, c'est-à-dire le Condor. Le Chili est un habitat naturel des condors. En décembre 2012, la cérémonie fut célébrée à Bogota, en Colombie, qui représente le Centre, c'est-à-dire à la fois l'Aigle et le Condor. On avait choisi ce lieu parce qu'il se trouve dans la Sierra Nevada de Santa Marta, en Colombie, où les aigles et les condors cohabitent. C'est l'un des rares endroits du monde où leurs habitats respectifs se recoupent.

Raices del Sur invite d'autres groupes à participer à la cérémonie du feu sacré héritée de Raymundo Tigre Perez. Pour obtenir davantage d'informations, visitez le site de cet organisme :

www.raicesdelatierra.org

D'autres cérémonies liées à cette prophétie ont également eu lieu. Lors de l'équinoxe de printemps de mars 2006, un groupe d'Indiens Hopis de l'Arizona, en Amérique du Nord, a recueilli de l'eau de sources sacrées partout dans le monde et l'a transportée dans des gourdes traditionnelles. Les coureurs hopis ont parcouru 3 200 kilomètres à pied pour se rendre au Forum mondial de l'eau, à Mexico.

La nation hopi a participé à une cérémonie attendue de longue date à Teotihuacan, au Mexique, où ses représentants ont été accueillis par un ensemble de tribus, dont les Navajos, les Aztèques et les Mayas. Pour la première fois depuis cinq siècles, ils ont fait la danse de l'Aigle. L'événement fut magnifié par l'apparition d'un aigle qui a tracé six figures étranges au-dessus du groupe.

Un an plus tard, les tribus qui avaient accueilli les Hopis sont retournées à Teotihuacan, où elles ont réuni les quatre éléments : l'eau que les Hopis avaient apportée l'année précédente, le feu allumé par un Ancien maya, la terre et l'air. Ces tribus ont ensuite parcouru les 3 200 kilomètres jusqu'au pays hopi. Pour la première fois, les Hopis ont permis à un groupe extérieur de danser dans leur cour sacrée. On peut trouver un merveilleux enregistrement de ces événements sur YouTube, sous le titre « Eagle and Condor – Film Trailer ».

La prophétie de l'Aigle et du Condor est liée au mouvement de la kundalini et au changement de conscience que nous connaissons à ce jour sur la planète Terre. Cette prophétie fut aussi confirmée par les Anciens au cours d'une canalisation donnée par l'Hawaïenne Kahuna Kalei'iliahi, en 2007.

L'Aigle et le Condor se rencontrent… L'Aigle et le Condor se rencontrent… L'Aigle et le Condor se rencontrent…

Il est temps que l'Aigle s'envole. Il a envoyé son Esprit blanc. Il voyagera dans le sens des aiguilles d'une montre. L'Aigle et le Condor se rencontrent… Les prophéties s'accomplissent… Tous les peuples indigènes de la Terre ont parlé de cet événement. L'Aigle s'est envolé pour aller rencontrer le Condor… Les prophéties se réalisent… Tous les peuples indigènes de la Terre l'ont prédit. L'Aigle s'est envolé à la rencontre du Condor.

(On demande à Kalei de porter ce message à sa nièce apache Maria Yraceburu.) Le temps est propice à la construction de nouvelles fondations terrestres. Le moment convient (le message fut reçu à 4 :48). Le temps s'est accéléré et les événements se sont précipités… car l'Aigle rencontre le Condor. La conscience de la race humaine évoluera désormais plus rapidement. Confiance. Tout est bien.

Vole sur les ailes de l'Aigle, courageux guerrier de la lumière [Reynolds]… Les changements terrestres auront lieu dans la direction nord-est. Envoyez-y de la lumière. Plusieurs choisiront de quitter la Terre-Mère, mais soyez sans crainte ! Ils reviendront sous la forme de petites colombes de la Paix qui entoureront la tête des oints. Tout est relié au réseau de la vie.

Le grand chef blanc du ciel parlera à tous ceux qui l'écouteront et dont le cœur est pur et plein d'amour. Il est temps que les quatre races s'unissent pour célébrer votre unicité. Pardonnez le passé et libérez-le. Pardonnez, mes frères et sœurs, nous vous en implorons… PARDONNEZ. Pardonnez maintenant.

L'Aigle a pris son envol. L'Esprit de l'Aigle blanc monte en flèche dans son voyage sacré à la rencontre du Condor afin de réaliser la prophétie.

Celui que nous appelons le frère de lumière [Reynolds] sent monter la «pression» alors que la vibration terrestre s'élève. (Il n'est qu'un jeune garçon chevauchant le Grand Aigle blanc.) Un jeune garçon promis depuis longtemps au lac [lors de la canalisation reçue par Reynolds au lac Tahoe].

Équilibrez. Équilibrez la Terre et équilibrez-vous. Unissez le féminin au masculin. D'autres viendront compléter ce message. Bon voyage jusqu'à la Terre nouvelle!

(Canalisation donnée par Kahuna Kalei'iliahi à Hilo, Hawaii, le 26 août 2007.)

L'éveil du Puma

J'ai entendu parler de l'éveil du Puma pour la première fois lorsque j'ai visité Cuzco, au Pérou. C'est dans cette ville que j'ai rencontré un shaman prénommé Mallku. J'ai tout de suite aimé le fait qu'il n'avait pas peur de parler ouvertement de son savoir, de sa sagesse et de son intuition, même si c'était parfois en contradiction avec les anciennes traditions. Mallku croit que de s'accrocher aux traditions, particulièrement si elles sont fondées sur la mythologie, nous empêche d'apprendre des vérités et d'avancer. Je dois dire que je suis d'accord car même Kryeon évoque l'importance d'user de l'intelligence spirituelle. Laissez-moi ici vous parler un peu de Mallku.

Ce shaman est un visionnaire et un leader spirituel doué. Profondément passionné, il se consacre à la propagation de la conscience, de la justesse et de la clarté en ce qui concerne la culture andine. Il est un expert intuitif dans la compréhension et la traduction du savoir ésotérique de l'archéoastronomie andine, qu'il a révélée pour la première fois dans son livre intitulé *Camino Initiático Inka, el Despertar del Puma* («La voie initiatrice inca – L'Éveil du Puma»). À sa façon, Mallku fait revivre le savoir des Anciens dont parle Kryeon. Voici un résumé de son livre, emprunté au site Internet de l'Association mondiale des écrivains andins.

Dans « L'Éveil du Puma », Mallku nous présente des messages convaincants datant d'une époque de l'histoire des Andes où les maîtres vivaient dans une intense connexion consciente et interdépendante avec la Pachamama, la Terre-Mère. Avec leur intuition et leur respect de la nature, ces sages ont laissé aux générations futures une voie tangible facile à découvrir.

Mallku guide notre âme dans un pèlerinage d'illumination depuis des lieux de pouvoir et des portails dimensionnels jusqu'à des sources thérapeutiques, dans la nature magique et les montagnes célestes. La traversée physique de ces lieux de pouvoir est une deuxième étape de cette exploration destinée à nous montrer la beauté et la sagesse.

Le sol et la population de ces montagnes magiques sont effectivement très inspirants, comme le sont la recherche minutieuse et les explications claires de Mallku, grâce auxquelles nous pouvons être témoins de la beauté de l'union du passé et du présent, vivant de l'excitante promesse de la continuité future.

Pour ceux qui sont familiarisés avec les expériences chamaniques et les pratiques des civilisations anciennes, certaines parties de ces messages valideront leur cheminement cosmique et le besoin d'unir leurs voix pour un monde meilleur. L'initié assimile les secrets de la nature, ce qui lui donne de l'intuition, de la dextérité, de la vision et la capacité de transformer l'énergie afin de susciter la paix chez l'espèce humaine. L'un des aspects les plus intéressants des enseignements de Mallku, c'est que les portes de ces nouvelles dimensions de la conscience ont récemment été ouvertes pour nous en raison du début d'une ère nouvelle appelée « Pachakuti » ou Cycle cosmique. L'histoire des Andes est divisée en segments de mille ans, avec une époque transformationnelle tous les cinq siècles. Lors du solstice d'été de juin 1992, nous avons franchi l'une de ces transitions historiques.

Le maître visionnaire inca Pachakuti fut responsable de la conception de la ville de Cuzco en forme de puma, amenant ainsi sur terre cet animal céleste afin de répandre la force et l'illumination chez tous les habitants et les pèlerins de l'époque. Ce Puma, centre de la société inca, est progressivement éclairé à chaque lever du jour, symbolisant l'éveil progressif du développement transcendant de la conscience chez les humains. L'histoire des Andes fut écrite par les envahisseurs d'un territoire qui, après cinq siècles de domination, revient maintenant à une nouvelle ère d'équilibre et d'indépendance. Les portes spirituelles et psychiques qui restèrent fermées pendant des siècles s'ouvrent enfin, nous propulsant vers de nouveaux sommets de responsabilité et de reconnexion à notre planète.

Il nous reste encore beaucoup à découvrir au sujet de la sagesse et de la vision de nos ancêtres. Nous voici dans une ère nouvelle dont la mission est liée à celle de l'ancien cycle, bien qu'elle soit différente. La tolérance et le respect entre les diverses cultures, joints à la capacité de différer ou non d'opinion, constituent une étape évolutionnaire majeure vers le Pachakuti. L'incessante lutte destructrice pour dominer qui a lieu entre des peuples d'une vision limitée qui s'accrochent à une manifestation de la divinité aux dépens d'une autre sera remplacée par la reconnaissance des nombreux aspects du divin.

Mallku annonce qu'il explorera d'autres secrets de la sagesse andine dans des ouvrages subséquents où il traitera des sujets suivants : les pratiques et les connexions magiques des régions côtières et des jungles, l'utilisation cérémonielle des plantes de pouvoir, l'interaction avec les sites sacrés dans le temps cosmique et la guidance jusqu'au monde fantastique des maîtres andins avec l'intention d'éveiller notre propre Puma solaire et de réaliser la paix sur la Terre.

Source : http://www.andes007.com/MALLKU.html

L'Éveil du Puma concerne donc l'actuel changement subi par la conscience humaine et qui est rendu à mi-chemin. Kryeon a même dit que certains indigènes qui perçoivent ce changement l'associent à L'Éveil du Puma, qu'il décrit comme «l'éveil de la sagesse de cette région [...]. Vous saurez donc ce que signifie cette expression lorsque vous l'entendrez. C'est l'accroissement de l'intelligence de la relation entre la conscience humaine et Gaia, ce qui rend cette relation plus étroite que jamais. C'est une forme d'amour [...]».

[...] Soyez conscients de cet Éveil du Puma. Surveillez son apparition et étudiez-en le sens. Lisez ce que les Anciens en ont dit et vous découvrirez que l'expérience de la kundalini n'a rien de moderne car elle était attendue.

Chers humains, ce petit voyage a pour but de vous en faire apprendre davantage sur ce changement. Il est béni par l'Esprit. Pourquoi ne pas prendre un instant pour le ressentir puisque l'amour circule dans les deux sens. Il y a ici une intense énergie de sagesse et de pertinence. Elle représente le grand changement qui se produit sur la Terre.

(Canalisation de Kryeon intitulée «La lettre "l" du mot "kundalini"», donnée à San Pedro d'Atacama, au Chili, le 27 octobre 2012.)

Résumé du mouvement de la kundalini

Quel que soit le titre de la prophétie l'ayant annoncé, le mouvement de la kundalini a lieu présentement et il équilibre le masculin et le féminin. La Lémurie fut l'une des civilisations où l'énergie masculine et l'énergie féminine étaient équilibrées. Les Lémuriens ont vécu en harmonie dans leur île pendant 20 000 ans, se transmettant de génération en génération les valeurs spirituelles pléiadiennes sans les dénaturer. Les Pléiadiens ont visité d'autres lieux à l'extérieur de la Lémurie (Hawaii), mais on constate que ces autres civilisations avaient plutôt tendance à former des tribus séparées et concentrées sur leur survie. En Australie, on peut trouver la preuve que les Aborigènes comptaient au moins 700 tribus ayant chacune leur langue distincte.

Issus de cette tendance, les nombreux pays d'Europe ont une histoire parsemée de guerres mutuelles, dont les deux grandes guerres mondiales du XXe siècle. Presque tout le monde s'attendait à ce qu'une troisième guerre mondiale mette fin à notre monde, mais il en fut autrement. Il y eut d'abord la chute du rideau de fer en Europe de l'Est, suivie de la naissance de l'Union européenne. Qui aurait pu prédire que les pays européens s'uniraient par des accords commerciaux et une monnaie commune? L'Union européenne n'est pas exempte de problèmes, mais l'important c'est que les pays qui en font partie tentent de travailler ensemble au lieu de se faire la guerre.

Serait-ce une preuve du mouvement de la kundalini et de l'évolution de la conscience humaine? Je crois que oui. Kryeon nous a aussi révélé que d'autres pays envisageaient d'adopter le modèle européen. Il a prédit que les pays d'Amérique du Sud créeraient d'ici deux générations une union semblable. S'unir au lieu de rester séparés. Pouvez-vous imaginer que nous voyagerons dans les pays d'Amérique du Sud sans être importunés aux frontières par les services d'immigration ni par les douanes et que ces pays posséderont une monnaie unique? Selon Kryeon, il finira par n'y avoir que cinq monnaies sur toute la planète.

Quelles autres preuves avons-nous que l'équilibre énergétique de la planète est en train de changer et que le féminin divin fusionne avec le masculin? Voyez ce qui arrive aux institutions qui possèdent une énergie machiste et qui manquent d'intégrité : elles commencent à s'effondrer. Observez ensuite ce qui se passe dans les pays où les femmes ne sont pas respectées et vous verrez que les choses sont en train de changer.

Kryeon a affirmé que les futurs enfants arriveront sur la planète avec une énergie masculine et féminine mieux équilibrée parce que la Terre le sera elle-même. Ils reprendront leur relation avec Gaia, soutenus par la grille cristalline qui se réoriente à présent vers la compassion. Cette jeune génération s'efforcera de rééquilibrer la société. Tous nos actes d'ici dix-huit ans (depuis 2012) contribueront à ce rééquilibrage car ils seront les semences de la paix terrestre.

Et vous ? Qu'aimeriez-vous faire au cours des dix-huit prochaines années ? Tout ce que nous faisons s'enregistre sur la grille cristalline, qui se réoriente à présent vers la compassion, et les vieilles âmes y jouent un rôle important. Cher lecteur et chère lectrice, le simple fait que vous lisez ce livre a fait connaître à Gaia et au Créateur votre intention de participer au changement. Vos pensées, vos paroles et particulièrement vos actes de compassion envers votre entourage exerceront un effet significatif. J'aimerais vous féliciter et honorer les magnifiques êtres humains divins que vous êtes. Bravo pour votre beau travail !

Avant de terminer ce chapitre, j'aimerais aborder certaines des préoccupations qui seront les nôtres au cours des dix-huit prochaines années. Kryeon a affirmé à plusieurs occasions que la situation semblera empirer avant de s'améliorer. Nous ne devons rien craindre car c'est un phénomène normal en période de réajustement. Dans son premier message de 2013, il nous a dit de nous attendre à plusieurs choses nouvelles. En voici trois que j'aimerais vous faire connaître.

L'obscurité

Comme vous avez modifié le système de grilles de Gaia et manifesté l'intention de franchir le cap de 2013, les règles du combat entre l'obscurité et la lumière ont changé. La lumière exercera désormais un impact beaucoup plus grand. Par définition, l'obscurité est l'absence de lumière. Elle forme donc le vacuum non occupé par la lumière, mais elle possède néanmoins une énergie, bien que celle-ci soit plus faible que jamais. Définissons alors un autre concept : la « conscience de l'obscurité ».

L'obscurité et la lumière sont des mesures, non des entités. Elles représentent les pensées et les ondes de conscience humaines qui influencent les autres et créent les paradigmes terrestres. Lorsque nous disons que l'obscurité veut telle ou telle chose, nous désignons ainsi des groupes d'humains qui n'ont pas de lumière. Ils sont le contraire des travailleurs de lumière, lesquels se sont éveillés à leur divinité intérieure. Cet éveil est offert à l'humanité entière puisque Dieu réside dans chaque âme vivant sur la planète. Or, depuis trop longtemps, les humains ne comprennent pas qu'ils ont le choix personnel d'être autre chose que ce qu'on leur a dit qu'ils étaient.

La lutte s'est donc toujours passée entre la conscience et la quantité de lumière pouvant être donnée à ceux qui sont en mesure de la voir ou qui la désirent. Comme vous le savez, la plus grande partie de l'humanité a baigné dans une lumière très faible dont l'intensité est restée la même pendant des siècles jusqu'à aujourd'hui. Il ne s'agit pas du bien ou du mal, mais d'un consensus naturel des humains sur ce qu'ils pensent d'eux-mêmes et sur le comportement approprié de l'humanité. Certains diraient même qu'il s'agit de la nature humaine.

Eh bien, ce mode de pensée relevant de la vieille énergie ne veut pas disparaître. Je ne crois pas qu'un changement a eu lieu, mais cette vieille énergie se sentira déséquilibrée pendant un moment quand elle réalisera qu'elle a perdu du pouvoir.

Certains parmi vous se disent que l'année 2013 devrait apporter un peu de détente, un peu d'air frais… Eh bien, je vous le dis, tel un enfant qui n'a pas obtenu ce qu'il désirait, l'obscurité va envahir le plus grand nombre possible de secteurs de la vie. Elle luttera pour sa survie tout en se rendant compte que les choses ne sont plus les mêmes. Durant cette période, prenez donc du recul. Quand vous verrez ces « monstres » se pointer, ne pensez pas que l'année 2013 n'est pas conforme à vos espérances. Bien sûr qu'ils seront là, mais ne baissez pas les bras en disant que vous n'avez pas réussi. Vous avez réussi, sauf que le processus est lent.

Le début de l'histoire moderne

Nous vous l'avons déjà dit, l'énergie se transforme. L'équilibre même du protocole se réajuste. Si vous interrogiez les habitants d'autres systèmes solaires qui ont connu cette évolution, ils vous diraient que ce fut-là, littéralement, le début de leur histoire consignée. Ce qui l'a précédé ne les intéresse même plus. Tout commence maintenant. Comme nous l'avons déjà souligné, si vous examinez le futur de l'humanité, on vous indiquera ce jour comme étant le début de l'histoire humaine moderne. Quant à tout ce qui s'est passé avant, vos descendants diront ceci : « C'était l'époque du barbarisme et de la mythologie moderne. Nous ne connaissions rien d'autre, mais nous voyons maintenant la face de Dieu en nous. » Voilà où vous en êtes, mais le processus est lent et difficile.

L'ensemencement

Comme j'ai souvent employé la métaphore de l'ensemencement, nous allons l'examiner un peu plus, puis je vous fournirai d'autres informations. Bien sûr, cette métaphore est celle de l'agriculture, et nous l'utilisons pour que vous sachiez bien tout ce que le cultivateur doit considérer.

Lorsque vous étiez aux prises avec la nouvelle énergie, vous ne pouviez labourer les champs en prévision des semences car vous étiez trop occupés à survivre. Il est temps maintenant de préparer les champs et, au cours du processus, vous vous tournerez vers l'intérieur. La préparation des champs est une métaphore de la découverte du Soi supérieur, de votre nature quantique et de votre préparation à une vie meilleure.

J'en entends certains, qui sont présents dans cette salle ou qui lisent ce livre, me demander de les aider. Vous ne pensez pas que je vous connais tous. Détendez-vous un instant. Vous êtes aimés plus que vous ne le croyez. Dieu vous connaît plus que vous ne le pensez, et votre être tel que vous le percevez présentement est temporaire. D'accord ? C'est temporaire. Si vous demandez de l'aide, vous êtes déséquilibrés. Il est temps de vous détendre en Dieu et de savoir que vous êtes aimés. Vous avez le temps. Vous survivrez et vous réussirez.

La métaphore de l'ensemencement est porteuse de sagesse. Tout d'abord, on laboure les champs. Ensuite, on ajoute le fertilisant et les nutriments. Enfin, on se prépare à l'ensemencement. Comme les champs ne sont pas prêts, on doit faire une pause. Vous ne le saisissez peut-être pas, mais il s'agit ici d'illustrer que la ligne de démarcation entre l'ancien et le nouveau est le présent et que vous ne pouvez réaliser votre mission que maintenant. Vous n'avez pas encore ensemencé car il faut préparer les champs. Au cours de cette préparation, vous découvrirez que l'énergie obscure sera plus facile à combattre.

De nouveaux scénarios apparaîtront qui vous démontreront que c'est exact. Vous ne croirez pas que vous aurez vaincu certaines difficultés aussi faci-

lement. C'est que l'énergie qui ne vous soutenait pas il y a un an vous soutient désormais. L'année 2013 marque vraiment une démarcation en ce qui a trait à l'intention et à la manifestation. Vous préparez les champs pour la nouvelle énergie et vous plantez les semences en employant l'acquis de votre vieille âme : la sagesse du passé. Ces semences de sagesse sont plantées dans l'économie, dans le gouvernement, dans les foyers et dans les familles. Ce sont des semences d'intégrité qui témoigneront de la sagesse de l'union, non des déchirements.

(Canalisation de Kryeon intitulée « Et maintenant ? La transition commence », donnée à Phoenix, en Arizona, le 6 janvier 2013.)

J'espère que vous avez vraiment saisi ces paroles de Kryeon : « La planète a besoin que vous continuiez à l'éclairer. Les dix-huit prochaines années (depuis 2012) seront extrêmement importantes. » Comme plusieurs d'entre vous, il m'arrive d'en avoir assez de ce monde. Les difficultés demeurent. Je suis fatiguée et j'aimerais aller ailleurs. C'est un sentiment tout naturel qui fait partie du test. Vous le constaterez quand vous serez rééquilibrés. Quand je le suis moi-même, je me rends compte à quel point j'ai intérêt à rester ici ! Je crée ainsi des fondations incroyablement puissantes pour mon retour. Je n'aurai pas à vaincre de nouveau les difficultés que je surmonte cette fois. Je pourrai m'éveiller beaucoup plus tôt que dans cette vie-ci.

J'aime bien y voir une gratification tardive. Voici deux possibilités. La première : vous pouvez obtenir votre billet dès maintenant, mais il n'est valide que pour un seul voyage. La seconde : vous pouvez obtenir votre billet dans cinq ans, mais il vous permettra de voyager sans limites pour le reste de votre vie ! Je choisis la seconde option ! Et vous ? J'aimerais que vous transcendiez vos difficultés personnelles. J'aimerais que la paix règne dans votre vie, quoi qu'il se passe autour de vous. J'aimerais que vous éleviez la vibration de Gaia pour notre prochain passage. Après tout, n'est-ce pas la raison de notre présence ici [sourire] ?

Q. : Certains groupes indigènes se préoccupent beaucoup du fait que la création du canal de Panama a créé une barrière sur le chemin de l'énergie de la kundalini. Que pouvez-vous nous dire à ce propos ?

Kryeon : Nous vous avons déjà dit que votre perception du mouvement de la kundalini était limitée à vos perceptions visuelles. Pensez un instant à la kundalini du corps humain. Quand elle se déplace, tout votre corps est engagé dans ce mouvement. Si vous aviez une blessure à la poitrine, elle n'empêcherait aucunement la kundalini de se déplacer dans le corps.

Il en est ainsi pour la planète en ce sens que le mouvement énergétique interne implique la Terre entière. La kundalini se déplace du Nord au Sud en traversant la planète, non en glissant à sa surface. Gaia participe totalement à ce mouvement et le canal de Panama n'est qu'une rainure à sa surface. Il n'exerce aucun effet sur le mouvement de l'énergie planétaire.

Q. : Pendant plusieurs années, la kundalini a résidé dans l'hémisphère Nord. Plusieurs leaders spirituels étaient issus de l'Inde et du Tibet, dont le dalaï-lama et le Mahatma Gandhi. Comme la kundalini s'installe en Amérique du Sud, verrons-nous émerger des leaders spirituels sur ce continent ?

Kryeon. : Oui. Vous avez raison de penser que la sagesse spirituelle était localisée dans le Nord. Il existe au Tibet des bibliothèques de sagesse non encore découvertes et contenant les prophéties de ce que vous vivez à l'heure actuelle.

L'installation de la sagesse dans le Nord ne fut pas une erreur car la plus grande partie de l'humanité réside dans cet hémisphère. Toutefois, comme la Terre se lie davantage à la conscience humaine entière sur le plan quantique (multidimensionnel), le fait qu'il y ait plus d'humains au nord ou au sud n'a aucune importance. La Terre peut donc se rééquilibrer et faciliter le rééquilibrage de la conscience humaine afin qu'elle puisse atteindre l'étape suivante de son évolution.

La grande transformation prédite est en cours, et les sages du Tibet et de l'Inde la perçoivent. Elle ne leur enlèvera pas leur sagesse, mais lui ajoutera la douce énergie du Sud. L'hémisphère Sud renferme depuis toujours une réserve de sagesse et d'équilibre émotionnel « maternel » qui maintenant se libère.

Il est temps que l'énergie mère participe à la sagesse de la planète car le spiritualisme lourd du machisme du passé ne servira plus la Terre ascensionnée.

Q. : Pouvez-vous expliquer davantage ce que vous voulez dire quand vous affirmez que l'énergie de la kundalini ne peut pas rester en place ?

Kryeon. : La kundalini est une énergie en mouvement. Lorsqu'elle se déroule (trois fois et demie autour du lingam, comme nous l'avons expliqué dans un message antérieur portant sur l'eau), elle crée une énergie masculine et une énergie féminine pour se rééquilibrer. C'est un peu difficile à décrire car il s'agit d'un processus invisible que l'on peut seulement ressentir. Le réajustement des énergies masculine et féminine constitue un rééquilibrage.

Il se trouve que certains individus sont plus harmonisés que d'autres avec la kundalini. Ceux qui sont totalement inconscients de ce mouvement ne ressentent rien. Ceux qui sont investis dans l'énergie masculine lourde sont stressés car ils perdent leur confort intérieur. Ceux qui sont harmonisés avec ce changement qu'ils attendaient sentent la vibration qui les garde éveillés.

Donc, selon leur cheminement spirituel et leur âge akashique (vieille âme ou non), les individus ressentiront ce changement de manière différente. Certains seront simplement anxieux et impatients sans savoir pourquoi. Cette irritabilité sera frustrante.

La plupart des vieilles âmes sauront qu'il se passe quelque chose. Quand elles finiront par comprendre le sens de ce réajustement, elles l'accueilleront et seront plus tolérantes à l'égard du changement en cours. Tout le monde est concerné, à un niveau ou à un autre.

CHAPITRE CINQ

Gaia et l'univers

Les scientifiques estiment que notre système solaire est âgé d'environ 4,5 millions d'années et que l'univers est toujours en expansion. Notre système est situé au bord de la Voie lactée, une galaxie spirale faisant partie d'un groupe galactique appelé le Groupe local, dont la plus grosse galaxie est celle d'Andromède. Quand on contemple l'univers, on n'en finit pas de s'interroger. Quels autres êtres l'habitent ? Quelles découvertes y ferons-nous ? Comment tout cela a-t-il commencé et quelle est la finalité d'un univers en constante expansion ?

En étudiant les étoiles pour trouver des réponses à ces questions, les astronomes et les physiciens remarquent petit à petit une caractéristique inattendue, laquelle a donné naissance à la théorie du « dessein intelligent ».

> Selon la théorie du dessein intelligent, certaines particularités de l'univers et des êtres vivants s'expliquent mieux par l'existence d'une cause intelligente que par le processus aléatoire de la sélection naturelle.
>
> Source : www.intelligentdesign.org

Kryeon nous explique que, contre toute probabilité, l'univers fut créé pour héberger la vie. L'univers est bienveillant et il privilégie la vie, ce qui va à l'encontre de ce à quoi l'on s'attendait. Kryeon nous fournit des informations sur le fonctionnement de l'univers.

Saviez-vous que la lumière et toute autre matière passent régulièrement de l'état d'ondes à l'état de particules? Saviez-vous que la lumière se change en particules quand elle est observée par un être humain? Or, comment un système mathématique peut-il «sentir» qu'on l'observe? Vous savez déjà que l'énergie quantique est très différente de ce que vous supposiez. Et si elle n'était pas physique du tout? Et si elle était «l'empreinte digitale du créateur»? Elle serait physique et elle aurait aussi une conscience. Mais peut-être est-ce trop étrange.

La grande énergie quantique de la galaxie

Voici matière à réflexion. L'énergie quantique que vous voyez dans l'infiniment petit existe aussi dans l'infiniment grand. En fait, la physique est différente dans diverses parties de l'univers, selon ce qui se trouve au centre de chaque galaxie. Commençons par établir une prémisse : la physique n'est pas une norme universelle établie. Elle varie selon le mélange quantique de l'énergie créatrice de chaque galaxie. Si certaines galaxies se ressemblent beaucoup, elles sont toutes néanmoins légèrement différentes, selon, comme je viens de le spécifier, ce qui se trouve au centre.

Comme votre physique est surtout tridimensionnelle, vous avez de la difficulté à comprendre comment fonctionne l'univers. La physique quantique est votre seul indice de l'existence d'un multivers et de la possibilité que les lois de la masse et de la gravité soient déterminées par ce qui se passe au milieu de chaque galaxie. C'est l'énergie créatrice qui réside au centre : une énergie bipolaire, une force d'attraction/répulsion que nous appelons «les forces jumelles». Vous les percevez dans la troisième dimension comme s'il n'y en avait qu'une – ce qui est impossible –, mais elle est double. La science ne le sait pas encore. Je vous fournirai donc des informations qui, quand les scientifiques l'auront découvert, vous permettront d'affirmer que je vous l'avais dit avant eux, ce qui accordera de la crédibilité à toutes les autres informations que je vous livre. Au fait, pourquoi pensez-vous qu'il n'existe qu'une seule force au centre des galaxies alors que tous les objets d'étude de votre physique sont doubles? Personne n'a donc pensé que cette force-là aussi pouvait l'être?

Commençons par interroger l'astronome à ce sujet : « Cher astronome, croyez-vous en Dieu ? » Il réfléchira un peu, puis il répondra peut-être ceci : « Il ne m'appartient pas de définir la divinité. Ce n'est pas ma science. Je peux croire en Dieu, mais ce n'est pas là mon objet d'étude car je travaille selon la méthode scientifique. » On pourrait aussi lui demander plutôt ceci : « Sur le plan scientifique, que voyez-vous d'intéressant dans notre galaxie ? » Il s'animera peut-être un peu avant de répondre : « D'accord, je vais vous dire ce qui nous intéresse tous. Nous avons découvert quelque chose que nous ne comprenons pas. Certains principes physiques qui régissent les gros objets ne s'appliquent pas à la mécanique orbitale enseignée par la physique newtonienne et euclidienne. Nous trouvons étrange que la galaxie se déplace comme une assiette à laquelle les étoiles seraient apparemment fixées comme des billes car elles tournent toutes ensemble. Il doit bien y avoir une énergie qui maintient cette forme. Selon la mécanique orbitale que nous connaissons, liée à la masse et à la gravité, les objets en orbite tournent autour d'un pivot, comme notre Soleil. Les orbites de tous les objets gravitant autour d'un centre sont fondées sur leur masse et sur leur vitesse, et c'est pourquoi toutes les planètes ont une orbite différente. C'est la loi physique que nous nous attendions à retrouver partout puisqu'elle s'applique à notre système solaire. Or, elle ne s'applique pas aux galaxies, dont le centre contient quelque chose qui doit avoir un rapport avec la gravité, et pourtant tout tourne de la même façon autour du centre. Il y a là une unité gravitationnelle que nous ne comprenons pas. »

L'incroyable dessein – contre toute probabilité

Ce n'est pas tout. Les astronomes vous diront autre chose que vous ne pouvez pas croire et qui relève du hasard. Nous intitulerons donc ce message « Le facteur quantique ». Autour de vous se produit quelque chose d'inconcevable. Dans votre réalité tridimensionnelle, tout ce qui se passe sur la planète semble dû au hasard, c'est-à-dire que la réalité réagit selon la courbe en cloche. Comme les événements ordinaires surviennent plus souvent que les événements extraordinaires, les probabilités prennent la forme d'un hasard prévisible. Si vous lanciez un dé des milliers de fois de suite, vous constateriez une cohérence du hasard qui vous paraîtrait normale. Vous vous y attendriez. Il n'y aurait pas de distorsion.

Revenons à notre astronome, qui dit ceci : « Partout où nous observons le cosmos en examinant "l'énergie créatrice de l'univers", ce que nous voyons est mathématiquement improbable. C'est comme si on lançait un dé mille fois et que l'on obtenait un six chaque fois. Ce n'est plus du hasard. Cela démontre qu'il doit y avoir eu un dessein intelligent. » Ici, ce n'est pas un métaphysicien qui l'affirme, mais un astronome. Partout où les astronomes observent le cosmos, l'univers est conçu en faveur de la vie, contre toute probabilité. Ces spécialistes emploient l'expression « dessein intelligent ». Quant à moi, je dis que l'énergie qui maintient ensemble les systèmes solaires de votre galaxie, laquelle comporte plus de 100 milliards d'étoiles, est une main quantique géante qui gouverne comme la main de Dieu toutes les galaxies de l'univers. C'est une main quantique bienveillante.

Comment est-ce possible ? C'est là le premier de plusieurs exemples que nous vous donnerons, car il s'agit là du facteur quantique, de l'empreinte digitale du créateur de l'univers. L'univers est orienté vers l'amour, vers la vie et vers la bienveillance. Vous voici sur une planète qui, en réalité, ne devrait pas exister car seul un dessein intelligent en permet l'existence.

Combien de temps a-t-il fallu aux scientifiques pour s'en rendre compte ? Il s'agit pour eux d'une énigme, non de l'expression du divin. Le phénomène ne relève d'aucune probabilité statistique et ne semble possible que par dessein : une bienveillance impersonnelle appartenant au créateur énergétique de l'univers. Réfléchissez un peu. Qu'est-ce que cela signifie pour vous ? Si la création de l'univers fut un acte bienveillant orienté vers la vie et permettant à la Terre d'exister, cela signifie qu'il existe d'autres planètes habitées. La vie est partout ! Nous vous l'avons répété plusieurs fois. Cependant, la planète Terre est très particulière car elle est la seule où règne le libre arbitre. Il n'y en a qu'une dans l'univers, bien qu'il y en ait eu d'autres auparavant. Il existe aussi des planètes du libre arbitre ascensionnées qui procurent les semences de vie aux autres planètes, lesquelles deviennent alors des planètes du libre arbitre divin.

L'énergie créatrice qui vous habite possède la sagesse des âges de votre galaxie, non de votre Terre. Au cours des milliards d'années d'existence de cette galaxie, d'autres avant vous ont participé à des tests de conscience et ont atteint un nouveau stade de bienveillance, transmettant celle-ci à la planète suivante. Il s'agit d'une évolution à long terme et vous finirez par atteindre le même point. C'est ainsi que vous peuplerez la galaxie avec vos propres semences et celles de vos prédécesseurs : les semences de l'objectif divin.

Cette bienveillance que vous aurez transmise sera l'indice du dessein intelligent inhérent au prochain univers. Il aura fallu du temps aux scientifiques pour se rendre compte de la bienveillance qui anime l'univers.

(Canalisation de Kryeon intitulée « Le facteur quantique », donnée à Edmonton, en Alberta [Canada], le 10 avril 2011.)

En résumé, au centre de chaque galaxie se trouvent les « forces jumelles » d'attraction/répulsion. Nous les percevons comme un trou noir géant en présumant que la gravité de ce dernier fait tourner la galaxie spirale sur un mode inhabituel qui viole toutes les lois de Newton. Ce n'est pas le cas. Ce qu'il y a au centre de notre galaxie, c'est une force multidimensionnelle (énergie quantique forte et faible) qui s'étend à tout le système galactique.

La physique multidimensionnelle est inattendue : elle a une conscience ! La multidimensionnalité du centre galactique possède une conscience orientée vers la création.

Cher lecteur, chère lectrice, si vous avez persisté jusqu'ici à lire ce livre et si vous croyez que tout ce qu'affirme Kryeon est vraisemblable, préparez-vous alors à des révélations qui vous paraîtront incroyables sur le plan ésotérique.

L'univers collabore au changement que nous subissons – il était prévu – et c'est pourquoi nous sommes ici

Que dit la science ?

Selon un article de *Scientific American* intitulé « Comment les trous noirs déterminent la forme des galaxies, des étoiles et des planètes gravitant autour d'elles », « la bête dévoreuse de matière qui se trouve au centre de la Voie lactée est peut-être responsable de l'existence et de l'habitabilité de la Terre». Parmi les autres affirmations contenues dans cet article, il y a les suivantes :

> [...] Le lien entre les trous noirs et la vie est complexe, mais le trou noir situé au centre de notre galaxie semble avoir grandement contribué à notre capacité d'exister en ce lieu et en ce temps [...].
> [...] Nous nous posons maintenant plusieurs questions dont celle-ci : à quel point notre situation particulière est-elle liée au majestueux schème universel des étoiles, des galaxies et des trous noirs [...]?
>
> Source : http://www.scientificamerican.com/article.cfm?id=how-black-holes-shape-galaxies-stars-planets-around-them

Q. : Au cours d'une canalisation, vous avez affirmé que «le but du système est d'élever la vibration de la galaxie et de nous entourer de planètes ascensionnées qui se seront transmis l'énergie entre elles». Pourriez-vous nous en dire davantage là-dessus?

Kryeon : Comme nous avons déjà livré plusieurs messages sur le sujet, ces informations ne sont pas très nouvelles. Pour les besoins de ce livre, disons qu'il existe dans la galaxie un système d'amour pur que l'on pourrait appeler «l'énergie créatrice» ou Dieu.

Ce système favorise le libre choix chez ceux qui ont consenti à enrichir leur être physique par l'ADN spirituel. L'ADN est commun à toute vie partout dans la galaxie. Le jour où vous découvrirez de la vie à l'extérieur de la Terre, vous y trouverez la structure de l'ADN. La potentialité qui existe en ce moment quant à cette réalité, c'est de trouver de la vie sur la lune Europe, de Jupiter, dans ses océans couverts de glace. Ce sera sans doute la première véritable vie extraterrestre que vous découvrirez et elle vous indiquera la possibilité que la vie existe partout ailleurs.

Quand vous la découvrirez, vous verrez que sa structure est semblable à celle de l'ADN terrestre et vous comprendrez le rôle indispensable que joue l'ADN dans « l'énergie évolutive » universelle.

Les planètes sont « ensemencées » une à une d'un potentiel spirituel. L'évolution planétaire en est affectée, mais non le libre arbitre. Chaque planète est en mesure d'ascensionner et dispose d'un certain temps pour le faire. Cette limite temporelle est raisonnable et elle fournit assez de temps pour commettre des erreurs et recommencer plusieurs fois. C'est ainsi que le système fonctionne. Il faut une authentique découverte de Dieu pour créer l'élévation vibratoire.

Plusieurs planètes n'y parviennent pas et d'autres sont alors ensemencées. Quand l'une franchit le seuil de la connaissance multidimensionnelle de l'énergie créatrice, elle connaît la vérité de Dieu et commence à s'éveiller intérieurement. Des milliards de formes de vie œuvrant toutes pacifiquement sur une même planète créent une grande énergie quantique qui est ressentie par la galaxie et qui en modifie le centre d'une manière que nous ne pouvons pas vous expliquer ici.

Lorsqu'une planète atteint un certain niveau d'illumination, elle est intriquée à une tout autre vie galactique et, dès lors, elle est en mesure d'ensemencer une autre planète. La chose s'est déjà produite d'innombrables fois. Vous avez été ensemencés par les Pléiadiens. Leurs semences et les semences de leurs semences vous sont aussi connues sous la forme des Orions et des Arcturiens.

L'essentiel à retenir, c'est que chaque humain possède un héritage akashique et porte en lui les semences de tous ses ancêtres cosmiques. L'humain terrestre porte donc en lui la sagesse de la création galactique et de la spiritualité, plus même que ses parents spirituels.

Un jour, cela sera connu, mais pas tout de suite. Il vous reste encore beaucoup de travail à accomplir, chère vieille âme, avant que cela vous soit présenté sous une forme intelligible.

Note de l'auteure

Les astronomes ont repéré une étoile du groupe des Pléiades qui possède plusieurs des caractéristiques de notre Soleil, et ils l'ont baptisée HD 23514. En numérologie, le 2 représente la dualité, le 3 symbolise un catalyseur, le 5 représente le changement, le 1 représente un nouveau début et le 4 symbolise la structure et Gaia. Si nous combinons ces concepts en une seule phrase, nous obtenons ceci : « La compréhension de la dualité est le catalyseur du changement pour un nouveau début sur notre planète. »

Si nous additionnons tous ces chiffres, nous obtenons le nombre 6, qui représente le Soi supérieur dans les messages de Kryeon sur les couches de l'ADN.

L'énergie gamma et Gaia

La Terre reçoit beaucoup d'énergie de l'extérieur, dont une grande quantité sous forme gamma. Voilà qui est encore incompris de la science, mais Kryeon affirme que cette énergie est porteuse d'instructions pour Gaia.

La science se demande d'où elle vient, mais cela lui échappe encore. Les scientifiques se rendent compte qu'elle est cosmique et qu'elle vient de l'espace. En vérité, elle provient du milieu de la galaxie, même si elle semble provenir de partout à la fois. C'est que sa principale caractéristique est de n'être pas tridimensionnelle. Par conséquent, elle a des propriétés quantiques [multidimensionnelles] qui ne portent pas en elles leur lieu d'origine. C'est difficile à expliquer, mais l'état quantique se trouve partout, intriqué dans le mélange universel de l'unité. Vous ne savez donc pas s'il est issu de tel ou tel endroit. Il existe néanmoins un précédent scientifique, de sorte qu'un physicien qui lira ces lignes s'y retrouvera un peu.

Voici un exemple. Saviez-vous que les sons d'une très basse fréquence n'ont pas une source identifiable ? Autrement dit, l'oreille humaine ne peut pas dire d'où ils viennent. En revanche, l'origine des sons de haute fréquence est facile à identifier. Vous pouvez le vérifier facilement. Cachez un haut-parleur d'extrêmes graves [très basses vibrations par seconde] quelque part dans une pièce et vous ne pourrez pas identifier la provenance exacte du son. Par contre, cachez-y un haut-parleur normal et vous saurez tout de suite d'où émane le son. C'est que les sons graves sont trop espacés entre eux pour que l'oreille puisse en distinguer la provenance. Le même principe s'applique sur le plan quantique. On ne peut pas percevoir l'emplacement des objets en état quantique et aucun instrument tridimensionnel ne pourrait les localiser. En fait, la simple idée de les « situer » quelque part est très drôle car seules les créatures tridimensionnelles occupent un « lieu ». C'est pourquoi il est naïf de demander « où » est Dieu.

La science qualifie donc de « singulier » ce qui se trouve au centre de la galaxie. Elle l'appelle aussi un « trou noir ». Nous vous avons expliqué qu'il n'existait de « singularité » en rien et qu'il s'agissait d'une incongruité, même pour votre science physique. Ce « trou noir » n'est qu'un espace noir puisque vous n'y voyez aucune lumière. Comme vous n'avez pas encore de lois physiques multidimensionnelles ni d'instruments pour « voir » les énergies multidimensionnelles, vous ne savez pas ce qui se trouve réellement là. Longtemps après le départ de mon partenaire, vous lirez ces lignes et vous saurez la vérité car vous finirez par développer des instruments adéquats. Quand vous les dirigerez vers le centre de la galaxie, vous y verrez très clairement deux sources.

Vous trouverez une polarité, une force d'attraction/répulsion gouvernée par une loi multidimensionnelle que vous n'avez pas encore découverte ou du moins pas encore reconnue. Quand vous l'aurez découverte, vous aurez les deux lois manquantes de la physique, car il y en a six et non quatre. Cette polarité attraction/répulsion propulse son message multidimensionnel dans toute la galaxie et votre Soleil le reçoit donc aussi. Elle est reliée à toutes les autres galaxies, ce qui fera l'objet d'une canalisation subséquente. On pourrait dire que la matière invisible possède un message qui atteint la Terre constamment et fortement, et qui est capté par Gaia.

Chers humains, vous vous croyez victimes de ce qui arrive présentement à Mère Nature, mais nous vous disons ceci : le message d'aujourd'hui vise à réactiver la relation avec Mère Nature, la source de Gaia. Dès que vous pourrez le faire, vous comprendrez que vous avez le contrôle sur tout. Quel que soit le fonctionnement du cycle de l'eau ou des saisons ou de tout autre cycle que vous pensez incontrôlable, sachez que vous êtes plus puissants que vous ne l'imaginez. Par votre relation avec Gaia, il vous est possible de modifier l'emplacement et l'intensité de l'activité volcanique et des tremblements de terre. Et cela, les indigènes le savaient! Ils pouvaient faire pleuvoir au besoin et vous les avez pris pour des ignorants! Ils pouvaient cultiver des terres stériles et vous avez pensé qu'ils étaient chanceux! Ils honoraient la terre et lui faisaient des offrandes, et elle le leur rendait bien. C'est absolument vrai et c'est partout dans votre histoire.

(Canalisation de Kryeon intitulée « La relation avec Gaia », donnée au mont Shasta, en Californie, le 24 avril 2010.)

Le magnétisme du système solaire

En 1989, Kryeon affirmait que le champ magnétique terrestre était crucial pour la conscience humaine. Le magnétisme est une énergie quantique, tout comme la gravité et la lumière. Nous sommes entourés d'un champ quantique qui forme le champ magnétique de la Terre. Si la conscience humaine change, ce dernier en est affecté. C'est ce qui se passe depuis 1989. Mais ce n'est pas tout. Notre système solaire est le moteur du changement magnétique de la planète. Si le magnétisme terrestre a changé, que se passe-t-il donc dans notre système solaire?

Le Soleil est au cœur de ce système. Il libère des vents qui sont presque entièrement magnétiques. Cette énergie magnétique engendrée par le Soleil est appelée héliosphère et elle rencontre le champ magnétique terrestre, ce qui exerce un effet sur la planète.

Si l'énergie terrestre était toujours la même, presque rien ne changerait. On appelle inductance l'interaction de deux champs magnétiques. Cette interaction permet un échange énergétique d'informations et une amplification sans la présence d'une source d'alimentation. On s'en sert régulièrement partout dans le monde, mais ses caractéristiques sont considérées comme mystérieuses. Si vous avez déjà vu une aurore boréale, vous avez été témoins de l'« inductance » du champ magnétique de la Terre avec celui du Soleil.

Préparons-nous à voir se produire des changements dans le Soleil. Les scientifiques parlent de tempêtes solaires, mais selon Kryeon il ne s'agit que d'un réajustement en fonction de l'humanité. Ces tempêtes solaires causent de l'inquiétude parce que nos nombreux instruments électroniques les perçoivent. Nous escomptions que le champ magnétique terrestre resterait toujours le même, mais c'est impossible quand une énorme tempête solaire se produit. Certains types de communication en sont perturbés. Peut-être même que la grille énergétique pourrait se désactiver.

Kryeon nous a dit de surveiller le Soleil car celui-ci subit un changement qui survient par dessein divin, par l'amour du Dieu créateur, ces transformations s'effectuant au profit de notre conscience. Une nouvelle façon de penser se développe, qui atteint l'ADN de chaque humain. Les informations contenues dans l'ADN se modifient, nous permettant d'accéder à une nouvelle réalité. Ces informations concernent aussi Gaia car elles lui indiquent quand faire ce qu'elle fait. Tout est lié.

Un autre élément demeure encore incompris des scientifiques. Gaia reçoit d'autres instructions provenant du centre de la galaxie. Tous ces changements nous invitent à réactiver notre relation avec Mère Nature, source de Gaia. Si nous réussissons à le faire, nous comprendrons que nous pouvons tout contrôler. Quel que soit le fonctionnement du cycle de l'eau ou des saisons, ou de tout ce qui nous semble incontrôlable, nous sommes plus puissants que nous ne l'imaginons. L'intensité et l'emplacement de l'activité volcanique et des tremblements de terre sont modifiables par notre relation avec Gaia, et les indigènes le savaient! Ils pouvaient faire pleuvoir au besoin. Ils pouvaient cultiver des terres stériles. Nous avons cru qu'ils étaient chanceux! Ils honoraient la terre et lui faisaient des offrandes, et elle le leur rendait bien.

Et le reste du système solaire? Kryeon parle d'un processus enclenché depuis très longtemps.

Le magnétisme de votre système solaire change. Votre défi consiste à vous en rendre compte. Vous le constaterez dans le déplacement spatial de ce système. Il rencontre certains éléments spatiaux qui altèrent son champ magnétique, ce qui modifie le Soleil à son tour. Vous voyez le cycle? Les éléments s'influencent les uns les autres en une fractale de réalité circulaire. Le mouvement de votre système solaire autour du centre galactique le modifie. Sa nouvelle position modifie le Soleil, dont les caractéristiques atteignent la planète par l'héliosphère, ce qui affecte ensuite votre ADN…

[…] Vous modifiez le passé en modifiant le futur. Vous réarrangez l'énergie de votre système solaire…

[…] Le changement de conscience de cette planète a modifié le centre galactique. C'est parce que ce qui se produit ici est « connu » du centre…

Parlons maintenant de physique. Encore une fois, je m'exprimerai simplement. Toutes les forces observées par votre physique sont doubles. En ce moment, votre paradigme tridimensionnel comporte quatre lois de la physique, qui représentent quatre types d'énergie. Finalement, il y en aura six. Au centre de votre galaxie se trouve ce que vous appelez un trou noir, mais ce n'est pas un élément unique. C'est un élément double. Disons qu'il s'agit d'une énergie comportant deux parties : une force quantique faible et une force quantique forte. Le plus étrange, c'est que cette énergie vous connaît. C'est le moteur créateur et il est différent dans les autres galaxies. Il est donc unique dans la vôtre.

Cette polarité d'attraction/répulsion envoie son message multidimensionnel dans toute la galaxie et votre Soleil le reçoit. Cette polarité située au centre de votre galaxie est reliée à toutes les autres galaxies, ce qui fera l'objet d'une canalisation subséquente. Disons ici que la matière invisible possède un message qui atteint la Terre constamment et fortement, et qui est capté par Gaia.

La physique de votre galaxie est fonction de vos actions. En observant le cosmos, les astronomes découvriront différentes lois physiques dans diverses galaxies. Se pourrait-il qu'il se passe quelque chose dans les autres galaxies semblables à celle-ci?

(Canalisations de Kryeon intitulées « Le réajustement de l'univers » – donnée au cours de la croisière de Kryeon en Patagonie, le 27 janvier 2012 – et « La relation avec Gaia » – donnée au mont Shasta, en Californie, le 24 avril 2010.)

Q. : Pourriez-vous nous en dire davantage sur le réarrangement de l'énergie dans notre système solaire ?

Kryeon : Comme tous les systèmes solaires de la galaxie, le vôtre gravite autour du centre. Vous allez tous à la même vitesse. Votre système solaire subit à l'heure actuelle une activité magnétique accrue. Vous traversez une région de la galaxie qui affecte davantage votre Soleil, ce qui modifiera le champ magnétique terrestre. Tout votre système solaire en est affecté, bien sûr, mais il n'y a là rien d'inquiétant.

Il y a plusieurs années, nous vous avons dit que la grille magnétique de la planète s'apparentait à un « canapé » sur lequel reposerait votre conscience. Quand celui-ci change, les potentialités de la conscience humaine changent également. C'est comme si ce canapé s'améliorait et que vos synapses ainsi que votre raison et même la « vision » qu'a l'ADN de sa propre fonction changeaient aussi. On pourrait donc dire que le magnétisme planétaire est grandement impliqué dans la vie et l'évolution humaines.

Q. : Pourriez-vous expliquer un peu plus pourquoi d'autres planètes porteuses de vie ont deux soleils tandis que notre système solaire n'en a qu'un ?

Kryeon : Plusieurs planètes, sinon la plupart, qui ont été choisies pour être ensemencées ont plus d'un soleil. Comme ce n'est pas votre cas, vous ne pouvez pas savoir ce que cela signifie ni pourquoi il en est ainsi. L'évolution en est favorisée et le cycle planétaire s'en trouve accéléré, ainsi que les diverses potentialités. Si, pour ainsi dire, vous cherchiez dans la galaxie une planète où la vie a évolué, il faudrait d'abord chercher les systèmes solaires à deux soleils en gravitation mutuelle. Ce sont des « étoiles binaires ».

La Terre a déjà eu deux soleils, mais vous en avez perdu un quand il a rapetissé et qu'il est devenu inerte après s'être éteint. Il était trop petit pour soutenir le processus interne qui en aurait fait un « soleil » qualifié. Ses restes se sont dispersés hors d'orbite parce que sa masse avait changé, et il est sorti depuis longtemps de la sphère d'influence de votre Soleil et de tous les corps célestes de votre système.

Le résultat fut de vous «cacher» davantage aux yeux des autres peuples galactiques qui «cherchent» de la vie. Ils sont nombreux et la plupart ne sont pas des entités spirituellement évoluées. Plusieurs ne sont que des animaux «intelligents» sans complément spirituel dans leur ADN. Ils cherchent toutefois des systèmes solaires binaires plutôt que ceux qui, comme le vôtre, n'ont qu'un seul soleil.

Certains d'entre eux vous ont trouvés, mais ils ne peuvent pas exister dans votre Merkaba. Ils vont et viennent sans jamais comprendre l'étrange pouvoir que possède chacun de vous de les pulvériser s'ils sont imprudents. Comme nous vous l'avons déjà dit, ces visiteurs n'étaient pas appropriés et ne pouvaient pas rester ici. S'ils suscitent la peur en vous, ils sont à même de vous manipuler, mais seulement pendant un certain temps car ils doivent ensuite partir.

C'est pourquoi vous avez observé des ovnis pendant un demi-siècle sans assister à un atterrissage organisé ni bénéficier d'aucun contact officiel. Ils ne peuvent s'y résoudre car l'humanité est tout simplement trop puissante pour qu'ils consentent à en devenir le point de mire. Ils ignorent qui vous êtes et n'exercent aucun effet sur votre évolution.

Vous devriez cependant savoir aussi que si jamais leur présence devenait un «événement» important, d'autres sont prêts à vous protéger et sont en mesure de les intimider suffisamment pour qu'ils vous laissent tranquilles. Je ne dresserai pas la liste de ces «autres», mais ils sont parents des Pléiadiens.

Vous êtes connus des autres planètes ascensionnées et l'on s'occupe de vous, très chers.

Le système solaire et l'astrologie

Que savez-vous de l'astrologie? La plupart des gens savent que le zodiaque comporte douze signes : le Bélier, le Taureau, les Gémeaux, le Cancer, le

Lion, la Vierge, la Balance, le Scorpion, le Sagittaire, le Capricorne, le Verseau et les Poissons. Vous entendez souvent poser cette question : « De quel signe êtes-vous ? » Il existe des centaines de livres et de sites Internet révélant les traits de votre personnalité, de votre vie amoureuse, de votre carrière et de vos relations d'après l'interprétation de votre signe zodiacal. Certaines personnes prennent l'astrologie très au sérieux et ne sortent jamais de chez eux sans avoir consulté leur horoscope, tandis que d'autres considèrent l'astrologie comme une fumisterie sans aucun fondement scientifique. Elles ne pourraient être plus dans l'erreur.

Je dois admettre en toute franchise que j'étais très sceptique quant à l'astrologie avant de m'éveiller spirituellement. Si certains horoscopes semblaient justes, d'autres donnaient des informations si générales qu'elles auraient pu s'appliquer à n'importe qui. Comme je ne comprenais pas vraiment l'astrologie et que j'en ignorais le fonctionnement, je m'amusais beaucoup en lisant certaines affirmations que je trouvais ridicules. Encore une fois, j'ai fini par découvrir à quel point mes présomptions étaient erronées.

L'astrologie fut pratiquée par plusieurs anciennes civilisations et elle l'est encore aujourd'hui. Je fus très étonnée de découvrir qu'il y a plusieurs types d'astrologie, dont l'astrologie occidentale, l'astrologie hindoue, l'astrologie chinoise et l'astrologie tibétaine. De plus, il existe plusieurs branches secondaires, dont l'astrologie horaire (une méthode pour répondre aux questions fondées sur la date, le moment et le lieu où ces questions sont posées), l'astrologie médicale (pour établir un diagnostic), l'astrologie mondiale (qui prédit l'avenir des pays et des États) et l'astrologie électorale (pour déterminer le meilleur jour et le meilleur moment pour entreprendre un projet). L'astrologie est un domaine d'étude très vaste qui dépasse le cadre de ce livre. J'aimerais néanmoins souligner le fait qu'elle constitue un immense savoir à fournir à l'humanité si seulement nous pouvions mettre de côté nos préjugés et la considérer comme une science importante et précieuse.

Malheureusement, on la voit toujours comme une discipline mystique et ésotérique. D'après Kryeon, elle est l'une des sciences les plus incomprises qui soient. Un jour, les futurs élèves en astrologie s'étonneront que l'humanité ait pu la voir autrement! Si l'astrologie est une science, comment fonctionne-t-elle? Son nom signifie littéralement «le langage des étoiles». L'astrologie étudie l'influence exercée sur les vies humaines par les objets célestes éloignés, soit les planètes, le Soleil, la Lune et les étoiles. Elle est fondée sur la position occupée par les luminaires (le Soleil et la Lune), les planètes et les étoiles au moment précis de la naissance de quelqu'un ou d'un projet, selon la date ainsi que la longitude et la latitude.

Dans le chapitre 5, Kryeon nous a dit que la grille magnétique était celle de la communication. Nous devons alors nous rendre compte que le système solaire nous parle par l'intermédiaire de la grille magnétique. Nous sommes littéralement «configurés» par le Soleil, qui nous parle par le truchement de notre ADN. Vous avez encore de la difficulté à y croire? Peut-être avez-vous rejeté l'idée que les humains ont un noyau spirituel et qu'ils sont des fragments de Dieu. Je ne vous juge aucunement ici car ce fut déjà mon cas [sourire]. Permettez-moi néanmoins de vous donner un exemple qui vous amènera à changer d'idée. Avez-vous déjà remarqué à quel point la pleine lune influence la conscience humaine? Demandez simplement à un policier, à un médecin, à une infirmière, à un travailleur paramédical ou à un professionnel de la santé mentale. La plupart vous diront qu'ils sont incroyablement occupés les soirs de pleine lune. En fait, dans l'Angleterre du XVIIIe siècle, un individu qui commettait un meurtre durant la pleine lune pouvait plaider la «démence, la folie» et obtenir une sentence plus légère. Les phases de la Lune affectent également notre horloge biologique et le cycle menstruel car nous sommes composés de 80 % d'eau, et l'on sait depuis longtemps que la Lune gouverne les océans et les marées.

Considérez un moment les phases de la Lune comme un cycle quantique exerçant une influence quantique sur nous au moyen de la gravité et du magnétisme. Notre ADN est alors directement affecté par la Lune. Cependant, comme le dit souvent Kryeon, nous ne sommes pas des victimes. Nous avons la capacité de communiquer avec notre ADN et d'en modifier la série d'instructions. La Lune n'est que l'une des diverses influences astrologiques. Voyez-vous maintenant comment l'astrologie exerce une influence énorme sur le comportement humain ? C'est une science, et elle implique à la fois l'ADN et la pensée humaine. Imaginez à quel point cette science pourrait aider l'humanité si elle était reconnue. Nous sommes vivants avec Gaia et nous faisons partie du système.

Kryeon nous a présenté un magnifique résumé du fonctionnement de l'astrologie.

Le Soleil est le pivot du système solaire et le centre énergétique de votre vie. Pour l'envoi d'informations du Soleil aux autres planètes, un mécanisme physique existe : le vent solaire. Ce courant d'énergie transporte tout schème d'énergie multidimensionnelle que possède le Soleil à ce moment-là et il le transmet à tout ce qui se trouve à la portée du champ magnétique solaire. Il est toujours présent, mais son intensité est cyclique. Bien que la science attribue un rôle énergétique au vent solaire dans le système solaire, elle n'a pas encore vu qu'il transporte des schèmes multidimensionnels vers les planètes.

Ces schèmes reflètent la position du Soleil et des autres planètes dans leur mouvement régi par la gravité et le magnétisme (deux énergies multidimensionnelles). Par conséquent, ces schèmes solaires changent constamment puisque les planètes changent de position gravitationnelle et magnétique par rapport au Soleil.

Quand le vent solaire porteur du schème solaire atteint la Terre, il le dépose sur la grille magnétique. Cette grille est dynamique (elle change constamment) et elle réagit au continuel changement de schème. Ses lignes le modifient légèrement parce que la grille n'a pas la même influence partout sur la planète.

L'ADN humain est sensible au magnétisme puisqu'il est lui-même un moteur magnétique. À la naissance, quand l'enfant se sépare de la mère, le cerveau reçoit un signal lui disant que son système est activé et qu'il est désormais indépendant de celui de la mère. Au moment de ce premier souffle d'une vie indépendante et unique, l'ADN de l'enfant reçoit le schème issu du magnétisme de la grille terrestre et incorpore ce que vous appelez les « caractéristiques astrologiques ».

Les divers lieux de la planète portent le schème de base, auquel s'ajoute la contribution du champ magnétique terrestre selon l'emplacement géographique. C'est pourquoi l'astrologie doit prendre en considération le lieu de naissance. L'astrocartographie est également fondée sur ce principe.

L'astrologie est la plus ancienne science de la planète et sa justesse est démontrable. De plus, l'astrologie « générale » exerce aussi une influence significative sur la vie humaine, depuis le cycle féminin jusqu'aux profonds changements comportementaux lors de la pleine lune. Vous ne pouvez vous y soustraire, et ceux qui n'y croient pas pourraient tout aussi bien ne pas croire à la respiration, parce que l'astrologie n'est pas moins importante que la respiration dans votre vie.

La nouvelle énergie planétaire vous invite à modifier votre ADN. C'est ce que Kryeon vous enseigne. Lorsque vous modifiez votre ADN, vous modifiez le schème que vous avez reçu à la naissance. Vous êtes donc en mesure de travailler sur des caractéristiques de votre programme astrologique et de le changer, voire de le neutraliser. Nous vous l'avons déjà dit en 1989. Les maîtres le faisaient et vous entrez maintenant dans une époque où vous posséderez les aptitudes des maîtres. Éliminez de votre vie les difficultés et conservez les éléments qui vous soutiennent. Voilà ce qu'est un être humain vraiment équilibré.

Vous pouvez modifier votre sensibilité à l'intérieur de votre type astrologique, mais l'influence générale des planètes et le mouvement de la Lune vous affecteront toujours dans une certaine mesure puisque vous n'êtes pas un îlot isolé. Il y a les mouvements rétrogrades des planètes et l'influence de la Lune. Vous pourriez dire en souriant que vous n'êtes plus affectés par les planètes rétrogrades, mais vous ne devriez pas signer de contrats durant ces périodes car votre entourage l'est toujours. Réfléchissez...

À propos, que se passe-t-il dans le système solaire quand le magnétisme change ? Vous devinez que l'astrologie va bientôt changer également. Certains commencent déjà à lui appliquer le filtre quantique. Quel est votre signe quantique ? Il est différent du signe tridimensionnel. Un jour viendra, chers humains, où les scientifiques seront en mesure d'appliquer un filtre quantique pour modifier leurs observations. Il s'agira d'un filtre développé pour les télescopes et qui impliquera son propre superrefroidissement. Les astronomes pourront voir pour la première fois les attributs quantiques du cosmos.

Ils remarqueront d'abord la force double présente au centre de la galaxie. Ils verront ensuite les couleurs entourant l'être humain. La science inaugurera un nouveau domaine de recherche, « L'étude de l'énergie aurique humaine ». Tout cela s'en vient.

Combien de temps tout cela prendra-t-il ? Cela dépendra de vous. Entretemps, semez les graines de la connaissance, de la paix, de la gratitude et de l'amour. Ne vous mettez pas en colère rapidement, ne créez pas de drame facilement. Assumez les qualités des maîtres car vous les posséderez bientôt. Soyez doux en toute situation. Voyez les autres différemment.

Un jour viendra où il n'y aura plus de guerres. Ceux qui m'écoutent ou qui lisent cet ouvrage sauront alors que j'ai raison. Surveillez l'évolution scientifique. Vous vous souviendrez du jour où je vous ai expliqué comment tout fonctionne.

Heureux l'être humain qui a compris que ce message le concernait personnellement et ne portait pas sur le cosmos. Il s'agit de l'être intérieur et du cheminement de l'âme, ainsi que de l'univers qui l'habite.

(Canalisation de Kryeon intitulée « Le réajustement de l'univers », donnée en Patagonie, au fond de l'Amérique du Sud, le 27 janvier 2012.)

Que pensez-vous maintenant de l'astrologie ? Peut-être saviez-vous déjà ce qui vient d'être expliqué et que cela confirme votre intuition, ou peut-être commencez-vous à voir l'astrologie autrement. Que ferez-vous de ces informations ? Quant à moi, je prête davantage attention qu'auparavant à certaines choses. Par exemple, si je sais que Mercure est rétrograde, je me rends compte que les communications sont grandement perturbées. Je suis sûre que vous l'avez vous-mêmes remarqué. Les jours où vos courriels n'arrivent pas, où vous ratez votre avion ou bien où tout va de travers, il y a des chances que Mercure soit rétrograde. Et je ne signerais sûrement pas de contrat durant cette période.

Comment puis-je en apprendre plus? Une pléthore d'informations est disponible sur l'astrologie, mais il faut user de discernement. En suivant mon instinct spirituel, j'ai rencontré une astrologue professionnelle nommée Michelle Karén. Kryeon a dit d'elle qu'elle « lit les archives akashiques directement et qu'elle est la première [astrologue] à apporter l'astrologie quantique sur cette planète ». L'interprétation que j'ai reçue de Michelle m'a fourni d'incroyables informations sur moi-même qui ont confirmé la justesse de ce que je ressentais intuitivement. Cela m'a aussi aidée à ne plus m'en faire au sujet de certaines situations et à me préparer à réaliser mes meilleures potentialités, et ce, dans cette vie-ci. Si vous désirez plus d'informations sur Michelle Karén ou que vous aimeriez qu'elle interprète votre thème, voici l'adresse de son site Internet :

www.michellekaren.com

J'aimerais mentionner également que l'interprétation de mon thème par Michelle m'a aussi procuré ma carte astrocartographique. Ces cartes sont fondées sur le thème natal (la position des planètes au moment et à l'endroit exacts de la naissance). Elles révèlent pour tout individu les endroits précis de la planète qui sont neutres ou qui sont favorables à l'expérience des obstacles à une énergie planétaire donnée.

D'aussi loin que je me souvienne, j'ai toujours éprouvé le désir de quitter Canberra. Ce sentiment était insensé car c'était ma ville natale, j'y ai grandi dans une famille merveilleuse et j'y avais beaucoup d'amis. Malgré cela, je passais mon temps à la quitter et à y revenir. Pendant plus de dix ans, j'ai eu un bel emploi d'agent de la faune dans diverses réserves naturelles et des parcs nationaux. Pourquoi donc voulais-je quitter cette ville? Pourquoi ce besoin constant de « partir »? Dans mon thème astrologique, Canberra se trouve près de ma ligne de Saturne, ce qui n'est pas la meilleure position pour moi. Michelle m'expliqua que les lignes de Saturne nous portent à une vie difficultueuse et à la solitude. On se sent responsable et rien ne vient facilement. On a aussi l'impression d'être enlisé. Tout à coup, j'ai compris pourquoi j'avais toujours l'impression que ma vie ne menait nulle part quand je vivais à Canberra. C'est ce qui me poussait à toujours vouloir aller ailleurs.

Quand mon mariage s'est dissout, j'ai eu l'impression que tout mon univers s'écroulait. Si l'événement me causa un traumatisme, ce fut aussi un catalyseur d'éveil. Je crois que mon ancien mari et moi l'avions préparé avant de naître. Quand cette potentialité s'est présentée, j'ai eu à choisir. Allais-je tomber dans l'amertume et la mentalité de victime ou bien y voir une leçon de vie planifiée ? Il se révéla que ce fut pour moi l'occasion de m'éveiller. Et vous ? Quelles sont vos propres difficultés ? Êtes-vous une victime ou savez-vous voir l'occasion qui vous est offerte ? Chacun de nous est unique et doit affronter ses difficultés particulières. Ayez le courage de transformer votre existence.

Dans le cadre de mon processus d'éveil (et par besoin de m'éloigner de mon ancienne vie conjugale), j'ai déménagé en Nouvelle-Zélande car c'est là que mon intuition m'avait dit d'aller. À ce moment-là, je n'avais aucune idée des origines lémuriennes de la Nouvelle-Zélande ni des influences astrocartographiques. Je fus ébahie quand Michelle m'apprit que j'avais emménagé exactement sur ma ligne de Chiron. Chiron étant le guérisseur blessé, mon intuition m'avait guidée vers un endroit où je pourrais transmuter ma douleur et me guérir. Elle m'a dit également que j'y connaîtrais un changement de conscience. Je souris désormais quand je pense à la méthode de fonctionnement de l'esprit.

Quand je me suis installée en Nouvelle-Zélande, j'ai eu la très forte impression de rentrer chez moi. C'était comme si le sol même me disait qu'il était content de me revoir. Moins d'une semaine après mon arrivée au glacier François-Joseph (South Island – île du Sud), une collègue de ma classe de yoga m'a donné un livre de Kryeon : le tome V, *Messages de notre famille*. Dès que j'ai commencé à le lire, j'ai senti mes cellules frémir. Rendue au chapitre sur la technique d'harmonisation EMF, écrit par Peggy Phoenix Dubro, je me suis sentie irrésistiblement poussée à en savoir davantage sur le sujet et à suivre le programme. En quelques semaines, j'ai trouvé un instructeur et j'ai commencé mon entraînement pour devenir une praticienne EMF. La formation et les instruments que j'ai reçus ont grandement contribué à l'expansion de ma conscience et au rayonnement de ma propre énergie. En suivant et en donnant des séances d'harmonisation EMF, j'ai pu apporter dans ma vie des changements que je n'aurais jamais crus possibles auparavant. Je suis convaincue que quiconque a suivi une séance avec le désir sincère de se transformer a vécu une expérience semblable.

L'initiatrice de ce travail est Peggy Phoenix Dubro. Les séances EMF sont le résultat de vingt ans de travail avec les énergies quantiques du treillis. Tous les humains en ont un. Il s'agit d'une matrice de conception quantique, une sphère de cocréation qui nous entoure et qui forme le Treillis cosmique universel. Quand on est en présence de Peggy, on sent émaner d'elle la sagesse divine féminine. Elle a une incroyable capacité de transformer l'énergie. Kryeon nous a fourni les informations suivantes à son sujet :

Depuis plus de vingt ans, l'instructrice Peggy Phoenix Dubro reçoit des informations sur une merveilleuse technique appelée l'harmonisation EMF. Voici que l'instructrice bénéficie elle-même du processus et que son ADN se modifie en conséquence. Elle est la seule personne sur cette planète à intégrer tout l'enseignement de cette technique, ce qui signifie qu'elle peut désormais réfléchir sur la compassion de l'humanité d'une façon unique et créer des canalisations incarnant l'énergie d'un vrai maître. Son portail génétique s'est ouvert.

Peggy a créé Réflexions, un instrument de raisonnement quantique dans la nouvelle énergie. Son nouveau travail est hautement pertinent. Le but de ses séances de réflexion est d'aider les gens à développer leur aptitude à faire des choix conscients dans l'utilisation de leur énergie. Voici ce qu'elle a déclaré :

Nous ne faisons que commencer à exprimer un autre niveau de conscience en consentant à mieux définir l'humain multidimensionnel que nous sommes! Mon désir le plus cher est de vous aider à développer votre expression unique de manière à communiquer avec mérite et authenticité dans le monde. Cela me motive profondément car je sais que nous avons tous la capacité de nous créer une existence de choix avec les talents et les aptitudes que nous possédons, ce qui signifie davantage de liberté d'être!

Si vous désirez de plus amples informations sur Peggy Phoenix Dubro ou que vous voulez suivre une séance de « réflexion » avec elle, consultez son site Internet : www.emfbalancingtechnique.com

Voici maintenant quelque chose à quoi vous ne vous attendiez sans doute pas. Kryeon affirme que vous pouvez modifier vos caractéristiques astrologiques! Les maîtres le font. Les caractéristiques astrologiques sont une empreinte magnétique et gravitationnelle créée à la naissance sur la partie multidimensionnelle de l'ADN. Elles font partie du système de la personnalité et gouvernent les rapports avec les autres humains. Même si vous posséderez toujours votre signe de naissance et votre personnalité, vous pouvez tempérer et modifier vos réactions au système. Les planètes rétrogrades seront moins problématiques. Vous pouvez transcender cette empreinte par l'intention, et la reprogrammer. À ce stade-ci, je dois souligner encore une fois ce que dit Kryeon : nous ne sommes pas des victimes!

Kryeon recourt souvent aux métaphores pour nous faire comprendre que nous ne pouvons être simplement des victimes. Imaginez que vous êtes dans une embarcation à la merci de l'océan. Tout va bien quand la mer est calme, mais quand la tempête se lève, que le vent souffle et que les vagues grossissent, vous vous fâchez et vous levez le poing en pensant être la victime de ce qui se passe autour de vous. Et si vous regardiez dans le fond de votre embarcation pour y trouver un morceau de bois qui pourrait servir de gouvernail? Vous êtes maintenant à même de diriger votre embarcation. Vous n'êtes toujours pas capable de contrôler les vagues ni la tempête qui fait rage autour de vous, mais vous pouvez diriger votre embarcation. Vous n'êtes pas une victime.

Voyez-vous comment cela peut s'appliquer à une difficulté que vous affrontez à l'heure actuelle? La tempête symbolise la difficulté qui échappe à votre contrôle. Ce pourrait être la perte d'un emploi, la fin d'une relation amoureuse ou des ennuis financiers. Vous ne pouvez exercer aucun contrôle sur ce qui vous arrive, mais il vous est possible de choisir l'orientation à prendre quand survient un tel événement. Et si vous perdiez votre emploi parce qu'il y en a un meilleur de disponible? Et s'il y avait une autre personne qu'il vous fallait rencontrer? Et s'il fallait que cette difficulté doive vous pousser à faire quelque chose que vous ne feriez pas normalement?

Il est merveilleux de vivre avec une attitude positive et un esprit ouvert. Pourquoi, alors, tout ne va-t-il pas toujours bien? Vous avez effectué des changements intérieurs et pourtant rien ne semble avoir changé autour de vous. C'est parfois parce que l'Esprit n'a pas d'horaire fixe. La synchronie que vous recherchez ne peut être prête avant terme. Je suis quelqu'un qui veut toujours avoir les choses pour hier! Qui aime attendre? J'ai toutefois appris que l'attente passe beaucoup plus vite quand on se calme et que l'on a confiance que tout ira bien.

La patience est donc une excellente stratégie. Y aurait-il autre chose que nous pourrions faire pour nous rapprocher de notre nature véritable? Je crois que oui. Je veux vous faire connaître un nouveau système (peut-être même en avez-vous déjà entendu parler) qui vous procurera une toute nouvelle connaissance sur vous-même. Chaque décision que nous prenons nous laisse sur notre voie ou bien nous en écarte par un détour qui peut s'avérer troublant et parfois douloureux.

J'ai eu aussi la chance de recevoir de Bethi Black une interprétation fondée sur le Système de design humain. Bethi est vice-directrice de l'École internationale de design humain et éditrice d'un nouveau livre intitulé *Le design humain : La science de la différenciation* (à paraître aux éditions Ariane au printemps 2014), par Lynda Bunnell et Ra Uru Hu. Chacun de nous a une conception unique et un but déterminé. Ce nouveau système est fondamentalement différent de tous ceux qui existent dans le monde. Les informations reçues par le montréalais Ra Uru Hu en 1987 sont la synthèse de deux types de science : d'une part les anciens systèmes d'observation astrologique, le Yi-King chinois, le système de chakras hindou-brahmanique et l'Arbre de vie de la tradition zohar-kabbaliste, et d'autre part les disciplines contemporaines de la mécanique quantique, de l'astronomie, de la génétique et de la biochimie.

Les informations qui me furent transmises lors de l'interprétation ressemblaient à un manuel d'instructions pour moi-même. J'y ai acquis une plus grande clarté dans mes prises de décision et je me suis ouverte à un tout nouvel état d'être. J'ai vu s'accroître ma capacité de cocréer et de manifester dans ma vie la divinité correspondant à mon être authentique. Je connais mieux mes dons et je sais mieux comment les partager avec les autres. Je vois également le rôle important que jouent les autres pour me soutenir, et inversement. Ce que le Système de design humain a de merveilleux, c'est qu'il n'est pas un système de croyances. Il s'agit plutôt d'une carte de notre code génétique unique qui nous fournit de nombreux détails sur le mécanisme de notre propre nature. Grâce à cette carte, je peux mieux apprécier mon séjour terrestre au lieu de laisser mon « non-soi » m'imposer des décisions qui ne me causent que de la frustration.

La connaissance de soi que procure le Système de design humain nous ouvre à un tout nouveau mode de vie. Voici un exemple. Ma carte de design humain révèle que je suis une génératrice. Quand je suis dans le flux de ma véritable nature, je ressens de la satisfaction. Quand je ne suis pas dans ce flux, j'éprouve de la frustration. Nous avons tous neuf centres. La carte de design humain nous montre s'ils sont définis ou non-définis (ouverts). Voici deux exemples qui expliquent cet aspect de la carte.

Mon plexus solaire est non-défini. C'est le cas d'environ 47 % de la population. Quand ce centre est non-défini, il absorbe et amplifie les émotions présentes dans l'environnement. Nous pouvons facilement être conditionnés par les besoins, les humeurs et les émotions des autres. C'est pourquoi les affrontements me rendent toujours nerveuse. Inconsciemment, j'ai tendance à les éviter à tout prix. Le sachant, je peux me détacher des émotions que je reçois des autres. Je suis plus consciente de mes émotions véritables et non de celles des autres. Le fait de passer un peu de temps dans la solitude tous les jours m'aide à me libérer du conditionnement émotionnel. Cela vous dit quelque chose? Sinon, il est probable que votre plexus solaire soit défini. Il n'est pas facile d'être patient.

Vous êtes conçu pour attendre jusqu'à ce que vous traversiez les hauts et les bas d'une vague émotionnelle avant de prendre une décision. Alors que quelqu'un dont le plexus solaire est défini se sent bien ou mal, quelqu'un dont le plexus est non-défini se sent TRÈS bien ou TRÈS mal. Voyez-vous la nuance ?

Mon centre splénique est défini. C'est le cas d'environ 55 % de la population. Ce centre est responsable de notre survie et de notre bien-être dans le monde. Si le vôtre est défini, vous recevez des communications non verbales dans l'instant présent. C'est l'intuition, l'instinct ou le pressentiment. Cela vous donne une information fiable. Dans cette conscience du moment, ce centre ne répète jamais son premier avertissement. En d'autres mots, vous devriez toujours écouter votre intuition, à défaut de quoi les conséquences peuvent s'avérer désastreuses. Quand le centre splénique est non-défini, les sept peurs primordiales qui y résident sont magnifiées. Les gens dont c'est le cas entrent dans le monde avec la peur fondamentale de ne pas être équipés pour survivre. Ils sont également sensibles au manque de bien-être dans le monde et s'en croient personnellement victimes. Ils recherchent inconsciemment des gens dont le centre splénique est défini, par besoin de sécurité et de bien-être, et s'y raccrochent quelles qu'en soient les conséquences. Cela signifie qu'ils peuvent poursuivre obstinément une relation qui leur est nuisible. Une orientation saine chez les gens dont le centre splénique est non-défini leur permet de discerner la différence entre leurs besoins et ce qui constitue un manque de bien-être dans leur environnement. Si quelqu'un ou quelque chose n'est pas bon pour eux, ils le sentent. En tant que thérapeutes professionnels, ils peuvent aussi pénétrer dans l'aura d'un patient et savoir instantanément si cet individu est en santé ou malade, et connaître alors la cause du déséquilibre.

Vous voyez bien qu'il n'est ni bon ni mauvais d'avoir un centre défini ou non-défini. Notre design unique nous attire littéralement dans la vie. Il est conçu pour attirer ce que nous désirons si nous abandonnons notre conditionnement. L'un des objectifs du système est de nous guider dans nos décisions. Je ne vous ai fourni que deux exemples, mais le système est conçu pour vous en apprendre davantage. Imaginez à quel point votre vie serait différente si vous connaissiez votre design unique!*

En guise de conclusion, j'espère que vous pouvez comprendre et apprécier l'influence exercée par l'astrologie dans notre vie. L'humanité a encore tellement à apprendre! À mesure que nous découvrons des vérités essentielles et que nous les appliquons à notre quotidien, non seulement nous nous changeons nous-mêmes, mais nous changeons aussi l'univers.

Q. : À l'origine, comment l'astrologie a-t-elle été implantée sur cette planète et d'où venait-elle? Pourquoi l'influence de Jupiter est-elle aussi grande?

Kryeon : L'astrologie est la plus ancienne science existant sur la planète, avec la numérologie. Dès que les humains ont pu regarder le ciel et suivre le mouvement des planètes, ils ont eu intuitivement l'idée que celles-ci pouvaient influencer toute vie terrestre. L'influence de la Lune était déjà connue, particulièrement celle de la pleine lune. L'humanité fut donc immédiatement consciente que les corps célestes séparés de la Terre, mais liés à elle par la gravitation, pouvaient influencer le comportement humain d'une façon cyclique.

Ce n'est pas du tout de la mythologie, mais plutôt de la physique. Nous vous avons fourni le mécanisme de l'astrologie dans des messages antérieurs. Nous vous avons également dit quelque chose que vous ne comprenez pas encore. Écoutez bien, cher astrologue. Si le magnétisme du système solaire change (et c'est le cas), ne comprenez-vous pas que son influence sur le comportement humain changera aussi? Vous ne pouvez pas dire que « tout est toujours à peu près pareil », pas plus que personne ne peut nier que la planète se refroidit. Ceux qui soutiennent le contraire peuvent bien ne pas porter de manteau, mais ils finiront par avoir froid.

---

* NdÉ : Si vous désirez en savoir plus, visitez le site www.hdcanada.org ou www.designhumainfrance.com

Voyez donc quelles sont ces influences potentielles et comment elles pourraient vous affecter. Jupiter est l'une des planètes les plus influentes dans la nouvelle énergie, en raison de sa taille, qui suscite une plus grande interaction magnétique avec le Soleil. Quand le magnétisme des gaz solaires est altéré, les schèmes solaires transportés par le « vent solaire » dans tout le système changent également.

C'est le vent solaire qui agit sur votre champ magnétique et qui crée l'énergie constituant votre personnalité et votre force vitale. C'est là le meilleur aspect de l'astrologie, dont Jupiter est l'un des principaux acteurs.

Q. : À l'heure actuelle, seulement dix planètes nous sont connues, alors que l'équilibre cosmique voudrait que les douze signes correspondent à douze planètes. Il se trouve que deux planètes, Vénus et Mercure, gouvernent à la fois un signe de terre et un signe d'air, soit le Taureau et la Balance dans le cas de Vénus, et la Vierge et les Gémeaux dans le cas de Mercure. Vénus est-elle la véritable planète maîtresse de la Balance, et Mercure, la véritable planète maîtresse des Gémeaux ? Si c'est le cas, cela veut dire que deux signes de terre n'ont pas encore de planète maîtresse. La terre est traditionnellement associée à la gestion du corps physique. Cela voudrait-il dire que les humains n'ont pas encore évolué dans leur vrai corps ?

Kryeon : Tout ce que vous avez mentionné fait partie du système gravitationnel et du système magnétique quantique, qui exercent une influence sur le Soleil. Vous savez déjà que les humains n'ont pas évolué dans leur vrai corps. C'est ce que la nouvelle énergie commence à apporter. Ainsi, comme nous l'avons souligné plus haut, attendez-vous à ce que le système s'adapte à de nouvelles énergies à cause de nouvelles influences quantiques. Je ne vous dirai pas ce que vous devrez découvrir et vérifier par vous-mêmes, mais vous avez remarqué intuitivement que le système est incomplet. Alors, complétez-le.

Je vous donne un indice : êtes-vous prêts à ce que deux signes de terre aient une nouvelle planète maîtresse qui ne soit pas vraiment alignée tridimensionnellement sur la Terre ? Dans l'affirmative, accepterez-vous que l'une soit quantique (intriquée à une certaine distance) ? Ce serait le début de l'astrologie quantique, qui pourrait finalement impliquer un groupe stellaire voisin comportant neuf étoiles majeures, dont sept sont importantes et l'une possède de nombreuses planètes. N'est-il pas sensé qu'une planète maîtresse d'un signe de terre soit parentale, c'est-à-dire liée à la Terre, mais non dans le système solaire ? Si vous entrez dans une époque de réalisation quantique, il est peut-être temps que le système comporte une planète maîtresse quantique.

Q. : Les cartes du ciel des jumeaux, spécialement s'ils sont nés à très peu de temps d'intervalle, sont presque identiques. Pourtant, leur héritage akashique n'est peut-être pas le même. Il y a aussi le phénomène des « jumeaux astraux », soit deux individus nés de parents différents, mais exactement le même jour, au même endroit et à la même minute. Pourriez-vous nous dire comment, dans ces deux cas, leurs cartes du ciel reflètent leurs archives akashiques respectives ?

Kryeon : Par votre Système de design humain, vous savez déjà que 300 à 400 humains sur sept milliards peuvent avoir la même carte du ciel, pour les raisons que vous avez énumérées. Cela ne les rend pas identiques entre eux puisque leur « histoire terrestre » n'est pas la même. Ce sont en quelque sorte les archives akashiques terrestres. Le design de leur vie peut être identique, mais il est modifié par leur cheminement, fondé sur leur héritage akashique particulier ainsi que sur leurs expériences de vie.

Cela requiert une nouvelle méthode astrologique qui « ajoutera » l'énergie quantique de l'Akash d'une vieille âme à sa carte du ciel tridimensionnelle et raffinera donc le schème de l'individu.

Certains s'y livrent déjà en faisant de l'« astrologie quantique ». Le lecteur doit être à la fois un scientifique et un intuitif.

Les Pléiadiens

Avant mon éveil, je n'avais jamais entendu le mot « Pléiadien ». Je savais bien sûr qu'il existait un amas d'étoiles du nom des Pléiades ou des Sept Sœurs, mais il ne me semblait digne d'intérêt que pour les astronomes, particulièrement parce qu'il est l'un des amas stellaires les plus proches de la Terre et qu'il est visible autant dans l'hémisphère Nord que dans l'hémisphère Sud. Il est situé à environ 425 années-lumière de la Terre et on l'appelle aussi Messier 45 (M45). Les Pléiades font partie de la constellation du Taureau, l'un des douze signes du zodiaque. Avant de m'ouvrir à mon être spirituel, je n'étais pas prête à apprendre que les Pléiadiens étaient nos parents divins. Avant d'aller plus loin, j'aimerais vous faire part de certains détails superficiels concernant les Pléiades. Je tiens à le faire simplement parce qu'ils illustrent à quel point nos préjugés peuvent dénaturer les vérités spirituelles pour les adapter à nos croyances.

Dans la mythologie grecque, les sept étoiles les plus brillantes des Pléiades représentent les filles d'Atlas et de Pléioné, qui portent les noms suivants :

Alcyone – Signifie « la reine qui conjure le mal ». Alcyone est l'étoile centrale de l'amas des Pléiades et aussi la plus grosse. On s'en sert souvent pour représenter tout le groupe stellaire.

Astérope – Une étoile double dont le nom signifie « éclairage ».

Célaéno – Elle fut mariée à Poséidon. Son nom signifie « obscurité ». On dit qu'elle est la Pléiade perdue car son étoile est parfois difficile à voir à l'œil nu.

Électre – La troisième étoile la plus brillante des Pléiades. Son nom signifie « ambre » et « brillante ». Électre fut l'épouse de Corythe. Séduite par Zeus, elle donna naissance à Dardanus, qui devint le fondateur de Troie.

Maïa – La plus vieille des Sept Sœurs et aussi la plus belle. Selon la mythologie grecque, elle fut l'amante de Zeus et elle donna naissance à Hermès.

Mérope – La seule Pléiade à avoir épousé un mortel, son étoile brille avec moins d'intensité que celles de ses sœurs.

Taygète – Après avoir été profanée par Zeus durant son sommeil, Taygète se cacha. Pour sa protection, elle fut changée en biche.

Ne trouvez-vous pas intéressant que la mythologie grecque place ces étoiles dans le royaume des dieux? J'en déduis qu'intuitivement les Grecs se souvenaient de nos parents spirituels. Toutefois, leur savoir spirituel s'étant dilué, leur mythologie reflète leur perception de leur monde et de l'univers.

Si nous remontons dans le temps, longtemps avant les Romains, les Grecs, les Égyptiens et les autres anciennes civilisations, et que nous prenons connaissance des histoires des anciens indigènes sur la création du monde, nous découvrons que plusieurs faisaient référence aux Pléiadiens ou aux Sept Sœurs. Quelles en étaient les probabilités? Est-ce une simple coïncidence? À mon avis, ce serait une ahurissante coïncidence que des Aborigènes vivant à Uluru, au centre de l'Australie, racontent la même histoire que les Hawaïens (qui sont isolés au milieu de l'océan Pacifique), que les Maoris de Nouvelle-Zélande, que les indigènes d'Amérique du Sud et que ceux d'autres pays incroyablement distants les uns des autres sur le plan géographique. Lors d'un séminaire de Kyeon auquel j'assistais, nous avons visité un monastère hindou à Kauai. Notre guide nous a dit que nous venions des Pléiades à notre arrivée en Lémurie, ce qui explique pourquoi les hindous avaient construit ce temple à Kauai. La religion hindoue est l'une des plus anciennes de la planète. Quelle coïncidence qu'ils disent la même chose que tous les indigènes de la planète!

En 2010, alors que je visitais Uluru en compagnie de Lee Carroll et de quelques membres de l'équipe de Kryeon, je suis entrée dans une galerie d'art où étaient exposées les œuvres de femmes locales. Chacune de ces œuvres avait un lien avec les Sept Sœurs. Nous avons conversé avec l'Aborigène qui gérait la galerie et celui-ci nous a ensuite donné un dépliant décrivant l'histoire de la création de ces œuvres :

Les Sept Sœurs sont venues visiter la Terre. En retrouvant leur plateau d'atterrissage préféré, elles l'ont trouvé couvert de petits hommes nommés Yavarrs. Elles leur ont demandé de leur laisser la voie libre, mais ils ont refusé. Elles ont finalement atterri sur une autre colline. Les Yavarrs les ont vues faire et ils ont décidé de les capturer. Les sœurs se sont sauvées et tous les hommes ont fini par abandonner la poursuite, sauf un.

Celui-là a continué à les poursuivre. L'une des sœurs a quitté son groupe pour chercher de l'eau et l'homme l'a suivie. Ayant trouvé de l'eau, elle était en train de boire quand elle a entendu des bruits de pas discrets sur le sol. Levant la tête, elle a aperçu le Yavarr et s'est aussitôt enfuie. Cependant, l'homme a fini par la rattraper et la capturer. Comme elle criait à tue-tête, il a alors ramassé un bâton et tenté de la frapper pour la faire taire. Elle a esquivé les coups. Il a continué à balancer le bâton sans jamais réussir à l'atteindre. Les marques de ce bâton sont encore visibles sur le flanc d'une colline.

La femme a fini par lui échapper et elle est retournée sur la colline où elle et ses sœurs avaient atterri, mais ces dernières n'y étaient plus. Elle regarda le ciel et, les y voyant, elle s'éleva pour les rejoindre. Le Yavarr la suivit et il devint Orion.

Je crois que les anciens indigènes possédaient un vaste savoir de notre ascendance spirituelle et des vérités essentielles. J'ai eu la chance de rencontrer quelques êtres divins représentant la culture indigène qui acceptaient volontiers de partager ce savoir avec des chercheurs de vérité. Kryeon parle souvent des Anciens dans ses messages, et les informations qu'il nous livre correspondent exactement à ce que les indigènes enseignent, quoique dans un langage et un contexte modernes.

Si les Pléiadiens sont réellement nos parents spirituels et qu'ils sont responsables de la création des humains, quelle est leur propre histoire? Sont-ils comme nous? Kryeon nous a livré beaucoup d'informations sur les Pléiadiens, mais ce ne sont souvent que des bribes. J'ai donc inclus ici plusieurs messages sur les Pléiadiens.

J'imagine que la plupart des gens n'aiment pas trop l'idée que des êtres de l'espace soient venus sur la Terre pour nous « ensemencer » de leur lumière. Je crois toutefois que cette attitude relève du préjugé. Comme nous sommes coincés dans la pensée tridimensionnelle, certains imaginent aussitôt une invasion extraterrestre de soucoupes volantes. Kryeon a répété à maintes reprises que les Pléiadiens n'avaient pas besoin de vaisseaux spatiaux pour venir sur la planète Terre. Ils sont intriqués aux humains depuis toujours car ils font partie de l'univers. En fait, dans son tome X, *Les Douze Couches de l'ADN*, Kryeon nous a très bien expliqué comment nous devrions considérer tout cela.

Voyez la chose ainsi : vous êtes partout en même temps! Tracez un cercle dans le sable. Les fourmis sont au milieu. Placez un doigt dans le cercle et surprenez-en une. Placez aussitôt votre doigt ailleurs. La fourmi pense que vous êtes passé d'un endroit à un autre à une vitesse ahurissante! Elle ne voit que le doigt. Vous comprenez? Vous êtes toujours au-dessus du cercle et vous n'êtes pas « allé ailleurs ». Voilà ce qu'est l'intrication. C'est un exemple du « voyage » multidimensionnel.

Heureusement, on comprend mieux le reste des explications de Kryeon si l'on garde cet exemple à l'esprit. Ce qui suit répondra sans doute à plusieurs questions suscitées par la lecture de ce livre.

Si vous comprenez bien ce qu'est l'intrication, très chers, vous saisirez plus facilement mon propos. La physique multidimensionnelle régit toute la réalité qui vous entoure, mais la plupart d'entre vous n'en sont pas conscients. Quand vous le serez, vous comprendrez que la téléportation ne relève pas de la science-fiction. Toute chose se trouvant dans un état d'intrication fait partie d'elle-même et peut être à deux endroits en même temps.

Il y a des milliers d'années, les Pléiadiens le comprenaient. Ce n'est pas simplement une question de haute science, mais plutôt de conscience spirituelle. Plus cette planète sera consciente spirituellement, plus elle recevra un haut savoir scientifique et plus elle saura comment créer une paix véritable.

Laissez-moi vous dire une chose : en toute justesse et dans l'amour, les Pléiadiens voient ce que vous faites. Ils réalisent que vous avez réussi et qu'il y aura beaucoup d'activité sur cette planète dans l'avenir. Ils se servent d'une partie de la grille magnétique pour venir vous observer et repartir. Si cette grille n'existait pas au centre de Gaia, ils n'auraient jamais pu venir, et s'ils n'avaient pas installé la grille cristalline, la planète serait dépourvue de mémoire.

La Terre change, la conscience aussi, et les vieilles âmes s'éveillent.

(Canalisation de Kryeon intitulée « Tout au sujet des grilles », donnée à Philadelphie le 14 avril 2012.)

Au cours de la croisière en Patagonie en 2012, Kryeon nous a livré sur les Pléiadiens de nombreuses informations qui nous offrent un tableau plus complet de notre histoire galactique. Ce message-ci en particulier aborde certaines questions déjà évoquées dans ce livre. Vous serez sûrement d'accord pour dire que nous comprenons toujours mieux un sujet quand il nous est expliqué plus d'une fois.

Retournons un milliard d'années en arrière. Vous êtes alors dans cette galaxie et nous vous exhortons à ne pas rechercher votre histoire ailleurs. Chaque galaxie possède son propre plan spirituel qui affecte les lois physiques. C'est pourquoi la science peut voir qu'il existe différentes lois physiques dans l'univers, sans toutefois en connaître la raison. Limitez cet examen à votre galaxie. À ce stade-ci, si je vous disais que la conscience définit les lois physiques, vous ne comprendriez sans doute pas. Restons-en donc là.

Je vous emmène sur une planète qui traverse la même étape que la vôtre. Il y a quatre milliards d'années, la Terre se refroidissait et la vie n'y était pas encore apparue. Bien sûr, les graines étaient semées, mais sans plus. La vie telle que vous la connaissez n'y existait pas. Cependant, il y avait déjà des groupes humanoïdes sophistiqués dans d'autres secteurs de la galaxie. Ils avaient la même apparence que vous. La vie est apparue sur leur planète il y a quatre milliards d'années.

Il y a un milliard d'années, ils ont subi un changement. Ils disposaient du libre arbitre. Leur planète était la seule du genre et ils ont fini par connaître une métamorphose de la conscience.

Il ne leur a fallu que mille ans de plus pour passer de la forme corporelle à une forme illuminée. En un millénaire seulement, ils sont devenus des penseurs quantiques. La vie était divine. Ils avaient découvert leur être quantique. Tout avait changé. Ils ne mouraient pas et, en accord avec le plan, à un certain point dans leur avenir ils « ensemenceraient » une autre planète avec leur ADN évolué. Quand cette planète serait prête, ils lui transmettraient leur savoir sur la lumière et l'obscurité ainsi que sur l'intuition divine. C'est ce qu'ils firent, sur une planète très éloignée de la vôtre, une planète de la constellation des Sept Sœurs qui devint, comme vous le savez maintenant, le foyer des Pléiadiens. Ce fut le début de la civilisation pléiadienne. C'est ainsi que naquirent les Pléiadiens, ensemencés par d'autres avec l'ADN de la conscience.*

Des millions d'années plus tard, des formes humanoïdes ascensionnaient à l'intérieur des Sept Sœurs. Je vous raconte ici l'histoire de la galaxie, non celle de la vie. C'est l'histoire de la divinité, qui fait que tout est influencé par le centre et se trouve intriqué dans un état quantique.

Votre histoire

Il y a quelques centaines de milliers d'années, les humains ont acquis la forme qui est maintenant la vôtre. Ce n'était qu'hier. Ne confondez pas cela avec le développement humain, qui était déjà en cours depuis longtemps. L'ADN que vous avez à présent n'est pas celui qui s'est développé naturellement sur la planète. Il est extérieur au processus évolutionnaire terrestre et les scientifiques commencent à s'en apercevoir. Le « lien manquant » dont ils parlent n'est pas humain.

---

* Kryeon nous a dit que les Pléiadiens n'étaient pas les seuls à avoir fait ascensionner leur planète. Les Orions et les Arcturiens l'ont fait également. Ce sont les arrière-grands-parents des systèmes planétaires. Un jour, les humains seront les parents planétaires d'une autre civilisation de note galaxie.

Encore une fois, nous vous disons que ceux qui sont venus vous ensemencer il y a environ 100 000 à 200 000 années terrestres étaient les Pléiadiens qui avaient connu un changement de conscience. Ils étaient devenus quantiques par libre choix et vous avez en vous des éléments de leur ADN.

Voici une nouvelle information : le processus d'ensemencement ne s'est pas fait en une seule fois. C'est pourquoi nous répartissons sur autant d'années le travail effectué sur vous par les Pléiadiens. Il fut accompli sur une longue période de temps et en plusieurs endroits. Tout ne fut pas simultané, pour des raisons qui vous resteront inconnues pour le moment, mais nous vous expliquerons plus tard pourquoi d'autres types humains se sont éteints. Il n'en existe plus qu'un, ce qui est contraire au développement de tous les mammifères de la planète. Il a fallu plus de 100 000 ans pour créer l'humanité telle que vous la connaissez.

Votre préjugé humain vous fait croire que la création, liée à la connaissance de la lumière et de l'obscurité, s'est faite en un jour dans un jardin habité par un serpent doté de la parole. La raison spirituelle devrait vous indiquer que ces histoires sont de simples allégories d'une vérité réelle, c'est-à-dire qu'il y a eu une grande élévation de la conscience, mais étalée sur une longue période de temps et non instantanée. Selon le même mythe, la Terre fut créée en sept jours, mais cela ne traduit qu'une vérité numérologique [le nombre 7 est celui de la divinité] signifiant que la planète fut créée par dessein divin. Il est temps d'user de votre raison spirituelle en étudiant votre histoire cosmique car vous y trouverez des révélations merveilleuses qui vous la feront comprendre adéquatement.

Que contient réellement votre ADN? Le code génétique des Pléiadiens et de leurs prédécesseurs, et même des prédécesseurs de ces derniers. Vous n'en avez aucun souvenir car vos archives akashiques ne concernent que la Terre, mais votre « mémoire divine » vous ramènera au commencement, où des systèmes successifs ont créé la divinité dans la galaxie et dans l'univers.

Qui sont-ils? Ce sont vos parents « divins ». Ils sont la semence divine qui est en vous. Ceux qui vous visitent ne sont pas tous des Pléiadiens. Le saviez-vous? Vos visiteurs extraterrestres viennent de partout dans la galaxie. Ils ont aussi la semence pléiadienne et ils veillent sur votre sécurité. N'est-ce pas normal? « Sécurité à l'égard de quoi? » demanderez-vous.

Votre bulle de sécurité

Votre univers regorge de vie. En des millions d'années, seules quelques planètes ont atteint un point où le corps de leurs habitants contenait « l'ADN créateur ». Certaines de celles qui ont été ensemencées n'ont jamais réussi. Certaines sont mortes. Certaines sont avancées techniquement, mais sans avoir l'étincelle de la divinité. Ainsi, quand une planète se trouve en période de « décision », on la protège contre l'interférence d'autres êtres.

Vous êtes entourés d'êtres divins qui veillent sur votre sécurité et qui continueront à le faire pendant que cette planète du libre arbitre, la seule de ce type en ce moment, prendra sa décision. Vous subissez une évolution de la conscience et ils le savent car ils ont eux-mêmes franchi cette étape et ils s'en souviennent. Très chers, la conscience est volatile ! Elle change plus rapidement qu'auparavant. Vous assisterez à des changements en temps réel. Les humains n'attendront pas d'avoir des enfants ni des petits-enfants pour évoluer.

Votre sécurité est sauvegardée sur un mode quantique et à une distance tridimensionnelle. Évidemment, vous vous posez la question suivante : « Étant donné que la galaxie regorge de vie et que les extraterrestres sont aussi avancés sur le plan scientifique, pourquoi n'atterrissent-ils pas pour communiquer avec nous ? » La réponse prouve nos propos. Ils savent qu'ils ne doivent pas intervenir dans votre évolution et ils s'efforcent donc de perturber la Terre le moins possible.

(Canalisations de Kryeon intitulées « L'ensemble du tableau » – donnée durant la croisière en Patagonie, le 3 février 2012 – et « Le pont des épées » – donnée à Toronto, Canada, le 29 septembre 2012.)

Commencez-vous à apercevoir l'ensemble du tableau ? Sentez-vous l'amour que les Pléiadiens vouent à l'humanité ? Peut-être que tout cela vous semble étrange ou que vous vous rappelez petit à petit la vérité et le savoir contenus dans votre ADN. Si vous êtes comme moi, il y a des moments où chaque cellule de votre être fourmille de souvenirs et de savoir, mais vous vous dites aussitôt que vous êtes fou et que rien de cela n'est vrai. Si c'est votre cas, peut-être avez-vous besoin d'aller passer un peu de temps dans la nature [sourire]. Je vous recommande particulièrement d'aller voir des montagnes. Rien ne vaut le spectacle de splendides sommets enneigés. Qu'est-ce que les montagnes ont de particulier? Je laisse Kryeon vous l'expliquer…

Plusieurs d'entre vous sont conscients des semences de la création. Votre ADN contient des éléments qui ne proviennent pas de la Terre. Vous avez en vous un attribut divin, ainsi que les semences d'autres humanoïdes qui sont vos parents spirituels galactiques. L'allégorie du jardin d'Éden est liée aux Pléiadiens. La connaissance de la lumière et de l'obscurité fut implantée chez l'humain lorsque les Pléiadiens ont effectué l'ensemencement de l'humanité. Je vous ai déjà livré maints messages sur le sujet et je ne me répéterai pas car plusieurs d'entre vous ne sont pas d'accord et n'aimeraient pas entendre ces informations de nouveau. Toutefois, s'ils savaient la vérité, ils comprendraient. La vérité est tout aussi belle et tout aussi sacrée que l'allégorie du jardin d'Éden.

Longtemps avant votre présence ici, cette galaxie faisait équipe avec des planètes semblables à la vôtre. La Terre est la seule planète du genre à l'heure actuelle. Elle apprend comment s'équilibrer dans la lumière. Voilà en quoi consiste le changement qu'elle subit. Je vous dirai toutefois quelque chose que je n'ai jamais dit : quand les Pléiadiens ont examiné la planète avant d'y venir, ils avaient besoin d'endroits froids et situés en haute altitude pour préparer leur travail et c'est pourquoi ils ont choisi la Lémurie (Hawaii), qui ne forme aujourd'hui que des îles tropicales. Il leur fallait une montagne de plus de 10 000 mètres de hauteur et il n'y en avait qu'une à l'époque. [Hawaii est la plus grosse montagne du monde, mais elle est submergée. Le point chaud tectonique l'a poussée vers le haut il y a 100 000 ans et elle avait donc une hauteur de plus de 10 000 mètres.]

Ils ont aussi visité quelques autres montagnes de la planète pour plusieurs des mêmes raisons, mais je ne vous dirai pas tout de suite toutes les raisons pour lesquelles ils avaient besoin d'une telle montagne. Je vous dis seulement ce qui est nécessaire pour que vous compreniez. Cette montagne-ci en est une, et ils sont ici! [Il est question du groupe rassemblé à la base du mont Aconcagua.] Vous le ressentez. Demandez à ceux qui ont escaladé les plus hautes montagnes de la planète. Elles ont toutes des similarités. Je vous confie un secret, très chers : aucun alpiniste du monde n'est athée! Dès qu'un alpiniste atteint un sommet, il connaît la vérité. Ceux qui vous ont ensemencés sont toujours ici dans la montagne, en raison de leur interdimensionnalité.

Certains d'entre vous diront peut-être qu'ils ont de la difficulté à saisir mes propos et que cela leur fait peur! Je leur dis : n'ayez pas peur de vos parents spirituels! N'ayez pas peur du sacré que l'Esprit vous a donné. Gaia les connaît et ils lui sont profondément liés. Ils ont contribué à faire d'elle ce qu'elle est à ce jour. Sa conscience qui est en interaction avec vous aujourd'hui n'était pas ici avant leur arrivée. Tout cela pour vous dire que les Pléiadiens n'ont pas fait que vous ensemencer. Ils ont créé le système de conscience humaine mémorielle que constituent à cette heure Gaia et la grille cristalline, et ils avaient besoin de montagnes pour le faire.

(Canalisation de Kryeon intitulée « Le mont Aconcagua », donnée au mont Aconcagua, en Argentine, le 19 octobre 2012.)

Il y a autre chose qu'il vous faut savoir au sujet des Pléiadiens et de la grille cristalline qu'ils ont créée. Kryeon nous a livré des informations très importantes lors d'un événement organisé par le docteur Todd Ovokaitys. L'événement se déroulait à Maui à l'occasion du solstice d'hiver du 21 décembre 2012 et il avait pour but de créer un chœur lémurien qui chanterait des tonalités pinéales spécifiques (développées par le docteur Todd). Malheureusement, il n'entre pas dans le cadre de ce livre de vous donner toutes ces merveilleuses informations sur les tonalités pinéales. Si vous désirez en savoir davantage, il suffit de visiter les sites Internet suivants :

www.lemurianchoir.com, www.pinealtones.com

Même si la plus grande partie de cette canalisation s'adressait aux participants du chœur lémurien, je l'ai incluse ici car je crois qu'il est important que vous en preniez connaissance.

Les informations suivantes sont difficiles à saisir. Ce n'est pas qu'elles soient complexes, mais c'est la première fois que je vous les donne de cette façon.

Pour préparer le terrain, je résumerai ce qui vous a été révélé au cours des dernières semaines. Mon partenaire m'a emmené dans certains des lieux énergétiques les plus intenses de l'hémisphère Sud (la tournée de la kundalini de Kryeon en 2012), où la Terre se réajuste. L'Aigle rencontre le Condor où la compassion devient un catalyseur de la grille cristalline. Dans un message livré ici, je vous ai expliqué comment la création fut réellement donnée à l'humanité.

Je vous ai précisé le nombre d'années qu'a duré le processus. Les Pléiadiens ont commencé par installer la grille cristalline. Ils l'ont placée sur la grille de Gaia, la grille magnétique. On pourrait même donner à la grille cristalline le nom de grille de la création. C'est une grille ésotérique qui réagit à la conscience humaine dans les deux sens : elle reçoit et elle donne.

La grille cristalline se réajuste actuellement par l'intermédiaire de la conscience humaine. Que savez-vous des cristaux? Ils sont l'une des seules substances géologiques qui retiennent les vibrations et qui ont par conséquent une mémoire. La grille cristalline possède deux aspects. Premièrement, c'est une grille ésotérique en interaction avec la vibration de la conscience humaine, la captant et la retransmettant à l'ADN humain; deuxièmement, elle parle à Gaia, c'est-à-dire à tout ce qui est cristallin dans la croûte terrestre.

Si vous demandiez à un géologue quelle est la quantité de cristal contenue dans la croûte terrestre, vous seriez étonnés de sa réponse. Il y a rétention vibratoire entre la grille cristalline quantique et sa contrepartie terrestre. C'est par conséquent ce système qui est responsable des portails, des vortex et des lieux nuls. Mais ce n'est pas tout. En construisant la grille cristalline, les Pléiadiens ont construit une lentille qui envoie des signaux au centre de la galaxie.

Il y a 26 000 ans, vous avez mis en place cette possibilité lorsque vous avez chanté ici ces tonalités. [Les tonalités pinéales enseignées par le docteur Todd Ovokaitys.] Vous avez créé ce que nous appellerons la serrure. Elle a verrouillé cette grille et la lentille qu'elle constitue. Cette serrure n'est pas rouillée. Elle est prête à réagir si vous arrivez au bon endroit et au bon moment à la fin de la précession des équinoxes. Vous pourrez alors y introduire la clé avec compassion après l'avoir lubrifiée avec l'amour ancestral, et y faire tourner cette clé formée par l'énergie produite par les tonalités chantées de nouveau. La grille cristalline réagira et la lentille se focalisera sur le centre galactique en intersection avec votre Soleil durant l'équinoxe.

À ce stade, ce sont les tonalités qui constituent la clé pour ouvrir la grille, laquelle enverra son signal fondé sur les tonalités que vous chanterez. Maintenant que vous connaissez le mécanisme, je vous dirai qui captera le signal.

Lorsque la lentille est activée et que la grille cristalline envoie un signal au centre de la galaxie par l'orbite de votre Soleil, un phénomène ésotérique se produit : le signal arrive immédiatement au centre galactique, où il est reçu par un moteur quantique dont vous ignorez tout.

Compte tenu de votre tridimensionnalité et des lois limitées de votre physique, vous croyez qu'il n'existe qu'une seule force au centre de la galaxie (ce qui pourtant est impossible en physique tridimensionnelle). Vous l'appelez un trou noir. Ce centre comporte littéralement sa propre lentille, qui courbe la lumière et le temps, ce qui devrait vous indiquer qu'il se passe là quelque chose qui transcende vos lois physiques. Pendant vingt-trois ans, nous avons répété qu'il existe là une double énergie, une énergie d'attraction/répulsion qui constitue le moteur quantique de l'intrication de la galaxie. Toutes les étoiles de votre galaxie se déplacent exactement à la même vitesse autour du centre, contrairement aux planètes de votre système solaire. La chose est impossible selon la physique newtonienne, qui requiert que les objets répondent à des forces gravitationnelles de plus en plus faibles selon leur éloignement du centre. Or, ce n'est pas le cas de votre galaxie. Ce seul fait devrait vous indiquer que des réalités échappent à vos lois.

Toutes les étoiles de votre galaxie se déplacent à la même vitesse et sont donc intriquées au centre galactique, lequel est donc davantage qu'une simple anomalie de la physique. Il est le moteur de la communication quantique. Les objets qui sont dans un état d'intrication ou de verrouillage ne font qu'un, de sorte que si l'un sait quelque chose, tous les autres le savent aussi. Instantanément, toute la galaxie et toute vie intelligente possédant cette aptitude savent que la planète Terre a atteint le stade de la compassion. Elle a atteint le point où les notions barbares de guerre et de différences entre humains se résorbent.

La Terre est rendue au stade atteint précédemment par d'autres civilisations, de sorte que le signal qui est envoyé aujourd'hui est celui que l'on attendait. C'est un phénomène incroyable et ésotérique pour plusieurs, et pourtant les Anciens vous ont déjà dit que c'était possible. La fin du « compte long » du calendrier maya n'était que le début d'un autre calendrier.

Dans le cas du calendrier de votre Nouvelle Terre, la couleur est différente, l'attitude également, ainsi que la conscience de l'humanité. Je vous dirai maintenant ce que vous avez besoin d'entendre : si ces réalités sont multidimensionnelles, elles sont quantiques. Le nouveau calendrier concerne l'humanité et non Gaia. Vous ne vous rendez pas compte de l'importance de mon propos. Il y a vingt-trois ans que je vous parle de la Caverne de la Création, qui se trouve à l'intérieur de la Terre et qui est cristalline.

Cette caverne est en harmonie quantique avec la grille cristalline et elle contient les archives de toutes les âmes de l'humanité, celles qui viendront après vous comme celles qui sont venues avant vous, qu'elles soient lémuriennes ou non. Ces âmes seront toutes touchées lorsque la clé tournera dans la serrure. La Caverne de la Création représente donc vos ancêtres et ceux qui le deviendront [un attribut quantique]. Tous perçoivent ce qui se passe ici aujourd'hui. Parlons donc de vos ancêtres directs.

Combien d'entre vous ont perdu leurs parents? Eh bien, sachez que vos parents trépassés entendent les tonalités que vous chantez! Même si certains ne vous ont pas donné tout ce dont vous aviez besoin de leur vivant, ils sont maintenant conscients, leurs propres parents le sont également, ainsi que toutes les âmes à venir. L'Akash de la Terre se réajuste et tous le savent. C'est pourquoi vous êtes ici. Vous ne faites pas qu'envoyer un signal à des gens que vous ne rencontrerez peut-être jamais. Vous l'envoyez plutôt à ceux que vous avez aimés et perdus, et que vous connaissez très bien.

Les Pléiadiens ne sont pas loin. Le système planétaire, l'essence même de la création, veut qu'ils demeurent ici à l'état quantique. Ceux qui vous ont ensemencés demeurent dans les montagnes terrestres. On dit même qu'ils y habitent des villes qui portent un nom. Tout cela échappe à la perception tridimensionnelle. Certains sont dans le Sud et d'autres dans le Nord, en des endroits que vous connaissez.

Les Pléiadiens n'ont pas vraiment besoin d'une lentille pour savoir ce qui se passe ici aujourd'hui car ils y sont présents. La clé commence à tourner dans la serrure et ils le sentent. Ils en sont les premiers à se réjouir car ils portent l'essence de votre ADN. Ce sont donc leurs messages que vous recevez en premier. Leur message principal est le suivant : «Merci!» En outre, ils sont soulagés car, sur le plan multidimensionnel, vous les avez libérés du réajustement de la grille qu'ils ont construite.

Tous ces processus sont lents, mais, en ces moments de silence, plusieurs messages ont été donnés à ceux et celles qui sont présents dans cette salle. Certains de ces messages provenaient des Pléiadiens, mais d'autres étaient plus personnels. Quatorze d'entre vous ont perdu des enfants. Les avez-vous entendus? Si vous pensiez que votre imagination vous jouait des tours, vous aviez tort. D'autres ont entendu leurs frères et sœurs disparus leur dire : «Merci, merci!»

Il y a quelques mois, j'ai précisé la durée de cet événement. Pour vous, ce ne fut qu'une journée, mais pour les astronomes, ce fut trente-six ans! Il y a dix-huit ans que les semences de la potentialité d'aujourd'hui ont été plantées. La précession des équinoxes est entrée dans la fenêtre temporelle de trente-six ans que vous appelez le fossé sombre. L'alignement est passé exactement au milieu de la bande céleste nommée la Voie lactée. Vous êtes maintenant au centre de ce cycle de 36 ans auquel il en reste donc 18 alors que la précession entame un autre cycle de 26 000 ans.

La conscience progresse lentement, mais les événements suscitant la compassion peuvent élever sa vibration plus rapidement. Plusieurs de ces événements ont eu lieu au cours des dix-huit dernières années, et celui d'aujourd'hui en est un également. La clé commence à tourner dans la serrure et la lumière se fait sur la planète.

L'obscurité va vous combattre, très chers. Il y a des mois de cela, nous vous avons dit de vous attendre à une autre petite guerre au cours des derniers mois de 2012 et elle s'est produite. Nous vous avons dit que vous assisteriez à un déséquilibre et qu'il ne fallait pas vous laisser détourner de votre route lorsque surviennent des événements comme celui de la semaine dernière qui vous brisent le cœur [la tuerie de Sandy Hook, au Connecticut].

Quand de tels événements surviennent, tournez-vous vers l'intérieur et dites ceci : « Je remercie l'Esprit car nous gagnons le combat entre la lumière et l'obscurité. Ces événements démontrent le déséquilibre de l'obscurité qui se débat contre la conscience en train de se réajuster sur la planète. »

Très chers, l'événement d'aujourd'hui est plus qu'un simple événement. Il constitue un message indiquant que vous êtes arrivés. Par l'envoi de ce message, vous signifiez aussi que vous savez que vous participez à un combat. Or, le vent vient de tourner. Bien sûr qu'il y a un déséquilibre, bien sûr que les guerres vont se poursuivre pendant un moment et qu'il y aura encore des pertes de vie ! Arrêtons-nous un instant pour souhaiter la bienvenue dans cette salle aux vies perdues au cours des dernières semaines. Elles peuvent aussi vous dire merci.

C'est plus important que vous ne le pensez. Tout doit commencer par vous avant d'atteindre le Grand Soleil central. La guérison doit s'opérer dans les cœurs présents dans cette salle avant d'avoir un sens pour les Pléiadiens de la constellation des Sept Sœurs.

Vous semez à présent les graines des dix-huit prochaines années car l'énergie s'y prête parfaitement. Vous accomplissez un très beau travail.

Et il en est ainsi.

(Canalisation de Kryeon intitulée « Le chœur lémurien A », donnée à Maui, Hawaii, le 21 décembre 2012.)

Nous vivons vraiment une époque remarquable. Le maître du chœur originel, Yawee (le docteur Todd), a recréé le chœur lémurien à Hawaii avec plus de 900 participants lors du solstice d'hiver de 2012. Kryeon a dit que le souvenir du docteur Todd concernant les tonalités chantées par les Lémuriens il y a 26 000 ans était « terriblement fidèle ». Les 24 tonalités pinéales furent chantées par paires exactement dans le même agencement que jadis. Kryeon nous a expliqué que le chœur lémurien originel avait créé une « serrure » sur la grille cristalline en chantant les 12 paires de tonalités. La « serrure » est une métaphore symbolisant les « capsules temporelles » à l'intérieur de la grille cristalline. Les informations maintenues par cette

« serrure » ne pouvaient être libérées avant la fin du cycle de 26 000 ans. Par conséquent, il y avait une fenêtre temporelle spécifique pour chanter ces tonalités et c'était celle du solstice d'hiver du 21 décembre 2012. Kryeon a décrit ces tonalités chantées par le chœur lémurien comme l'événement qui avait « tourné la clé dans la "serrure" ». Il s'agit là d'une autre métaphore exprimant le choix de l'humanité de rééquilibrer la grille cristalline par la compassion. Le fait de tourner la clé dans la serrure représente la communication avec les « capsules temporelles » contenues dans la grille.

Mais ce n'est pas tout. Les Pléiadiens ont aussi placé une « lentille » dans la grille cristalline. Cette « lentille » est une métaphore évoquant la focalisation des tonalités si elles étaient chantées au bon endroit et au bon moment. Cela signifie que l'événement du 21 décembre 2012 marquait une étape importante dans le cheminement de l'humanité et de Gaia vers l'ascension. La « serrure » et la « lentille » placées sur la grille sont intriquées au centre de la galaxie. Le « signal » qui fut envoyé était donc en réalité un déverrouillage des informations et sa transmission fut instantanée. Si cet événement n'avait pas eu lieu, on aurait pu douter des possibilités pour Gaia et l'humanité d'atteindre l'ascension. Je rends honneur à tous les participants du chœur lémurien de 2012. Nous avons réussi ! Nous avons fait avancer les choses beaucoup plus que vous ne pouvez l'imaginer.

Le sens de tout cela, c'est que les humains de la Terre subissent une transformation causée par un changement de conscience célébré par les Pléiadiens.

Si vous désirez savoir ce que disent les Pléiadiens à ce sujet, allez visiter le site Internet de Barbara Marciniak, qui canalise leurs messages depuis 1988 :

www.pleiadians.com

Q. : Pourriez-vous nous expliquer davantage pourquoi les Pléiadiens ont choisi les plus hauts sommets et pourquoi le froid leur était nécessaire ?

Kryeon : Pour créer les réactions quantiques avec des éléments terrestres, il faut réorganiser la structure atomique de certains de ces éléments afin qu'ils puissent se « verrouiller quantiquement » à d'autres éléments. Dans les cas des temples de régénération, l'ADN d'un fœtus humain vivant était « verrouillé » à celui d'un humain adulte et un outil était nécessaire pour créer ce verrouillage. Il fallait refroidir cet outil afin que les électrons s'immobilisent et permettent la supraconductivité, laquelle pouvait ensuite être dirigée. Il en résulta que la force vitale a pu modifier l'ADN de l'humain adulte, de sorte que les êtres suivants disposeraient d'un nouveau modèle pour leur propre reproduction.

Les Lémuriens savaient comment procéder parce que les Pléiadiens le leur avaient appris. Seuls les plus hauts sommets pouvaient leur procurer les conditions atmosphériques glaciales appropriées pour ce processus. Le reste du processus (fabriquer un objet superrefroidi) fut alors créé chimiquement (j'ai abordé ce point en répondant à la question sur la physique).

Dans le cas des temples, le verrouillage avait lieu entre les deux ADN. Ce n'était pas très difficile puisque les deux énergies avaient déjà des attributs quantiques qui les y préparaient. Il est plus difficile de verrouiller quantiquement des objets inégaux.

Q. : Pourriez-vous nous en dire plus sur ce qui se passe sur les planètes du libre arbitre qui ne franchissent pas l'étape décisive ? Qu'advient-il de leur divinité ?

Kryeon En effet, plusieurs planètes ont été ensemencées, mais n'ont pas réussi à franchir l'étape décisive. C'est bien la preuve que l'Esprit laisse le libre choix, dont la capacité d'échouer. La présence de la divinité dans l'ADN n'est qu'un instrument que l'on peut activer ou non. Si une planète n'élève pas sa vibration, ses habitants peuvent devenir dysfonctionnels et suivre ensuite quelques scénarios, dont l'un consiste à se détruire par divers moyens, et dont un autre est lié à Gaia et présente un intérêt dans le cadre de ce livre. Une conscience stagnante signale au système de Gaia de coopérer avec cette énergie inférieure. Rappelez-vous que l'énergie de toute planète du libre arbitre possède les mêmes conditions que vous : sa conscience planétaire, que vous appelez « Mère Nature », fait de son mieux pour correspondre à la conscience et à la volonté des divins habitants de cette planète. Gaia coopère sans cesse.

La coopération avec une conscience stagnante ou très basse ouvre la porte aux pandémies et à la mort. Cela peut sembler dur, mais c'est vraiment un outil évolutionnaire quand une espèce survit à son utilité à l'ensemble de la vie. Gaia coopère pleinement.

Un autre scénario possible : la destruction totale de la planète par la guerre. Les guerres peuvent durer jusqu'à ce qu'il ne reste plus grand monde, et le désir de créer quelque chose de mieux n'existe plus alors. Tout reste statique. Dieu est toujours là, mais le niveau vibratoire est si bas qu'il n'y a plus aucun espoir de trouver la divinité intérieure. Il peut y avoir une repopulation (parfois), mais on n'atteint jamais l'objectif d'une énergie ascensionnée.

C'est presque ce que vous avez fait. Vous n'avez changé votre futur qu'au cours des deux dernières générations.

Q. : Un nombre croissant de gens reconnaissent que nous appartenons à une famille galactique. Plusieurs individus ont raconté leur expérience de contact avec les autres humains pacifiques qui nous rendent visite. Notre population planétaire rencontrera-t-elle sa famille galactique dans la tridimensionnalité ou cette rencontre n'aura-t-elle lieu que dans un état quantique ?

Kryeon La dernière partie de votre question est très drôle ! L'état « quantique » sera un jour votre réalité. Vous rencontrerez donc votre famille galactique dans votre réalité. Oui, mais n'oubliez pas ceci : l'état multidimensionnel inclut la tridimensionnalité. On peut donc voir la chose ainsi : vous êtes présentement en noir et blanc, et vous me demandez si vous rencontrerez votre famille galactique en noir et blanc. Non, mais plus tard, quand vous serez en couleur, oui. Est-ce à dire que vous flotterez dans une réalité obscure où les choses sont invisibles? Non. Cela veut dire que votre réalité sera plus complète, qu'elle comportera le noir et blanc ainsi que toutes les couleurs. Souvenez-vous que le noir et le blanc sont inclus dans la couleur.

Bien sûr, vous rencontrerez ces êtres. D'abord par des communications non physiques, et plus tard par des contacts comme dans votre tridimensionnalité. Ils ont un corps et ils sont également multidimensionnels. Ne l'avons-nous pas déjà précisé? Il sera approprié de leur faire l'accolade quand vous les rencontrerez. Ils insisteront, mais vous aurez peut-être à vous hausser sur la pointe des pieds pour y parvenir.

Les territoires ascensionnés de Gaia

La première fois que j'ai entendu l'expression «territoire ascensionné», ce fut au cours de la tournée de la kundalini de Kryeon en 2012. Nous étions alors dans la vallée chilienne de l'Elqui et, même avant le début de la canalisation, plusieurs d'entre nous étaient imprégnés de l'énergie de l'endroit. La plupart savaient intuitivement que ce lieu était particulier. Je crois que presque tous les participants furent profondément affectés durant la canalisation, spécialement lorsque Kryeon a demandé aux gardiens du territoire la permission de canaliser et les a ensuite invités à venir dans la salle.

Je n'avais jamais pensé vraiment à la possibilité qu'un territoire particulier ascensionne, mais je comprends maintenant que les Pléiadiens peuvent créer des «poches» de territoire qui demeurent ascensionnés. Ayant visité la vallée de l'Elqui, je comprends pourquoi mon ami Jorge Bianchi insistait tant pour que j'y aille. Le fait que Jorge ait délibérément choisi la vallée de l'Elqui comme l'une des escales de la tournée de la kundalini ne fut sûrement pas une coïncidence. Pour moi, il s'agit là d'un exemple supplémentaire de l'accroissement de notre intuition.

Qu'est-ce donc qu'un territoire ascensionné? Kryeon l'explique :

Gaia reflète la conscience humaine. Si vous lui offrez la conscience de la guerre, sa vibration s'abaissera pour y correspondre. Si vous lui offrez la conscience de l'amour ou de la compassion, elle réagira en conséquence.

Vous connaissez certainement la complexité du sujet puisque vous savez que la planète n'a pas la même vibration partout. Même la grille cristalline crée des poches de basses ou de hautes vibrations selon ce que l'humanité a fait dans telle ou telle région. Je vous dis ceci : à certains endroits sur la planète, les Pléiadiens ont purifié la grille, de sorte qu'il ne peut rien s'y produire qui modifierait la pureté du sol. Nous vous l'avons déjà mentionné.

Vous vous trouvez en ce moment sur un territoire ascensionné [la vallée de l'Elqui, au Chili] et vous le sentez. Rien ne pourrait changer cela et les gardiens y veillent. C'est pourquoi nous leur demandons la permission de parler ainsi. Je vais les inviter à venir dans cette salle pour que vous sachiez que tout ce que je vous dis est bien réel. Vous sentirez leur présence. Vous les reconnaîtrez comme étant la semence de votre semence.

Comme ce sont eux qui ont sauvegardé la pureté et la propreté de l'endroit, ces gardiens vous invitent à les connaître et à les accueillir dans chaque méditation, chaque prière et chaque exercice. Vous êtes sur un territoire ascensionné. Il en existe plusieurs sur la planète et ils ne sont pas tous au sommet d'une montagne. Plusieurs sont situés dans le désert.

Il fallait que certaines parties de la planète soient constamment en ascension. Ce sont comme des capsules temporelles qui indiquent aux autres parties l'état à atteindre. Ces lieux sont purs.

Merci aux gardiens. Nous leur disons au revoir. Ce territoire leur appartient.

Et il en est ainsi.

(Canalisation de Kryeon intitulée « La lettre "A" du mot "kundalini" », donnée dans la vallée de l'Elqui, au Chili, le 23 octobre 2012.)

Q. : Pourriez-vous nous expliquer la différence entre un territoire ascensionné et un territoire nul (un lieu où la grille cristalline est absente, comme la vallée de la Lune, au Chili) ?

Kryeon : C'est très simple. Les territoires ascensionnés sont remplis d'une énergie divine souvent implantée par les Pléiadiens ou les Lémuriens (les mêmes dans certains cas), tandis que les lieux nuls sont dépourvus de toute énergie, y compris l'énergie terrestre normale.

Sur un territoire ascensionné, vous êtes soutenus par l'amour de ceux qui y ont semé les graines. Il existe de merveilleux endroits que les humains peuvent visiter et où ils peuvent même vivre. Vous pouvez vous sentir très bien dans un lieu nul, mais l'énergie pure y est trop intense. Il est très difficile d'y vivre et c'est pourquoi ces endroits sont souvent inhabités (certains sont même situés dans l'océan). Leur champ magnétique possède aussi d'étranges caractéristiques qui conviennent peu à la force vitale et à l'équilibre des synapses (qui requièrent un champ magnétique équilibré). Il en résulte de la confusion.

Q. : Quelle est la différence entre un territoire ascensionné et un nœud, comme le mont Shasta ? Est-ce là que se trouvent toutes les « capsules temporelles » ?

Kryeon : Nous vous avons déjà révélé les caractéristiques des territoires ascensionnés (ci-dessus). Les humains y perçoivent le caractère sacré qui leur fut conféré par ceux qui ont voulu les rendre sacrés. Ce sont parfois des lieux où ont vécu des maîtres. Ils ont donc les attributs de la divinité, qui pourraient leur avoir été conférés par diverses sources divines. Vous me demandez maintenant quelle est la différence entre ces endroits et les nœuds.

Premièrement, un territoire ascensionné peut aussi être un nœud. N'en faites donc pas des catégories distinctes. Les énergies se chevauchent naturellement dans une complexité qui dépasse les définitions.

Les nœuds sont exactement ce que nous avons dit qu'ils étaient. Il s'agit de lieux d'une très grande intensité où la grille cristalline emmagasine les modèles de la création qui y ont été placés par les Pléiadiens. Ils peuvent donc être aussi des territoires ascensionnés et dégager une énergie agréable. Cependant, ils sont souvent situés en des endroits moins accessibles ou moins propices à l'habitation humaine normale.

Ces capsules temporelles s'avèrent nécessaires sur la planète pour servir de guides ou de modèles à l'énergie créatrice de Gaia. Nous vous avons dit qu'elles modifiaient lentement la grille cristalline afin de faciliter l'élévation de la conscience humaine et, finalement, l'ascension de la planète.

Ces modèles ne sont pas seulement des informations. Ce sont des portails quantiques de la vie pléiadienne. Cela est difficile à expliquer, mais comprenez que l'énergie quantique peut exister à deux endroits en même temps. Même vos physiciens quantiques le savent. Tenez compte du fait que même la vie peut posséder ces caractéristiques. Par conséquent, sachez que vos créateurs ont toujours été présents ici sur un mode quantique et qu'ils sont dans ces capsules temporelles.

Quand vous percevez cette énergie dans la tridimensionnalité, vous avez tendance à la linéariser. Les êtres sensibles verront alors « une ville » ou percevront des entités qui peut-être même leur parleront. En réalité, ces perceptions ne sont que l'effet de l'observation de l'énergie quantique dans la tridimensionnalité.

Le mont Shasta est l'une de ces capsules temporelles. Il est prêt pour l'activation. Le processus est déjà commencé. Avec le passage de 2012, les Pléiadiens peuvent jouer un rôle plus actif. Vous saurez plus tard ce que cela signifie.

CHAPITRE SIX

Les mystères non résolus de Gaia font-ils partie d'un système ?

Au cours des années 1990, bien avant que je prenne conscience de la bienveillance universelle, l'une de mes séries télévisées préférées était X-Files : Aux frontières du réel. Ce drame de science-fiction américain, dont les deux personnages principaux se nommaient Mulder et Scully, a eu un énorme succès. Mulder croyait aux extraterrestres tandis que Scully était une femme médecin sceptique affectée à l'analyse scientifique des découvertes de Mulder. Ceux qui avaient joint Scully à Mulder avaient un but secret : faire discréditer le travail de Mulder pour que ce dernier soit réaffecté aux enquêtes régulières du FBI. L'émission comportait quelques slogans devenus célèbres, comme : « La vérité est dans l'espace », « Ne faites confiance à personne » et « Je veux y croire ». Comme tous les passionnés de cette série, je raffolais des théories conspirationnistes et je souhaitais ardemment que l'on trouve des réponses aux activités paranormales inexpliquées se produisant mystérieusement autour de nous. J'aimais que l'émission repousse les frontières de la pensée classique. J'avais souvent l'impression que nous ignorions beaucoup de choses que nous ne découvririons qu'en nous ouvrant à un mode de pensée différent.

L'engouement pour les activités dites paranormales et les mystères irrésolus est toujours bien vivant. À preuve, le nombre de films et de séries télévisées qui exploitent ce thème. Comme il s'agit d'un sujet très lucratif, on n'a peut-être pas trop intérêt à découvrir que non seulement les mystères sont explicables, mais qu'ils font partie d'un système. Un système qui est le nôtre : celui de l'être humain divin !

Je suis sûre que bien des gens seraient atterrés d'apprendre qu'un système existe et que nous appartenons à une famille galactique. Plusieurs d'entre vous savent déjà ce que j'entends par là, mais selon moi beaucoup de gens sont trop engoncés dans leur système de croyances pour l'admettre. Peut-être avez-vous la rare chance de faire partie d'une famille du nouvel âge et d'avoir des amis éveillés. Je vous soupçonne cependant d'être dans le même cas que moi, à savoir que les membres de votre famille sont limités par leurs croyances religieuses ou qu'ils ont pris la direction opposée en rejetant toute spiritualité. Dans un cas comme dans l'autre, ils ne veulent pas savoir ce qui vous intéresse ni connaître les expériences que vous avez vécues. Or, la vérité est indéniable, quoi qu'en pensent les autres. C'est comme pour la force de gravitation. On peut y croire ou non, mais elle existe malgré son invisibilité.

Plusieurs personnes ont même communiqué avec des membres de notre famille galactique, comme les Pléiadiens, qui sont ici dans l'amour et dans la paix et qui se réjouissent que l'humanité ait choisi de durer et d'établir la paix sur la planète. Les gouvernements et les religions n'ont pas intérêt à reconnaître cette vérité car il leur deviendrait trop difficile de maintenir leur pouvoir. Je ne crois pas personnellement qu'il faille se débarrasser des gouvernements ni de la religion car je reconnais que certains individus ont réellement besoin de ces structures. Comme le dit Kryeon, plusieurs chemins mènent à Dieu. Je pense que nous finirons par évoluer au point que nous n'aurons plus besoin de communiquer avec Dieu au moyen d'une série de règles établies. D'ici là, je continuerai à respecter ceux qui gouvernent et qui croient fermement en leur religion. L'important est d'accomplir des actes d'amour et de compassion, et de toujours agir avec intégrité, parce que cela favorise l'élévation vibratoire de la planète.

Depuis plus de vingt-trois ans, Kryeon nous procure des informations expliquant divers types de phénomènes et d'activités paranormales vécus par les gens. Si vous désirez comprendre que tous ces phénomènes mystérieux et inexpliqués font partie du système dont parle Kryeon, poursuivez alors votre lecture [sourire].

Les fantômes – Des informations multidimensionnelles ou des âmes piégées?

Que savez-vous des fantômes? Le sujet fascine les humains depuis des millénaires. Un grand nombre de films exploitent ce thème et, tout récemment, plusieurs séries télévisées comportaient des personnages qui communiquent avec des fantômes. Divers parcs thématiques offrent une promenade dans une maison hantée. On peut aussi faire une tournée des sites «hantés» par des fantômes. J'ai même découvert que l'on pouvait acheter un «Guide pratique des fantômes et autres apparitions». Je me demande si la production des images de fantômes et d'apparitions comprises dans ce guide fut effrayante à réaliser. Désolée pour cette mauvaise blague irrésistible!

Les fantômes sont souvent présentés comme un phénomène surnaturel ou paranormal. On dirait que tout ce qui est mystérieux, effrayant ou inconnu suscite toujours un grand intérêt médiatique et commercial. Si un phénomène a une explication rationnelle, il n'exerce plus la même fascination qu'un mystère inexpliqué (insérer ici une musique dramatique).

Si vous avez lu ce livre consciencieusement depuis le début, vous avez alors lu la section portant sur la grille cristalline et vous possédez déjà une bonne connaissance de la nature des fantômes. Si vous n'avez pas lu cette section, ne vous inquiétez pas car les informations qui suivent sont les mêmes, tout en étant plus complètes pour ceux qui ont lu la section antérieure.

Mis à part l'intérêt médiatique et commercial suscité par les fantômes, l'acceptation générale de leur existence a eu pour effet d'amener plusieurs agences d'enquête à consulter des médiums pour les aider à résoudre des cas d'homicides. Un médium peut-il communiquer avec un humain assassiné et lui demander ce qui s'est passé? Oui, mais il ne communique alors qu'avec l'humain en transition et, par conséquent, il n'apprendra que ce que cet humain savait lui-même à ce stade. Le principe du processus est lié à la connaissance du soi multidimensionnel. Chaque humain possède une empreinte terrestre et, aussi difficile que cela puisse paraître, on peut accéder à cette empreinte en « puisant dans l'Akash », selon les mots de Kryeon. Le système fut conçu pour vous procurer la paix, et non la tristesse.

De très nombreuses personnes ont demandé l'aide d'un médium pour communiquer avec un être cher disparu, et ce contact en a aidé plusieurs à faire leur deuil et à retrouver la paix.

Au cours d'une canalisation donnée à Berkeley Springs, en Virginie-Occidentale, Kryeon nous a livré des informations très détaillées sur les fantômes. Ce message s'intitulait « La conscience énergétique ». La section sur les fantômes est entièrement reproduite ici afin d'éviter d'en faire un résumé qui pourrait en omettre des éléments. Vous conviendrez sûrement avec moi que ce message est fascinant.

Les humains aiment les bruits nocturnes mystérieux. Ils aiment avoir peur. Ils aiment les films qui terrifient et ils aiment les lieux hantés. Vous avez vu l'engouement récent pour les endroits hantés ? Vos médias l'exploitent à fond de train.

Laissez-moi vous expliquer ce que sont ces lieux en réalité. Nous abordons ici les informations sur l'existence humaine et sur l'Akash. Depuis le début de nos enseignements, nous vous répétons que la conscience humaine porte une empreinte qui affecte la planète. C'est la conscience humaine qui va changer la planète. Elle est constituée d'informations et non seulement d'une énergie aléatoire. Ces informations se développent selon vos pensées. La conscience humaine pénètre la grille cristalline de la planète, qui est multidimensionnelle. Elle est invisible, mais porteuse d'énergie. Elle maintient les informations multidimensionnelles.

Lorsque nous mesurons la vibration spirituelle de la planète, nous mesurons la grille cristalline, qui ne renferme que ce que les humains y ont mis. Il s'agit d'un registre multidimensionnel des pensées, des vies et des événements. Pourquoi certains territoires semblent-ils imprégnés de la vieille énergie multi-

couche de la guerre tandis que d'autres sont clairs et propres? La raison est toujours la même : tout dépend de ce que les humains ont fait à cet endroit. L'énergie humaine affecte les lieux.

Voici mon propos. Dans certaines conditions, une vie humaine, ou encore l'interaction très intense de plusieurs vies, crée une empreinte énergétique informationnelle dans un lieu donné. Cette énergie informationnelle se répète sans arrêt comme un enregistrement qui tourne en boucle. Or, vous y voyez une maison hantée! Voici donc matière à réflexion : avez-vous remarqué que le même scénario se rejoue sans cesse dans les maisons hantées? Il ne se passe jamais rien de nouveau. Un homme descend un escalier, puis le remonte. Une femme se déplace de gauche à droite dans la cuisine, s'assoit sur une chaise berçante, se berce un moment, puis s'en va. Si un événement dramatique comme un meurtre est impliqué, l'homme descend sans cesse l'escalier avec sa hache. C'est un bon film, n'est-ce pas? Ce n'est rien d'autre qu'un film! Vous me demanderez alors : «Pourquoi avons-nous peur dans ce cas, Kryeon?» Je vous répondrai : parce que c'est le résultat de l'empreinte de la conscience humaine et que vous en avez une également. Quand les deux se chevauchent, vous avez des frissons parce que c'est réel.

La science s'en est mêlée également, comme il se doit. Les scientifiques ont remarqué quelque chose dans les vraies zones «hantées». L'empreinte porte des caractéristiques scientifiques mesurables qui – tenez-vous bien – sont toutes multidimensionnelles! Devinez quels changements ils ont mesurés dans ces endroits. Le magnétisme, la gravitation, la lumière, et même des anomalies temporelles, car c'est bien de cela qu'il s'agit : un événement multidimensionnel gravé dans un lieu de la planète et se répétant sans arrêt. Les événements multidimensionnels suscitent souvent des changements de température, toujours vers le froid. Nous vous avons même déjà dit que vous aurez besoin d'un appareil à superrefroidissement si vous développez une lentille multidimensionnelle.

Pouvez-vous capter un tel événement sur vidéo? Bien sûr que oui. Parce qu'il se sait observé, tout comme la lumière sait qu'on l'observe lors des expériences de physique, et parce qu'il constitue une empreinte multidimensionnelle. Il le sait sur le plan quantique. Je ne peux vous l'expliquer puisque votre préjugé vous fait associer la connaissance à une conscience spécifique, c'est-à-dire que vous présumez que seul un être humain intelligent ou un animal peut savoir quelque chose. Ce n'est ici ni l'un ni l'autre. Il s'agit d'une connaissance quantique. La physique quantique permet de percevoir ces attributs très inhabituels de la lumière et du magnétisme en l'absence de distance ou de temps. C'est la même chose ici.

N'y réfléchissez pas trop car vous n'aimerez pas tellement cela. Vous voulez absolument qu'il y ait là une « âme » intelligente car vous percevez quelque chose d'apparemment intelligent. Comment pourrait-ce n'être que de l'information ? La réponse dépasse votre expérience et vous ne pouvez donc pas comprendre. Par contre, l'information multidimensionnelle ne vous semble-t-elle pas avoir « conscience de la vie » ? Je vous pose une autre question : quand vous êtes en interaction avec vos machines dotées d'une intelligence artificielle (les ordinateurs), qu'ils vous parlent et vous appellent par votre nom, paniquez-vous en disant qu'il y a « un fantôme dans la machine » ? Non. Ce n'est qu'un code, de l'information. Amplifiez la chose un million de fois : telles sont les empreintes multidimensionnelles.

Comment se débarrasser d'un fantôme

Je n'en ai pas fini sur le sujet. Vous ne me croirez pas si je vous dis ce que vous pouvez faire pour éliminer cette empreinte. Vous voulez vous débarrasser d'un fantôme ? Je vous conseille toutefois de ne pas le faire dans un lieu hanté qui est exploité commercialement car les touristes n'apprécieront pas ! [Humour de Kryeon.] C'est le fantôme qui fait vendre les billets !

Supposons que votre maison soit hantée. Vous devrez présenter une énergie plus forte que l'empreinte. Vous comprenez ? Vous ne pouvez pas lui ordonner de s'en aller. Ce n'est pas une entité (je vous avais dit que ce serait sujet à controverse). Rien ne sert de s'esquinter ou de faire appel à Dieu. Cette empreinte a été créée par des êtres puissants et magnifiques (appelés les humains), parfois en faisant des choses apparemment ordinaires. Il y a aussi une raison à cela. Je fais une digression : vous ne connaissez vraiment pas la force de l'énergie des vieilles âmes. Vous êtes-vous déjà demandé pourquoi tous les indigènes de la planète faisaient appel à leurs ancêtres et les respectaient autant? C'est parce qu'ils connaissaient leur pouvoir! Un individu peut parfois sembler bien ordinaire alors qu'il s'agit d'une très vieille âme apportant beaucoup d'informations et d'énergie dans la grille. Il est question ici du registre akashique contenu dans l'ADN humain.

Revenons au sujet : comment vous débarrasser d'un fantôme (une empreinte? Vous devrez présenter une énergie supérieure. Quoi donc? C'est un peu inapproprié, mais je vais néanmoins vous le dire. Pourquoi ne pas inviter des amoureux dans la pièce hantée? Ça résoudra le problème! Cette énergie est beaucoup plus forte que les informations multidimensionnelles se déroulant en boucle. Il y a des amoureux dans cette salle. Je connais vos beaux secrets. Certains d'entre vous savent, comme je l'enseigne, que l'énergie produite par l'union de deux êtres dans l'intimité est beaucoup plus puissante que celle des deux êtres qui la créent. C'est presque le son du chant des anges, plus grandiose que tout acte physique. Comme vous le savez, cher humain, cette énergie est sacrée. Elle est plus belle et plus intense que toute empreinte fantomatique. Peut-être ne vouliez-vous pas entendre cela aujourd'hui? [Sourire de Kryeon.]

Peut-être préféreriez-vous une autre méthode? Présentez alors l'amour de Dieu en une cérémonie qui finira par réduire le fantôme à néant et le remplacer par l'intense énergie d'amour de la création. Il faut absolument la puissante émotion de l'amour! Vous pourriez même faire appel aux ancêtres. [Plus grand sourire de Kryeon.]

Un sujet encore plus controversé

« Et les autres phénomènes du genre, Kryeon? La possession démoniaque, par exemple? » Ce phénomène est très différent de ce que vous imaginez, car les démons n'existent pas. L'humanité peut évoquer les pires choses imaginables, et elle le fait très bien. Vous le saviez, n'est-ce pas? Comme vous êtes puissants, c'est votre partie divine, même dans votre mythologie, qui est responsable de l'existence du diable. Un ange déchu qui serait devenu un diable? C'est impensable. Dieu ne crée pas le mal. Les humains, oui. Le mal représente ce que l'humain peut faire avec l'énergie dont il dispose. La possession

démoniaque est le résultat d'un déséquilibre humain soutenu par la mythologie. Est-ce un phénomène réel? Oui, mais créé par l'humain.

Vous créez ce que vous désirez voir et vous voyez ce à quoi vous croyez. La création de sa propre réalité est l'un des plus puissants attributs de l'être humain. Elle peut s'exercer négativement ou positivement. Vous pouvez même créer le diable si vous le désirez, avec le feu et la fumée et tout le bataclan. C'est l'effet du libre arbitre. Soyez toutefois conscients que tout disparaîtra lorsque vous ferez la lumière. Il est très difficile de vous convaincre à ce sujet car les humains veulent toujours qu'il y ait un démon à blâmer pour le mal.

Le dialogue avec les morts n'est pas non plus ce que vous pensez

« Et le dialogue avec les morts fonctionne-t-il vraiment, Kryeon? Comment peut-on communiquer avec des célébrités si elles sont déjà réincarnées? Si leur âme est revenue sous une autre identité, comment pourrait-on leur parler? »

Voici la réponse : ces gens-là ne sont pas partis! Bien sûr que leur âme a quitté leur corps, mais l'empreinte de toute leur vie – leur conscience, leur sagesse, leur savoir – est entrée directement et à jamais dans la grille cristalline. Nous en avons déjà parlé. Pouvez-vous contacter des gens célèbres et en obtenir des informations? Oui. Seront-elles exactes? Évidemment! Vous serez alors en communication avec la source d'information réelle que constitue leur empreinte. « Vous voulez dire que nous ne dialoguerons pas vraiment avec eux, mais avec leur empreinte? » Réfléchissez à ceci. Je vais d'abord vous poser une question d'ordre rhétorique : qui êtes-vous? De vieilles âmes m'écoutent dans cette salle ou lisent ce livre. Il y a ici une femme qui ne porte jamais de rouge et je sais qui elle est. Je lui dirai pourquoi : c'est ce qui vous a tuée! C'était la couleur de la plume ornant votre casque, cher guerrier. Vous étiez général et l'ennemi que vous combattiez savait que tout votre régiment serait en désarroi s'il vous capturait, et c'est ce qui est arrivé. Non seulement le fait de porter du rouge vous a tuée, mais cela a fait mourir aussi tout votre entourage! Vous n'aimez tout simplement pas cette couleur. Elle ne vous convient pas. Vous l'évitez, n'est-ce pas, chère vieille âme? Par conséquent, qui êtes-vous en ce moment, où vous êtes assise dans cette salle? Êtes-vous le guerrier qui s'est fait tuer ou la femme qui, en 2010, ne porte jamais de rouge?

C'est en effet une question rhétorique car, dans ma réalité, vous êtes un fragment de Dieu. Vous voyez? Vous ne pouvez vous complaire dans la singularité du préjugé humain quand nous parlons de ces questions-là. Vous êtes davantage que ce que vous croyez être et, métaphysiquement, c'est ainsi que Dieu vous voit et c'est également ainsi que vous commencez à peine à voir certains membres de votre entourage.

Revenons donc à la question. Quand vous évoquez quelqu'un qui a déjà vécu, et ce, afin de lui poser des questions, à qui parlez-vous? À l'Akash d'une âme? À un être vivant ou décédé? Je vous dis que ce n'est ni l'un ni l'autre. La vérité est beaucoup plus magnifique! Nous vous l'avons déjà dit. Pouvez-vous demander à votre vieille tante Marthe où elle a enterré son trésor? Oui, et elle vous le dira! Pourquoi? Parce que vous dialoguerez avec son empreinte informationnelle. Ces informations sont préservées sous une forme que vous percevez comme étant votre tante Marthe!

En revanche, pourriez-vous lui demander comment ça se passe de l'autre côté? Faites-le! L'empreinte n'en a aucune idée! Elle ne vous fournira que les platitudes imaginaires que l'humain qu'elle représente a intégrées durant sa vie.

Elle vous dira : « C'est beau. » Vous lui demanderez des détails et elle vous répondra : « Je t'aime. » Elle ne les connaît pas! L'empreinte sait seulement ce que la tante Marthe savait, puisque vous ne dialoguez pas avec quelqu'un qui se trouve de l'autre côté du voile. Vous trouvez cela curieux, mais ça ne l'est pas. Vous pouvez accéder à cette empreinte et même dialoguer avec elle. C'est un phénomène multidimensionnel. Vous pouvez aussi accéder à la sagesse des Anciens. Demandez-leur ce qu'ils savaient. Demandez-leur ce qu'ils ressentaient. Demandez-leur où ils ont enterré leurs trésors. Méfiez-vous toutefois des gens de pouvoir de cette planète, des chefs d'État de la religion déguisés en spiritualistes, car ils traiteront de sectaires et de diaboliques ceux qui se livreront bientôt à cette pratique. Ils ne comprennent pas que vous entrez dans un état multidimensionnel pour ce faire, un état approprié, vrai, correct et utile. Votre dialogue avec les Anciens terminera admirablement vos études spirituelles.

(Canalisation de Kryeon intitulée « La conscience énergétique », donnée à Berkeley Springs, en Virginie-Occidentale, le 17 juillet 2010.)

Comprenez-vous bien les principes qui sont à l'œuvre ici? Les fantômes ne sont que des enregistrements sur la grille cristalline. Ne serait-ce pas formidable si ceux qui organisent des visites de lieux hantés changeaient de tactique et invitaient plutôt les gens à percevoir un enregistrement sur la grille cristalline? Je suis certaine qu'ils feraient faillite car ce ne serait pas aussi excitant de percevoir un phénomène entièrement explicable que d'avoir la frousse en compagnie de vos amis.

Q. : Le réajustement de la grille cristalline affectera-t-il les enregistrements qui se répètent sans cesse, particulièrement ceux des endroits où se sont produits des événements horribles?

Kryeon : C'est une question merveilleuse car, avec l'intention consciente d'élever votre vibration, vous modifiez le fonctionnement de la grille. J'ai déjà abordé ce sujet. Fondamentalement, cette grille est restée linéaire pour toute l'énergie humaine depuis des siècles, ce qui veut dire que la lumière et l'obscurité ont eu un effet égal sur le processus «d'enregistrement».

Vous pourriez également noter que la guerre et la mort ont abondé davantage au cours de l'histoire de l'humanité que la compassion, la célébration et la joie. La grille cristalline est donc chargée d'événements sombres qui se rejouent sans cesse, par exemple lorsque vous entrez sur un ancien champ de bataille.

Or, ces «enregistrements» de basse énergie diminueront de plus en plus avec le temps tandis que le mode d'enregistrement et de stockage de la grille deviendra de moins en moins linéaire. Les événements générateurs de compassion, comme les victoires, les unifications, les joies, les célébrations et les honneurs, seront les plus impressionnants. Ils affecteront la grille deux fois plus que toute énergie inférieure.

Très chers humains, la Terre répond à vos désirs. C'est nécessaire pour que vous vous sentiez mieux en général, pour que des sociétés entières perdent leur mentalité de victime et se rendent compte qu'elles peuvent se créer une réalité saine et équilibrée.

Gaia donne ici ce qu'elle a de meilleur en collaboration avec l'humanité. Les registres de la vieille énergie perdront du pouvoir et finiront par ne plus avoir l'impact qu'ils ont eu durant des siècles. On pourrait même dire que ce que vous faites à présent change réellement le passé.

Q. : Des gens disent avoir reçu la visite d'un être cher dès la mort de celui-ci dans un lieu éloigné. Pourriez-vous nous expliquer ce phénomène? Cette visite est-elle l'effet d'un enregistrement existant déjà dans la grille cristalline ou bien un acte délibéré de la personne pour annoncer son décès?

Kryeon : Après la mort, la communication peut avoir lieu pendant quelques semaines. Elle se produit avec le Soi supérieur de l'individu décédé, qui entre alors en contact avec sa famille et ses amis (parfois même avec ses ennemis). C'est bien sûr un phénomène quantique et la distance n'a donc aucune importance. Il survient parfois en rêve ou il s'agit parfois d'une vision flagrante accompagnée de l'impression d'être réellement en compagnie de la personne. Vous pouvez même sentir son odeur.

Cette communication s'estompe lentement. Il ne peut en rester que la guidance, pour le reste de votre vie, de votre famille disparue. Ce n'est donc pas la communication en temps réel que vous évoquiez, mais plutôt la « connaissance » du fait que vous n'êtes pas seuls et que la sagesse et l'amour de votre famille vous aident personnellement. Par exemple, une partie de vos parents décédés vous accompagne toujours, même si leur âme est revenue dans un autre corps terrestre! Le système akashique est complexe et les âmes peuvent se trouver en plusieurs endroits à la fois (un attribut quantique connu).

L'empreinte qu'elles ont laissée sur la grille cristalline y est toujours, ce qui signifie que vous pouvez dialoguer avec leur « souvenir » si vous le désirez (comme au cours de séances destinées à une telle communication), mais c'est moins satisfaisant pour ceux qui comprennent ce qu'est la véritable énergie de l'âme.

La vraie réponse est donc oui, l'âme peut communiquer après la mort, pendant un certain temps.

Q. : Comment expliquez-vous qu'un athée décédé qui est contacté par un médium dise que sa grand-mère avait raison et qu'il avait tort (la grand-mère croyait à l'après-vie, mais pas lui) ? Comment est-ce possible, si la grille cristalline ne porte que les souvenirs de l'individu ?

Kryeon : Ah! C'est que ces « souvenirs » sont aussi ceux de ce que l'individu a vécu juste avant de mourir. La lumière et l'amour de Dieu qu'il a perçus juste avant son dernier souffle en font partie. C'est un cadeau qui est fait aux vivants pour qu'ils craignent moins la mort. Il s'inscrit dans la grille comme dernier souvenir de leur vie terrestre.

Plusieurs en ont fait l'expérience et reviennent aussitôt (sans mourir). C'est ce que vous appelez une expérience de mort imminente (EMI), qui est la même pour tous, quelles que soient leurs croyances spirituelles. C'est un don qui vous évitera l'angoisse lorsque vous traverserez le voile de nouveau. Y voyez-vous la compassion dont vous faites l'objet ?

La dernière portion de l'empreinte est créée au dernier moment de l'existence.

Q. : Pouvez-vous expliquer les cas où un fantôme franchit à répétition la porte arrière d'un tout nouvel édifice (la preuve concrète de cela est que la porte verrouillée est alors déverrouillée et grande ouverte). C'est toujours la même porte, mais comment ce phénomène est-il possible puisque l'édifice vient tout juste d'être construit ?

Kryeon : Le fantôme et toutes les caractéristiques de l'ancien édifice demeurent. Si le nouvel immeuble ne comporte pas d'escalier, le fantôme monte encore l'ancien. S'il y a maintenant un mur à cet endroit, il passe au travers. Parfois, les nouvelles portes s'ouvriront. C'est toujours le « vieux film » qui se déroule et qui parfois s'améliore en fonc-

tion du nouveau décor. Il en résulte des scénarios trompeurs, mais, fondamentalement, ce que vous voyez, c'est le souvenir du fantôme accomplissant les mêmes actions dans un nouvel environnement. Les nouvelles portes se trouvent souvent au même emplacement que les anciennes. Si elles n'y sont pas, le souvenir n'en a cure.

Les animaux

La diversité animale est très grande sur cette planète. Chaque espèce possède sa propre position dans l'écosystème et suit un processus biologique dans la chaîne alimentaire et dans le réseau de la vie. Certains animaux possèdent des caractéristiques qui rendent possible leur élevage sur une ferme pour la fabrication de produits comme la laine ou leur capture dans la nature pour la consommation humaine. Certains animaux se sont laissé domestiquer pour servir de compagnons aux humains. Chacune de ces caractéristiques est en accord avec la raison d'être des animaux sur cette planète.

Kryeon a souvent parlé du rôle des animaux et les informations qu'il a fournies à ce sujet sont reproduites ici afin que vous en ayez une meilleure compréhension.

L'utilisation des animaux pour la consommation humaine suscite plusieurs points de vue. Quel que soit le vôtre, vous devriez comprendre que certains animaux sont ici pour nourrir les humains. Pour ceux qui ont choisi d'être végétariens et de ne jamais manger de viande, cela demeure un choix personnel qui est peut-être le meilleur pour leur santé. Cependant, il est approprié que les humains consomment des animaux pour se nourrir. L'humanité est incapable de cultiver des aliments et de les distribuer assez rapidement. Si vous avez de la difficulté à comprendre cela, Kryeon vous y aidera peut-être.

Je parle constamment des animaux et du précieux service qu'ils rendent à l'humanité. Comme je vous l'ai dit, certains sont là pour être mangés. Vous n'aimez peut-être pas entendre cela, mais comprenez que les animaux le savent collectivement. Ils doivent faire partie de la chaîne alimentaire de l'humanité puisque celle-ci n'a pas la capacité de cultiver des aliments en quantité suffisante et de les distribuer. Il s'agit donc d'un service, vous comprenez? Les végétariens diront qu'ils n'en mangent jamais, mais il s'agit pour eux d'un choix santé. C'est un choix approprié, mais il ne peut convenir à l'ensemble de l'humanité car les animaux sont à présent essentiels à son alimentation et à sa survie.

Je dévierai un peu du sujet pour vous fournir de précieuses informations concernant la consommation humaine de vies animales. Plusieurs humains ont besoin d'en manger, mais sans comprendre que l'animal le savait en naissant. Est-ce trop fantasmagorique pour vous? C'est pourtant connu de ceux qui savent que les esprits animaux existent et qui comprennent ce sacrifice. C'était aussi connu des Anciens. Voici toutefois la question la plus importante, chers humains : comment les traitez-vous? Compte tenu de leur raison d'être sur cette planète, comment les traitez-vous avant d'en faire votre nourriture? Comment les Anciens les traitaient-ils? C'est là une question dure, n'est-ce pas? Voici la vérité. Saviez-vous que mieux vous les traiterez, plus ils seront nourrissants pour votre corps? « Kryeon, je vous en prie, ne parlez pas de ce sujet. Nous ne voulons pas y penser. » Très cher, si je n'en parle pas, qui le fera? Écoutez bien. Si ces animaux consentent à venir sur cette planète, à constituer une aussi grande partie de sa force vitale et à l'aider à élever sa vibration en vous maintenant en vie pour que vous puissiez faire des choix, ne méritent-ils pas le respect et le confort pendant leur croissance? Il en résultera finalement une meilleure contribution à votre santé. Que les scientifiques montrent la voie en effectuant des études comparatives démontrant que la valeur nutritive augmente considérablement quand un animal est bien traité durant sa vie. Les Anciens le savaient et ils respectaient chaque animal avant que celui-ci contribue à leur force vitale.

Il n'existe pas de Caverne de la Création pour les animaux. Ils sont ici pour soutenir l'humanité. Certains y sont pour vous aimer, et vous le savez. Nous parlons de ceux qui cohabitent avec vous. Ils sont ici pour vous aimer, ce qui constitue un autre grand service envers les humains. Vous les regardez dans les yeux et ils font de même. Ils voient en vous une vieille âme, le saviez-vous? Ils connaissent le système…

Ainsi, d'une certaine façon, plusieurs animaux ont aussi une âme, mais celle-ci n'est pas dans la Caverne de la Création. Ils ne participent pas comme vous à un accroissement de conscience par libre choix. L'humain est le seul être terrestre qui puisse le faire car il possède un ADN divin.

(Canalisation de Kryeon intitulée « Le système akashique », donnée à Syracuse, New York, le 11 septembre 2010.)

Compte tenu du fait que plusieurs animaux sont sur la planète pour servir à la consommation humaine, il est important de bien les traiter et d'apprécier leur précieux sacrifice. Ceux qui sont bien traités avant de servir de nourriture sont beaucoup plus nutritifs que ceux qui ne le sont pas. Souvent, quand les animaux ne sont pas bien traités, ils s'autodétruisent; des maladies comme la vache folle le démontrent clairement. Ces animaux méritent le respect et le confort pendant leur croissance, et ils devraient être respectés pour leur contribution à la survie des humains. Quand je suis consciente de ce que je mange, je remercie Gaia en silence. Le problème, c'est que je n'y pense pas toujours. J'ai demandé à mon ADN d'être reconnaissant de la force vitale qu'il reçoit chaque fois que je consomme un produit animal. Je l'ai demandé à mon ADN parce qu'il est plus intelligent que moi [sourire].

On peut se poser plusieurs questions relativement aux animaux qui sont liés aux humains. Ont-ils eu des vies antérieures? Se réincarnent-ils? Si c'est le cas, sous quelle forme? Au cours d'une canalisation donnée à Laguna Hills, en Californie, Kryeon nous a fourni des réponses précises à ces questions et à d'autres.

En premier lieu, abandonnez l'idée d'une progression linéaire des incarnations animales si vous y croyez. Une souris ne devient pas un dauphin, et un dauphin ne devient pas un humain. Vous pouvez regarder un humain dans les yeux et y voir l'énergie d'un dauphin, mais ça ne veut pas dire qu'il a déjà été un dauphin. Éliminons tout de suite l'idée d'un processus progressif de réincarnation animale jusqu'à l'âme humaine divine. Il existe néanmoins un système de réincarnation chez les animaux.

Les animaux se réincarnent-ils? Certains le font. Le processus est difficile à décrire car il n'est pas linéaire. Je vous dirai toutefois que les seuls animaux qui se réincarnent sont ceux qui vivent auprès des humains. Ceux qui vivent dans la forêt ou dans les plaines ne se réincarnent pas. Autrement dit, seuls ceux qui ont subi l'influence de la conscience humaine se réincarnent.

Les animaux n'ont pas comme vous un ADN divin. Leur conscience n'est pas soumise à un test planétaire comme la vôtre. Cependant, ceux qui vivent auprès de vous ont une intelligence et un amour inconditionnel. C'est là leur raison d'être : l'accompagnement et l'amour.

Si l'amour et l'accompagnement sont suscités chez un animal, un système s'établit en eux et il peut se perpétuer par la suite car la plupart des animaux ne vivent pas assez longtemps pour servir un humain toute sa vie durant. Il existe un moyen de prolonger votre histoire d'amour avec un animal. Après son départ et la destruction de son corps, vous pouvez l'aider à revenir s'il le veut.

Cherchez-le et vous le trouverez. C'est un processus magnifique. N'attendez pas plus de 90 jours. Il ne sera pas très loin de chez vous et une synchronie vous guidera jusqu'à lui. Ne vous attendez pas à retrouver un animal de la même couleur ou de la même race, ni même de la même espèce. Regardez-le dans les yeux et vous le reconnaîtrez à sa façon de rôder autour de vous. L'histoire d'amour se poursuivra et vous le saurez par son comportement et ses vieilles habitudes. Vous n'aurez aucun doute qu'il s'agit du même animal. Allez ! C'est un système magnifique et il a été créé pour vous.

Votre divinité intérieure transforme tout ce avec quoi elle est en contact. Vous pouvez influencer les êtres à 24 chromosomes [les animaux] et ils réagissent. Peu importe qu'il s'agisse d'une souris ou d'un cheval ou même d'un éléphant, cet animal vous reviendra si vous l'aimez. Si vous ne désirez pas le retrouver, il n'y a là rien de négatif non plus. Ce n'est qu'une occasion qui vous est offerte. Cet animal continuera à aimer l'humanité tout autant et à aider d'autres humains comme il vous a aidé.

Les animaux que vous adoptez n'ont pas tous déjà vécu ici. Plusieurs y viennent pour la première fois, ayant consenti à vous donner plus d'amour et de paix afin que vous éclairiez la planète davantage.

(Canalisation de Kryeon intitulée « Le grand système akashique », donnée à Laguna Hills, en Californie, le 15 juillet 2012.)

J'espère que le message que vous venez de lire vous fait mieux comprendre le rôle que jouent les animaux sur notre planète. Plusieurs d'entre nous ont des animaux de compagnie, dont des reptiles, des amphibiens, des poissons et des mammifères, pour ne nommer que ceux-là. J'en ai eu moi-même plusieurs au cours des ans. La chienne que je possède actuellement se nomme Bella. C'est un staffordshire-terrier anglais qui me donne beaucoup de joie et de bonheur. Nos animaux de compagnie nous aiment toujours d'un amour inconditionnel. N'est-il pas merveilleux de savoir qu'ils peuvent se réincarner et continuer de vivre avec nous?

Trouvez-vous trop incroyable que nos animaux de compagnie se réincarnent sans cesse? Il vous faut alors connaître l'histoire de Laurie Reyon Anderson. Laurie m'a autorisée à vous raconter ce qu'elle a vécu avec sa chatte bien-aimée.

En 1994, sa chatte Puddy lui a littéralement sauvé la vie alors qu'elle vivait une expérience de mort imminente. On trouve tout au long de l'histoire de très nombreux cas où un animal de compagnie a sauvé la vie de son maître. Au cours de cette expérience, Laurie a remarqué que sa faculté télépathique s'activait. Elle entendait Puddy lui parler comme un humain!

Malheureusement, Puddy est morte le 29 août 2001. Peu de temps après, une amie de Laurie, Amelia Kinkade, communicatrice animalière de renommée mondiale, lui apprit que Puddy renaîtrait le 3 mars 2002 et qu'elle aurait exactement la même apparence. Cette prédiction s'est réalisée. Puddy s'est réincarnée à la date exacte de sa naissance précédente. Elle fut nommée Puddah 1. Dès l'âge de sept semaines, elle communiquait avec Laurie et elle lui dit que leur vie subirait un grand changement, ce qui s'avéra exact!

Cette relation entre Laurie et Puddah 1 fut le catalyseur qui permit à Laurie d'actualiser son don de communicatrice animalière. Avec l'aide et la guidance de Puddah 1, elle a commencé par travailler avec les dauphins en s'harmonisant à leur fréquence vibratoire. Depuis, il s'est passé plusieurs choses merveilleuses dans sa vie et dans celle de sa compagne féline. Puddah a trépassé deux fois depuis ce temps. Devinez quoi! Puddah 2 et Puddah 3 ont poursuivi la tradition en naissant toutes deux un 3 mars. En numérologie, cette date forme un 33. Trois est un catalyseur et 33 est un maître-nombre doté de l'énergie christique. Ce nombre représente aussi l'action compatissante. Un dernier détail que vous devriez savoir : la date de naissance de Laurie Reyon donne aussi le nombre 33 [sourire]. Quelle coïncidence!

Puddah 3 a eu cinq ans le 3 mars 2013. Pendant plus de deux décennies, Puddah a aimé d'un amour inconditionnel Laurie Reyon et la planète. Je crois que le vieux dicton qui dit qu'un chat possède neuf vies est exact!

En résumé, les animaux sont sur la Terre pour trois raisons :

Équilibrer la vie biologique.

Servir harmonieusement les besoins de l'humanité. Plusieurs animaux existent pour la subsistance des humains, mais un changement est nécessaire dans la façon dont certaines sociétés traitent ces précieuses créatures. Quand la mort de l'animal s'accompagne d'une cérémonie de respect, les humains sont mieux nourris. Une telle cérémonie serait bénéfique à l'humanité entière.

Aimer et être aimés. Dans de nombreuses sociétés, les animaux remplacent souvent les enfants. Les humains ont ainsi l'occasion d'exprimer de la compassion et de recevoir un amour inconditionnel. C'est extrêmement important pour plusieurs car cela leur permet de se centrer et de s'équilibrer.

Q. : Le réajustement de toutes les grilles et le rééquilibrage de l'humanité modifieront-ils le comportement des animaux?

Kryeon : Oui. La réponse à la question suivante concernant l'extinction des espèces vous aidera à mieux le comprendre. Toute la vie planétaire existe pour l'équilibre et pour aider les humains à faire ascensionner la planète. Ce faisant, les humains verront tout changer autour d'eux. Le mode de fonctionnement qui dure depuis des siècles se modifiera et les animaux, leur cycle et leur existence même s'adapteront à la nouvelle énergie. Les animaux font partie de votre groupe de soutien.

L'extinction des espèces

Depuis que le monde existe, les espèces évoluent, puis s'éteignent. On estime que plus de 99,9 % de toutes les espèces ayant déjà vécu sont éteintes. La durée de vie moyenne de la plupart des espèces est de 10 millions d'années, bien qu'elle varie beaucoup selon les populations. Une définition simple d'une espèce éteinte : toute espèce qui ne peut pas survivre ou se reproduire dans son environnement et qui est dans l'impossibilité de se rendre dans un autre environnement où elle le pourrait. Cette espèce finit par disparaître. L'extinction d'une espèce peut avoir lieu soudainement ou graduellement en des milliers ou des millions d'années.

Tout comme certaines espèces s'éteignent, d'autres apparaissent, par le processus évolutif de la sélection naturelle et de la spéciation. De nouvelles variétés d'un organisme apparaissent et se développent si elles trouvent une niche écologique adéquate. La phalène du bouleau est un excellent exemple de sélection naturelle et de spéciation. Typiquement, ce papillon est blanchâtre avec des ailes couvertes de tavelures et de taches noires. Ces insectes sont très bien camouflés quand ils sont posés sur le lichen moucheté d'un tronc d'arbre. Or, il est arrivé qu'une mutation génétique les rende tout noirs. Ces phalènes noires sur le lichen moucheté n'étant pas très bien camouflées, elles offraient un repas facile aux oiseaux. Elles n'ont jamais eu la chance de se reproduire et de transmettre leurs gènes de coloration noire.

Au début du XIXe siècle, plusieurs usines et logements des villes britanniques ont commencé à brûler du charbon, ce qui produisait de la suie et de la pollution. Finalement, les troncs d'arbres furent couverts de suie, ce qui permit aux phalènes noires d'être parfaitement camouflées. Subséquemment, elles vécurent assez longtemps pour se reproduire tandis que les phalènes blanchâtres « normales » se faisaient dévorer.

Des études menées au début du XXe siècle ont démontré que les phalènes blanches étaient prédominantes dans les campagnes, mais quasi inexistantes dans les villes. Presque toutes celles des villes étaient noires, tandis qu'à la campagne les blanches ne se reproduisaient qu'avec d'autres blanches. Si cette tendance avait continué, les phalènes blanches et les phalènes noires auraient fini par devenir deux espèces génétiquement différentes. Or, les villes ayant trouvé des moyens d'éliminer la pollution, les troncs d'arbres se sont recouverts de nouveau d'un sain lichen légèrement coloré. C'est alors que les phalènes blanches sont devenues l'espèce prédominante pour survivre et se reproduire, tandis que les noires ne le pouvaient pas.

Quand j'étais à l'université, on nous a procuré une longue liste de facteurs causant l'extinction des espèces : la pollution génétique, la dégradation de l'habitat, la prédation, la compétition, la maladie, la surexploitation, les changements climatiques et la coextinction (résultat direct de l'extinction d'une autre espèce essentielle à la survie). Après avoir travaillé à divers programmes axés sur les espèces menacées d'extinction, j'ai développé une attitude rendant les humains directement responsables de la disparition d'un nombre effarant d'espèces animales. J'étais d'avis que ce taux d'extinction alarmant dû aux actions des humains était vraiment hors de proportion avec celui qui prévaudrait si les humains n'existaient pas. En fait, je suis presque certaine que plusieurs de mes ex-collègues sont encore d'avis que les humains sont la source de tous les maux. Sans doute que beaucoup de gens le pensent aussi, convaincus que le taux d'extinction ne serait pas le même sans les actes des humains. Les scientifiques estiment que plus de la moitié des espèces qui existent aujourd'hui seront éteintes en 2100.

L'extinction des espèces est un sujet de recherche extrêmement important pour les zoologues et les biologistes. La menace d'extinction est devenue une préoccupation en dehors de la communauté scientifique. Un grand nombre d'organismes visant à préserver les espèces menacées en est résulté. On oublie souvent un principe fondamental : les espèces ne sont pas toutes destinées à vivre éternellement.

La plus grande partie de ma carrière dans le domaine environnemental fut directement liée à la protection et à la conservation des espèces menacées. J'ai contribué au développement de matériel éducatif, de programmes et de panneaux informant le public sur la situation critique de diverses espèces menacées. J'ai travaillé avec plusieurs groupes de volontaires ayant pour objectif de faire tout ce qui était possible pour augmenter le succès de reproduction des espèces menacées qu'ils avaient « adoptées ». J'ai évalué des plans de gestion de la faune pour être certaine que l'exploitation commerciale des kangourous et des crocodiles était durable, et j'ai passé d'innombrables heures à contrôler les plantes et les animaux nuisibles considérés comme une menace aux espèces australiennes indigènes.

Il était plutôt étrange que (à l'instar de plusieurs personnes dans le monde) je consacre autant d'énergie à tenter de sauver une espèce désignée par Gaia comme vouée à l'extinction. Je crois que tous ces efforts sont dus au fait que plusieurs d'entre nous se sentent moralement obligés de réduire les actions nuisibles aux autres espèces. Il s'agit d'une tentative pour être en harmonie avec Gaia, ce que les anciens indigènes savaient faire intuitivement. En réactivant notre connexion à Gaia, peut-être pourrions-nous discerner plus clairement son plan et mieux concentrer nos efforts. Je pense également que les environnementalistes modernes ont beaucoup à apprendre de nos frères et sœurs indigènes.

Gaia est responsable de l'apparition et de la disparition de la vie sur la planète. Elle réagit aussi à la conscience humaine. Kryeon nous a expliqué le fonctionnement du processus.

Les diverses espèces animales de cette planète apparaissent et disparaissent selon que leur énergie est nécessaire ou non. L'une des tâches de Gaia consiste donc à créer des espèces et à les éliminer quand elles ne sont plus nécessaires à son développement. Si une nouvelle espèce est nécessaire et si de nouveaux concepts de la vie sont requis, Gaia coopère. Les environnementalistes n'ont pas encore compris clairement les circonstances de l'apparition d'une espèce. Autrement dit, ils ne se sont pas encore aperçus que le mécanisme était étroitement lié au climat. Vous avez toutefois déjà noté dans vos études à long terme l'apparition et la disparition de plusieurs espèces au cours des âges. Le processus se poursuit.

La pertinence de l'élimination des espèces

Les humains voient ce va-et-vient des espèces vivantes et veulent les conserver toutes. Dans leur esprit linéaire, toutes les espèces devraient subsister puisqu'elles existent. Gaia doit toutefois en éliminer pour en faire apparaître de nouvelles. La disparition de certaines espèces est donc appropriée.

Quand les Pléiadiens ont créé les grilles planétaires, Gaia a coopéré, connaissant ce qui viendrait après et sachant ce qui était nécessaire à la survie du nouvel humain spirituel. Elle le savait puisque son énergie l'avait perçu antérieurement [la raison en sera fournie plus bas]. Le vieux modèle qui nécessitait la présence de plusieurs types d'humains s'est lentement estompé. Ce fut un processus naturel, sans guerres ni épidémies. Ils n'ont pas été détruits par des séismes ni par des tsunamis. Ils sont tout bonnement disparus par usure normale il y a 110 000 ans.

Il y a donc 110 000 ans environ, il ne restait plus qu'un seul type humain. C'est un fait scientifique et en même temps une énigme, que je viens pourtant de résoudre. Les scientifiques recherchent toujours un événement concret comme explication, mais cette disparition fut plutôt causée par l'union avec la conscience de Gaia, que vous appelez « Mère Nature ». Il en est de même aujourd'hui quand diverses espèces diminuent à mesure que les humains occupent une plus grande partie de la planète. J'ajouterai que « cette élimination appropriée de formes de vie uniques sert la croissance de la conscience planétaire et l'évolution quantique ». Certaines espèces n'existent que pour permettre à d'autres de grimper les échelons de la nature, puis elles disparaissent ensuite. Gaia connaît toute l'échelle, contrairement à vous.

(Canalisation de Kryeon intitulée « La chronologie de la création », donnée à Hawaii lors de la onzième croisière de Kryeon, le 12 août 2012.)

Mon amour profond de la nature m'a amenée à travailler comme agente de la faune pendant plus de quinze ans. Je suis coupable de vouloir tout sauver, comme dit Kryeon ! Je ne suis pas certaine d'aimer l'approche « passive ». J'ai investi énormément de temps et d'énergie dans des actions visant à augmenter et à maintenir la biodiversité dans les grands espaces naturels. Ne faisons-nous que retarder l'inévitable ? Et si le taux rapide d'extinction était délibérément voulu par Gaia? Et si Gaia préparait ainsi la voie à de nouvelles espèces? Après tout, c'est ce qu'elle fait depuis quatre milliards d'années! Heureusement que Kryeon jette un peu de lumière sur ce lourd sujet en répondant à la question qui suit.

Q. : Il existe plusieurs cas où les humains semblent avoir été directement responsables de l'extinction d'une espèce. Par exemple : en la surexploitant, en détruisant son habitat ou en introduisant des prédateurs ou des virus qui en ont causé l'extinction. Par ailleurs, il existe aussi plusieurs cas où ils semblent avoir été directement responsables du ravivage d'une espèce au bord de l'extinction, en lui créant un nouvel habitat, en protégeant l'habitat existant, en bannissant la chasse et en contrôlant la présence des prédateurs.

Par conséquent, les actions des humains paraissent avoir un effet sur l'extinction ou la conservation des espèces. Cependant, si c'est Gaia qui gouverne l'apparition et la disparition des espèces, quel est le rôle des humains dans ce contexte? Devrions-nous rester passifs et nous en remettre à Gaia? Ou, si nous pouvons être utiles, comment mieux utiliser notre discernement pour savoir quand nous devrions faire des efforts pour protéger une espèce menacée?

Kryeon : La réponse sera très difficile à accepter pour plusieurs lecteurs. Certains refermeront ce livre car ils en seront trop troublés. Toutefois, il est temps que vous sachiez pourquoi les humains agissent ainsi. Je m'efforcerai d'être bref.

PREMIÈREMENT. Comme vous l'avez indiqué et comme nous l'avons déjà dit, Gaia gouverne l'apparition et la disparition des espèces terrestres de manière à soutenir l'évolution et à refléter l'état de la conscience humaine. Aucune règle de Gaia ne stipule qu'une espèce devrait demeurer à jamais sur la planète. Les animaux (en particulier) apparaissent et disparaissent en fonction des besoins. Ils servent l'évolution humaine.

Les humains d'aujourd'hui, parce qu'ils découvrent leur divinité, vénèrent la force vitale. De plus, ils aiment toute vie qu'ils voient autour d'eux. Ils vénèrent les arbres, les plantes, les animaux et les poissons. Ils « voient » l'amour quantique qui se trouve en certains animaux et ils en font des membres de leur famille. Ils commencent à percevoir l'Akash de leurs ancêtres, qui respectaient tous les animaux parce qu'ils appartiennent à la force vitale terrestre. Bref, ils ont « le préjugé de l'amour » pour tous les êtres vivants. Par conséquent, ils s'efforcent de sauver tout ce qui vit, sans comprendre que certains animaux sont « programmés » pour l'extinction et que l'on devrait les laisser tranquilles.

Plusieurs questions entrent en jeu ici, mais je n'en aborderai que trois : l'extinction des espèces et le système de Gaia, la responsabilité humaine, et la ligne directrice à suivre pour l'intervention.

L'EXTINCTION DES ESPÈCES. Pour que l'être humain puisse évoluer jusqu'à son état présent, plusieurs événements ont dû se produire dans un certain ordre. Les biologistes y voient un système de « survie du plus apte » et expliquent l'évolution à leur façon. Quand ils voient des anomalies, ils les écartent du revers de la main en disant que « la nature est parfois étrange ». Eh bien, Gaia n'est pas étrange et il existe un processus évolutionnaire qui est de loin supérieur à « l'apparition accidentelle de la conscience humaine évoluée sur la planète Terre par l'effet du hasard ».

Vous devez d'abord repenser tout le processus. L'évolution de la planète Terre fut conçue pour donner aux humains la possibilité de la faire ascensionner et de la rendre divine. L'univers et la Terre existent et fonctionnent par « dessein intelligent ». Rien n'est arrivé par hasard. Ou alors ce fut un « hasard dirigé ».

Dès le début de la vie, quatre tentatives ont échoué. Gaia s'équilibrait. Tout naturellement, elle a fait avorter la vie quatre fois avant que le « bon processus » apparaisse, celui de la photosynthèse, qui était nécessaire pour donner la vie aux animaux qui finiraient par conduire à l'existence des humains. Certaines formes de vie auraient pu exister et se développer par elles-mêmes, mais non une vie ayant besoin d'oxygène. Gaia y a donc mis fin chaque fois jusqu'à ce que le « bon » système évolutif apparaisse, qui comportait l'échange d'oxygène dans un environnement clos.

Évidemment, vous vous demandez s'il s'agissait d'un processus naturel. Oui et non. Disons que ce fut un «processus dirigé». C'est un processus conscient *qui guide l'évolution des espèces vers un objectif précis, en suivant les cycles galactiques évolutifs.*

Pour que la Terre se développe comme elle l'a fait, il a fallu que des milliers d'espèces apparaissent et disparaissent. Chacune préparait le terrain à la suivante, puis disparaissait. Les dinosaures en sont un excellent exemple. Leur existence était nécessaire à l'évolution de la Terre, mais leur disparition l'était également. Gaia fut même impliquée dans la chute de l'astéroïde qui a causé leur extinction car la conscience créatrice est inhérente au but principal de la galaxie, qui est d'augmenter son taux vibratoire. Par conséquent, le désastre est aussi un partenaire, en quelque sorte. Gaia dirige l'évolution et elle a joué un rôle dans la préparation à la venue des Pléiadiens.

Revenons au présent : la planète Terre est habitée par des humains qui ont franchi le seuil du millénaire et qui se dirigent vers un changement de paradigme. L'énergie quantique sera découverte d'ici deux générations au moyen de la «visionneuse quantique» et la civilisation changera de direction pour toujours. Voyez-vous où ça mènera?

Les humains sont la raison d'être de cette planète et la vie qui les entoure doit maintenant changer. Ils sont sur le point de créer la plus grande civilisation qui soit. L'Afrique donnera naissance à l'une des sociétés les plus évoluées de la planète. La partie centrale et la partie septentrionale de ce continent seront assainies et prêtes au développement, ce qui modifiera à jamais le visage de la planète et contribuera grandement à son ascension. Un système politique inédit rivalisant avec les meilleurs systèmes jamais utilisés sur la planète constituera la prochaine étape de l'évolution politique de la civilisation terrestre. On pourra concevoir et construire des villes sans tenir compte d'aucune infrastructure existante. Ce continent sera le plus moderne de la planète. De plus, l'Afrique possède une grande richesse animale, comme vous le savez. Qu'arrivera-t-il, croyez-vous?

Certains vous diront que les humains n'ont pas le droit d'empiéter ainsi sur la nature et que les Africains ne le feront pas. On pleurera les magnifiques espèces perdues quand leur habitat des plaines aura disparu au profit des nouvelles villes qui auront été construites. Finalement, on ne les verra plus que dans les zoos. Qui donc a raison, ici? Je vous avais dit que vous n'aimeriez pas mes propos.

Je vais vous expliquer quelque chose. Si vous aviez vécu à l'époque des dinosaures, vous auriez été alarmés par leur empiètement sur l'environnement. Des douzaines d'espèces animales de taille moyenne ont disparu de la planète à une rapidité alarmante quand ces énormes carnivores sont arrivés. Les herbivores ont connu un meilleur sort jusqu'à ce que les gros carnivores les dévorent! Puis ceux-là aussi furent menacés! Aux yeux des humains, ç'eût été un désastre écologique. Vous pourriez penser qu'ils ne manquaient pas de nourriture, mais vous n'étiez pas là pour évaluer la situation. Plusieurs espèces étaient sédentaires sur des territoires dotés d'un équilibre fragile dont elles ont lentement détruit la plus grande partie. Durant leur existence sur la planète (des millions d'années), la force vitale animale a beaucoup changé. Les humains d'aujourd'hui n'auraient jamais pu assister à cette détérioration de leur habitat sans intervenir.

Pour Gaia, c'était « le moment propice à la disparition de plusieurs espèces selon l'évolution en cours ». Autrement dit, les dinosaures constituaient l'étape suivante du processus et leur impact fut approprié durant toute la période de leur existence.

Vous n'aimez pas entendre dire que les humains sont la raison d'être de cette planète et que leur existence doit l'emporter sur celle de toutes les autres espèces. C'est pourtant le cas, mais voici néanmoins un avertissement : c'est Gaia qui doit procéder aux réductions, non les humains. Le processus naturel s'effectuera à mesure que l'on construira des villes et que les terres changeront de fonction. Plusieurs diront que le développement des villes n'est pas un processus naturel. Toutefois, dans l'optique de la force et de l'énergie évolutionnaires, c'en est un.

Le castor construit des barrages naturellement, dérobant ainsi de l'eau à ceux qui en ont besoin en aval. La question qui se pose est celle-ci : le castor est-il doté d'un «processus naturel» ou d'un «comportement inapproprié»? Empiète-t-il sur d'autres vies ou bien ne fait-il qu'exister normalement? Que se passe-t-il en aval, pensez-vous? Et si des vies disparaissaient à cause des barrages des castors? Comprenez-vous la question?

La vérité, c'est que Gaia considère l'humanité comme l'étape suivante et permet l'extinction de plusieurs espèces parce que le temps est venu. Mais poursuivez votre lecture…

LA RESPONSABILITÉ HUMAINE. Les humains ont l'obligation de ne pas influer sur la force vitale de la planète d'une façon non intègre. Si les baleines finissent par disparaître (en fait, ce ne sera pas le cas), ce devrait être à cause d'une réaction naturelle de Gaia et des océans, non parce que les humains veulent leur graisse. Si les forêts doivent céder la place à des villes et à des maisons, il faut alors planter d'autres arbres (comme vous le faites en plusieurs endroits). Vous avez une responsabilité quant aux ressources, qui doivent être exploitées dans l'intégrité. La préservation n'est pas le contrôle environnemental. C'est la protection et le maintien en bon état des ressources existantes.

Les indigènes ont toujours respecté Gaia et ils ne lui ont jamais pris plus que ce dont ils avaient besoin. C'est là une leçon pour vous tous. Ne chassez pas pour le plaisir ou pour le sport. C'est un manque de respect envers Gaia. Pêchez pour vous alimenter et pour nourrir les autres, rien de plus. Pêchez dans le respect de la vie, sinon vous en paierez le prix un jour.

Les humains ont l'obligation de ne pas contaminer par cupidité l'air qu'ils respirent. Cela ne devrait-il pas être clair pour tout le monde? Si vous contaminez votre air, vous vous tuez vous-mêmes! Les humains devraient s'efforcer de ne pas polluer leurs océans et de ne pas disposer de leurs déchets d'une manière nuisible aux animaux. Cela n'est pas le fait d'une évolution normale, mais plutôt d'une faible conscience. Gaia vous traitera comme vous la traitez ! Est-ce si difficile à comprendre ?

L'INTERVENTION HUMAINE. Tandis que l'humanité croît et continue à peupler la planète, laissez aller les espèces qui en sont affectées. Ne forcez pas les choses en tentant de sauver ou d'éliminer quoi que ce soit. Vous serez étonnés de la résistance de Gaia et de la direction que prendront les choses si vous n'essayez pas de « corriger » ce qui vous semble un déséquilibre.

Ce qui suit sera difficile à accepter pour les environnementalistes. Par exemple, n'éteignez pas les feux de forêt, mais protégez plutôt vos maisons. La forêt se rééquilibre. Si vous empêchez les feux, les insectes qui rendent les arbres malades vont proliférer parce que la forêt sera trop dense. Une forêt trop dense brûlera différemment et non comme elle le devrait. Écoutez… les arbres repoussent toujours !

N'essayez jamais de contrôler un déséquilibre apparent que vous pensez avoir provoqué. Vous ne le pourrez pas ! Il en résultera toujours un déséquilibre. Laissez Gaia agir à sa façon. Ce sera peut-être plus long et vous n'aimerez peut-être pas ce que vous verrez, mais il faut laisser Gaia s'occuper elle-même du problème. Les choses doivent parfois atteindre un point critique avant que ne s'installe un équilibre naturel. Gaia œuvre ainsi.

Utilisez votre science pour créer des moyens plus efficaces de cultiver les récoltes et de les protéger. Ce sera plus respectueux. Ne modifiez pas génétiquement les semences car vous en paierez le prix. Employez des méthodes naturelles pour protéger vos cultures contre les insectes et pour reconstituer le sol. Ne pensez pas avoir une meilleure idée de ce que devrait être le bagage génétique de quoi que ce soit car ce n'est pas le cas.

Comprenez que le système de Gaia fonctionne depuis des lustres et qu'il vise à vous servir. Votre conception de la nature est primitive comparativement au « savoir » de la Terre. Si, à cause d'une action humaine ou d'un phénomène naturel, certaines espèces ont trop de prédateurs ou trop d'animaux mangent trop de plantes ou encore il y a trop de mauvaises herbes, n'intervenez pas. Peut-être qu'il doit tout simplement en être ainsi.

Laissez survenir la mort ou même la destruction d'une forêt en raison d'une «surpopulation animale». L'équilibre naturel se rétablira, même si vous croyez assister à un désastre. Laissez Gaia déterminer ce qui est approprié car elle gouverne la force vitale de la planète, comme elle l'a toujours fait.

Ce qu'il vous faut savoir et comprendre, c'est que Gaia soutient la vie HUMAINE et qu'elle ajuste tout le reste en fonction de celle-ci. Saviez-vous que le cycle climatique que vous traversez en ce moment finira par repeupler de poissons les océans? Cessez de polluer l'eau et ce repeuplement se fera plus rapidement. On vous a dit que vous aviez tué les récifs de la planète, mais c'est faux. Ils meurent et se régénèrent régulièrement! Le processus s'accomplit sur une longue période, par la variation de la température de l'eau (selon le cycle de l'eau). Les récifs réapparaissent toujours, ainsi que les poissons. Facilitez le processus en n'intervenant pas et en ne polluant pas. C'est tout ce que nous vous demandons. Respectez les espèces animales et laissez-les disparaître, même celles que vous chérissez le plus. Elles ont rempli leur fonction et contribué au maintien du territoire pour vous.

Les plantes et les animaux font partie du système de soutien de cette planète du libre arbitre et ils ont toujours joué leur rôle de soutien de l'humanité. Ils apparaissent et disparaissent au sein d'un système destiné à faire ascensionner la Terre. C'est là votre destinée depuis toujours.

En guise de conclusion

Si vous avez lu ce livre depuis le début et que vous êtes enfin arrivés à ce chapitre, toutes mes félicitations! Vous avez reçu une quantité substantielle d'informations qu'il vous reste maintenant à assimiler. Une chose doit absolument être claire : en tant qu'êtres humains divins, nous faisons partie d'un système magnifique. Nous sommes plus grands que nous le croyons! Quelle est la raison d'être de tout cela? Que ferez-vous de tout ce savoir? Mon désir le plus cher est que vous l'appliquiez à votre vie personnelle et que vous trouviez la paix intérieure, quoi qu'il arrive autour de vous. J'espère que vous pourrez mettre à profit cette paix, cette sagesse et ce savoir nouveau dans toutes vos relations humaines.

Quelle est votre relation avec vous-mêmes? Parlez-vous à votre ADN? Pourquoi ne pas lui demander de ralentir le processus du vieillissement? Pourquoi ne pas demander à vos cellules de sauter une journée sur deux? Pourquoi ne pas «exploiter» votre Akash? Vous pouvez accéder à toute la sagesse et à toutes les informations acquises dans vos vies précédentes. Et quelle est votre relation avec Dieu? Et avec les autres? Il ne s'agit pas de vous entourer uniquement de gens pareils à vous, mais de faire briller votre lumière pour tout le monde. Des êtres qui aiment le drame vous demanderont peut-être pourquoi il n'y en a pas dans votre vie. Certains seront prêts à entendre votre réponse, mais d'autres non. Il vous revient d'utiliser votre intelligence spirituelle et votre discernement. Soyez compatissants envers les membres de votre entourage, particulièrement ceux qui ont choisi de rester dans l'obscurité.

Enfin, quelle est votre relation avec Gaia? Vous n'avez pas à être en permanence plongés dans la nature, en train d'effectuer des cérémonies et des offrandes. Pourquoi ne pas reconnaître Gaia comme partie intégrante de votre vie? Pourquoi ne pas la remercier quand vous voyez de belles fleurs dans un vase? Pourquoi ne pas lui exprimer votre reconnaissance pour l'abondante nourriture qu'elle vous procure? Si vous lui manifestez constamment votre gratitude en gardant le cœur ouvert, je suis tout à fait certaine que vous l'entendrez vous répondre. À moi, elle répond qu'elle est au service de l'humanité. Je sais maintenant pourquoi je suis si émue par les plantes, par les animaux et par les paysages. Ils sont intriqués à moi.

J'aimerais terminer ce livre par des propos de Kryeon empreints de profondeur, concernant Gaia et sa relation avec nous et avec le reste de l'univers.

Voyez-vous la grandeur de ce système? Pour qui existe-t-il? Il est entièrement pour vous. Pourquoi la Terre serait-elle conçue aussi intelligemment si vous n'étiez pas importants, si vous ne faisiez pas partie du plan suprême, si vous n'étiez pas liés au futur de l'univers? Réfléchissez-y. Tel est le système. Je ne suis pas le seul à vous le révéler par canalisation. D'autres qui ne m'ont jamais entendu vous disent la même chose. Si vous en avez l'occasion, demandez-le à Gaia et elle vous répondra aussi la même chose.

Gaia existe pour que les humains sacrés vivant sur cette planète assimilent la leçon. Je vous parle aujourd'hui dans l'amour et je vous demande de réfléchir à ceci : où que vous alliez sur cette planète, Gaia vous connaît. Quel merveilleux système! Pourquoi en suis-je à vous dire tout cela? Pour que vous continuiez à vous sentir aimés et choyés. Pour que vous sachiez que l'Esprit et Gaia vous tiennent par la main si vous le désirez. Chères vieilles âmes, vous êtes ici pour une raison précise. Peut-être aviez-vous besoin de m'entendre aujourd'hui. Vous êtes importants, vous êtes précieux, et vous êtes des maîtres. Manifestez-le. Vivez longtemps. Soyez joyeux. Ne vous faites pas une idée préconçue de ce qui doit arriver. La pire chose que vous puissiez faire, c'est de présumer de ce que Dieu vous réserve. Détendez-vous plutôt, réjouissez-vous de tout et tombez amoureux de vous-mêmes.

Je suis Kryeon, amoureux de l'humanité pour une excellente raison.
Et il en est ainsi.

(Canalisation de Kryeon intitulée «Le système akashique», donnée à Syracuse, New York, le 11 septembre 2011.)

À propos de l'auteure

Monika Muranyi a toujours eu de profondes affinités avec la planète Terre, avec qui elle entretient des liens étroits. Détentrice d'un baccalauréat en sciences appliquées avec mention honorable de l'université australienne de la Croix du Sud, en Nouvelle-Galles du Sud, Monika a travaillé pendant plus de quinze ans dans divers parcs nationaux d'Australie et de Nouvelle-Zélande. Elle est une praticienne accréditée (phases I à XIII) de la Technique d'harmonisation du champ électromagnétique (EMF) et une passionnée de la photo – on peut d'ailleurs voir plusieurs de ses clichés sur le site Internet de Lee Carroll, au www.kryon.com ainsi que sur son propre site, www.monikamuranyi.com.

Monika a soigneusement compilé toutes les informations contenues dans ce livre et elle a visité de très nombreux endroits pour découvrir ce que Gaia et l'humanité ont à dire. Elle s'est rendue ainsi en Australie, en Nouvelle-Zélande, aux États-Unis, au Chili, en Argentine, au Brésil, en Uruguay, en Bolivie, au Pérou, en Équateur, en Colombie, au Venezuela, au Mexique, à Hawaii, en Russie, en Ukraine, en Pologne, en Bulgarie, en Hongrie, en Suisse, en Espagne et au Portugal. Elle a aussi participé à plusieurs cérémonies indigènes avec des shamans au Pérou, au Chili, au Mexique, ainsi qu'à Hawaii avec une Grande Prêtresse kahuna.

Elle a eu l'inspiration d'écrire ce livre quand elle vivait à Santiago, au Chili, un lieu qui vibre intensément de l'énergie de la kundalini terrestre!